ESV
ERICH
SCHMIDT
VERLAG

Psychische Belastungen in der Arbeitswelt 4.0

Entstehung – Vorbeugung – Maßnahmen

Von
Stefan Poppelreuter
und
Katja Mierke

ERICH SCHMIDT VERLAG

Bibliografische Information der Deutschen Nationalbibliothek
Die Deutsche Nationalbibliothek verzeichnet diese Publikation in der Deutschen Nationalbibliografie; detaillierte bibliografische Daten sind im Internet über http://dnb.d-nb.de abrufbar.

Weitere Informationen zu diesem Titel finden Sie unter
ESV.info/978 3 503 18137 7

Gedrucktes Werk: ISBN 978 3 503 18137 7
eBook: ISBN 978 3 503 18138 4

www.ESV.info

Dieses Papier erfüllt die Frankfurter Forderungen der Deutschen Nationalbibliothek und der Gesellschaft für das Buch bezüglich der Alterungsbeständigkeit und entspricht sowohl den strengen Bestimmungen der US Norm Ansi/Niso Z 39.48-1992 als auch der ISO-Norm 9706.

Druck und Bindung: Strauss, Mörlenbach

Vorwort

Veränderung ist eines der Schlagworte unserer Zeit. Aber schon der griechische Philosoph Heraklit verglich das Sein mit einem Fluss und stellte ca. 500 vor Christus fest: „Alles fließt“, d. h. *„Alles bewegt sich fort und nichts bleibt.“* Dieser Fluss wandelt sich beständig, indem das Wasser in ihm sich austauscht. Und doch ist es letztlich derselbe Fluss im selben Flussbett, obwohl keiner zweimal in denselben Fluss steigen kann.

Wenn man nun etwas weniger philosophisch definieren möchte, was Veränderung bedeutet, so kann man sagen, dass eine Veränderung einen Übergang kennzeichnet. Ein solcher Übergang ist mit einem vorübergehenden Verlust an Vertrautheit, Sicherheit und Vorhersagbarkeit verbunden, und mit neuen Perspektiven, Innovationspotenzial, der Erweiterung von Handlungsmöglichkeiten. Veränderung kann sich zeigen zum Beispiel in Form von

- einer *Evolution* – wir wohnen nicht mehr in Höhlen, sondern leben und arbeiten in Gebäuden, die über hundert Meter hoch sind. Wir gehen aufrecht, haben Kulturen und komplexe Werkzeuge und Technologien entwickelt, auch das sind Ergebnisse der Evolution.
- Veränderung kann auch die Form einer *Revolution* haben – man denke da nur an die Französische Revolution als Meilenstein für die Verbreitung der liberal-egalitären Werte des Humanismus und der allgemeinen Menschenrechte.
- Auch *Innovation* ist eine Form der Veränderung: Wir geben keine Rauchzeichen mehr, um miteinander auf weiten Strecken zu kommunizieren, sondern telefonieren – inklusive Facetime – jederzeit und in praktisch jeden Winkel der Erde.
- Genauso gut kann sich Veränderung in Form einer *Modifikation* zeigen, man vergleiche die ersten Fahrräder mit einem modernen Rennrad oder Mountainbike.

Betrachtet man die moderne Arbeitswelt und vergleicht sie mit ihren Vorgängern in vergangenen Dekaden, Jahrhunderten und sogar Jahrtausenden, so erscheint es als ob man Äpfel mit Birnen vergleicht. Zu viel hat sich verändert, insbesondere technologisch, aber auch ökonomisch, politisch, gesellschaftlich, sozial. Und dennoch gab es schon immer Gefahren und Risiken am Arbeitsplatz, war Arbeit mit physischen und psychischen Anforderungen verbunden, litten Menschen unter den Folgen von Beanspruchungen und Beschwernissen ihrer Arbeit. In der modernen Arbeitswelt haben sich – zumindest in den entwickelten Nationen – physikalische Risiken und Belastungen am

Arbeitsplatz reduziert, auch wenn es hier immer noch zu Verbesserungen und Erleichterungen kommen kann. Dennoch bleibt die Zahl der Arbeitsunfähigkeitstage ebenso wie der Beeinträchtigungen von Arbeitsqualität und Leistung hoch. Dies ist nicht zuletzt darauf zurückzuführen, dass in den letzten Jahren vor allem die psychischen Belastungen am Arbeitsplatz zugenommen und sich auch qualitativ verändert haben.

Daher erschien es uns lohnenswert, nicht noch eine fünfte Auflage unseres Buches „Psychische Belastungen am Arbeitsplatz" zu schreiben, sondern ganz im Sinne des „alles fließt" die Arbeitswelt 4.0 und die daraus erwachsenden psychischen Belastungen und Beanspruchungen genauer zu beleuchten und ein neues Werk zusammenzustellen. Weil aber in den allermeisten Fällen Neues auf etwas Altem und Bewährtem fußt, finden sich im vorliegenden Buch auch Erkenntnisse wieder, die bereits in den Vorgängerwerken nachzulesen waren. Und wie schrieb Karl Wenchel, der Autor der allerersten Auflage des Buches „Psychische Belastungen am Arbeitsplatz", auf der unsere weiteren Überarbeitungen aufbauten, in seinem Vorwort vor 18 Jahren?

> *„Dennoch dürfen psychische Belastungen nicht als alleinige Erscheinungen der heutigen Zeit missverstanden werden. Sie gab es früher, ebenso wie es sie in Zukunft geben wird. Sie gehören zu unserem Leben dazu. Per se sind sie auch nicht zwangsläufig als negativ einzustufen, sondern können unter bestimmten Umständen schädigend wirken, ebenso wie sie in Form von Anregungseffekten auch leistungsfördernden und salutogenen Charakter annehmen können. Es gilt, das eine vom anderen zu unterscheiden."*

„Alles fließt" – und dennoch bleibt manches wie es ist, in der Antike, im Mittelalter, in der Neuzeit und auch in Zukunft. Arbeitsschutz und Arbeitssicherheit waren und sind zentrale Themen und sie werden es bleiben, auch in der Arbeitswelt 4.0.

Ein herzlicher Dank gebührt unseren vier anonymen Interviewpartnern, die mit offenen Einblicken in ihr reales Arbeits(er)leben sehr zur Anschaulichkeit einiger Themen dieses Buches beigetragen haben. Ronja van Amern danken wir für ihre tatkräftige Unterstützung bei der Erstellung des Stichwortverzeichnisses. Nicht zuletzt danken wir dem Erich Schmidt Verlag, insbesondere Herrn Jörg Engelbrecht, für die allzeit hilfreiche und professionelle Begleitung bei der Erstellung dieses Werkes, inklusive Verständnis und Entgegenkommen bei einmal mehr verschobenen Deadlines.

Bonn, im Juli 2018

Stefan Poppelreuter und Katja Mierke

Inhaltsverzeichnis

1 Einführung

Stress, Burnout, Leistungsdruck, Überforderung, Zeitdruck, fehlende Anerkennung, nicht kommunizierte Wertschätzung und zwischenmenschliche Konflikte sind psychologische Phänomene, die uns im Alltag regelmäßig begegnen, sei es in den Medien, beim Mitarbeitergespräch oder im Smalltalk mit Kunden oder Kollegen. Dass diese Themen von wachsender Relevanz sind, zeigt sich beispielsweise im Anstieg der sogenannten Burnout-Erkrankungen, die in den letzten Jahren massiv um bis um das 9-fache zugenommen haben (s. hierzu z. B. Knieps & Pfaff, 2016; WIdO, 2011). Es ist zwar davon auszugehen, dass die Diagnose Burnout zum Teil auch auf ein verändertes ärztliches Diagnoseverhalten zurückzuführen ist, wobei wiederum ein gesellschaftlich offenerer Umgang mit psychischen Erkrankungen eine wichtige Rolle spielen dürfte. Nichtsdestotrotz kann diese Entwicklung als Hinweis gedeutet werden, dass sich in Teilen der beruflichen Arbeitswelt massive Belastungen und Beanspruchungen zeigen, die die Entstehung ebensolcher Symptomatiken fördern (WIdO, 2011). Neben Burnout verzeichnen psychische Erkrankungen im Allgemeinen seit 1997 einen kontinuierlichen Anstieg. So erhöhte sich die Anzahl von Arbeitsunfähigkeitstagen (AU-Tagen) aufgrund von psychischen Erkrankungen je 100 Versichertenjahre von 76,7 in 1997 auf 237,3 im Jahr 2014 (DAK, 2015).

1.1 Begriffsbestimmung psychische Belastungen

1.1.1 Stress und psychische Belastung – Qualität und Quantität

Wenn über psychische Erkrankungen, insbesondere in der Arbeitswelt gesprochen wird, wird häufig auch das Thema Stress erwähnt. In Anlehnung an einen der Pioniere der Stressforschung, Hans Seyle, wird Stress als das Vorliegen einer unspezifischen Reaktion des Organismus auf jede Art von Anforderung definiert (Krauthan, 2004). Vorteil dieser allgemeineren Definition ist es, dass Stress nicht per se als negatives oder unangenehmes Ereignis betrachtet wird, denn durch Anforderungen kann auch sogenannter positiver Stress ausgelöst werden. Ein häufig verwendetes Synonym für positiven Stress ist der Begriff Eustress, abgeleitet vom altgriechischen „eu“=„gut“. Komplementär dazu wird häufig der Begriff Distress für sogenannten negativen Stress verwendet (Dorsch Lexikon, 2016). Neben der Auffassung, dass es sich bei Stress um eine unspezifische Reaktion auf eine Anforderung handelt, gibt es noch weitere Betrachtungsweisen. So kann Stress auch als ein Reiz betrachtet werden. Bei dieser Betrachtungsweise sind vor allem die Belastungen, die auf eine Person einwirken, von Relevanz. Solche Belastungen werden als Stressoren bezeichnet. Die

Differenzierung hat den Vorteil, dass so hinsichtlich verschiedener (arbeitsbezogener) Tätigkeiten relevante Stressoren aufgelistet werden können. Schließlich lässt sich Stress auch als Resultat der Beziehung zwischen einem Reiz und einer Reaktion beschreiben. Infobox 1.1.1 fasst die unterschiedlichen Betrachtungsweisen von Stress zusammen. So vertritt Lazarus (1999) die Position, dass ein Reiz erst durch eine kognitive Bewertung durch ein Individuum zu einem Stressor wird. Durch diese theoretische Perspektive ist die Integration individueller Unterschiede in der Bewertung von Reizen vollzogen, wodurch Raum geschaffen wird für die Möglichkeit, auf ein und denselben Reiz inter- oder intraindividuell sowie situativ variabel mit oder ohne Stresssymptomen zu reagieren (Krauthan, 2004). Auf dieses und andere Modelle zu Stress und Stressbewältigung wird in Abschnitt 1.3 näher eingegangen.

Infobox 1.1.1:
Unterschiedliche Betrachtungsweisen von Stress

Stress als
- eine Reaktion des Organismus
- Reize bzw. Stressoren
- eine kognitive Bewertung

Es lässt sich als Zwischenfazit festhalten, dass psychische Erkrankungen, auch in der Arbeitswelt, zunehmen. Dabei spielt unter anderem das Ausmaß an Stress, unter dem Arbeitnehmer wie Selbstständige stehen, eine zentrale Rolle. Stress ist dabei zunächst einmal neutral zu betrachten. Stress gehört zum Leben im positiven Sinne dazu, ähnlich der englischen Phrase „use it or lose it", die insbesondere auf den menschlichen Organismus bezogen ist und der Tatsache Rechnung trägt, dass Strukturen wie Muskeln, wenn nicht regelmäßig stimuliert, atrophieren. Dementsprechend ist es von wesentlicher Bedeutung zu ermitteln, wie Personen und Organisationen mit dem Faktor Stress auf gewinnbringende Art und Weise umgehen können.

Wie bereits erwähnt ist das Auftreten von Stress im Leben eines jeden Menschen ein unvermeidliches Ereignis. Es stellt sich jedoch die Frage, ob es qualitative Unterschiede hinsichtlich des Stresses gibt. Hier interessiert in diesem Kontext besonders, ob es in Bezug auf das Berufs- und Alltagsleben qualitative und quantitative Differenzen des Auftretens, des Ausmaßes und der Verarbeitung von Stress gibt. Es ist durchaus denkbar, dass die Faktoren (Reize), die den Stress auslösen, sprich die Stressoren, in unterschiedlichen Lebensbereichen andere sind als im Erwerbsleben. Eine junge Familie mit einem neugeborenen Kind wird ziemlich sicher mit anderen Stressoren konfrontiert sein als eine Führungskraft in einem mittelständischen Unternehmen. Auch ist davon auszugehen, dass die Pflege von Familienangehörigen, besonders wenn die pflegende Person keine professionelle Ausbildung genossen hat, eine andere Form von Stress ist, als die Bearbeitung von Routineaufgaben am Arbeitsplatz.

Fokus dieses Buchs ist jedoch nicht primär der Stress. Vielmehr stehen psychische Belastungen am Arbeitsplatz mit ihren Ursachen, Auswirkungen und potentiellen Handlungsmöglichkeiten im Mittelpunkt der Betrachtung. Eine bestehende Herausforderung hinsichtlich der psychischen Belastung am Arbeitsplatz ist die Nomenklatur. So wurde bislang (und bewusst) der Begriff der Belastung nicht genauer betrachtet, damit nicht unzählige Assoziationen mit verschiedenen Bereichen aufkommen, in denen das Wort Belastung eine Rolle spielen könnte. Wie so oft besteht die Herausforderung bei der Einführung der Definition eines Begriffes darin, zwischen verschiedenen Welten zu manövrieren. So findet sich in der Alltagssprache der Begriff psychische Belastung oft mit der Assoziation von psychischen Störungen wieder, womit individuelle Beeinträchtigungen und/oder verminderte Leistungsstärke in Verbindung gebracht werden. Dabei ist der Begriff der psychischen Belastung, ebenso wie auch der Begriff des Stresses, zunächst neutral zu betrachten. Er bezieht sich auf äußere Bedingungen und Anforderungen des (Arbeits-)Lebens. Psychische Belastung betrifft dabei alle Menschen und alle Tätigkeiten (Bundesanstalt für Arbeitsschutz und Arbeitsmedizin (BAuA), 2014). Doch bevor tiefer auf die aktuelle Diskussion der Erfassung, der Folgen sowie der Intervention und Prävention von psychischen Belastungen in der Arbeitswelt eingegangen wird, soll ein Rückblick auf die historische Entwicklung des Arbeits- und Gesundheitsschutzes verdeutlichen, welche Rolle psychische Belastungen in diesem Feld spielten und heute spielen.

1.1.2 Die psychische Belastung in der Gesetzgebung

Der Ausgangspunkt der gesetzgeberischen Betrachtung von allgemeinen Belastungen am Arbeitsplatz liegt im EU-Recht, genau genommen in der EU-Rahmenrichtlinie RL 89/391 EWG des Rates zur Durchführung von Maßnahmen zur Verbesserung der Sicherheit und des Gesundheitsschutzes der Arbeitnehmer am Arbeitsplatz, Artikel 5, 6 und 9 vom 12.06.1989. Ziel war es, einen Mindeststandard im europäischen Raum hinsichtlich des Arbeitsschutzes zu etablieren. Dieses Vorhaben mündete im deutschen Rechtsraum in die Umsetzung des Arbeitsschutzgesetzes (ArSchG) (Hofmann, 2014). In Kraft trat es am 21.08.1996 und regelt die „Durchführung von Maßnahmen des Arbeitsschutzes zur Verbesserung der Sicherheit und des Gesundheitsschutzes der Beschäftigten bei der Arbeit". Besonders interessant sind hier die Paragraphen 5 und 6 des ArbSchG und der Paragraph 618 des Bürgerlichen Gesetzbuches (BGB). Darin ist festgehalten, dass der Arbeitgeber angehalten ist eine Gefährdungsbeurteilung durchzuführen.

Rechtsgeschichtlich spielten psychische Belastungen hierbei zunächst jedoch keine Rolle und es sollte fast 20 Jahre dauern, bis auch diese in das Gesetz Eingang fanden. Im Jahr 2013 wurde im Rahmen des „Gesetzes zur Neuorganisation der bundesunmittelbaren Unfallkassen" sowohl der Passus „physische *und psychische* Gesundheit" in den Paragraphen 4 des ArbSchG aufgenommen, als auch der Paragraph 5 des ArbSchG, der die Gefährdungsbeurteilung betrifft, um den Punkt *psychische Belastung* bei der Arbeit ergänzt (Hofmann, 2014). Bis dahin war es ein mühevoller Weg gewesen, denn anfangs wurde in Deutschland wenig Bereitschaft gezeigt, psychische Aspekte der Arbeitsbelastung im Arbeitsschutzgesetz zu berücksichtigen. So monierte die EU-Kommission noch im Jahr 2011, dass Deutschland im Gegensatz zu anderen EU-Ländern nur wenig Bereitschaft zeige, sich des Themas anzunehmen. Kritisiert wurde unter anderem, dass die Europäische Sozialvereinbarung zu arbeitsbedingtem Stress aus dem Jahre 2004 bis dato nicht umgesetzt worden war. Und es dauerte noch weitere zwei Jahre, bis es sowohl auf politischer als auch auf juristischer Ebene zu einem entsprechenden Sinneswandel und damit zur Novellierung des Arbeitsschutzgesetzes kam (Bundesrat, 2013).

1.1.3 Psychische Belastung und Beanspruchung

Nachfolgend sollen die Begriffe psychische Belastung und Beanspruchung voneinander abgegrenzt werden. Dies ist kein ganz einfaches Unterfangen, da sich im Feld der psychischen Gefährdungen am Arbeitsplatz diverse Fachdisziplinen tummeln, was mitunter zu Begriffsverwirrungen führt. Durch die Erläuterung der wesentlichen Begriffe soll zum einen eine Vereinfachung, aber auch ein gemeinsames Verständnis als Grundlage für den Fortgang des Buches geschaffen werden.

Psychische Belastung

Die Definition des Begriffs Psychische Belastung nach der DIN EN ISO 10075-1 (1a) lautet: Psychische Belastung ist die Gesamtheit aller erfassbaren Einflüsse, die von außen auf den Menschen zukommen und psychisch auf ihn einwirken (BAuA, 2010). Ähnlich wie beim Begriff Stress gilt, dass psychische Belastung als neutral zu verstehen ist und erst in Kombination mit weiteren Faktoren positive oder negative Folgen entwickelt (BAuA, 2010). Im Zusammenhang mit psychischen Belastungen stößt man auch auf den Begriff der psychosozialen Belastung. Hierbei wird der sozialen Komponente des Arbeitserlebens verstärkt Aufmerksamkeit geschenkt, wobei die Bedeutung der Qualität zwischenmenschlicher Beziehungen am Arbeitsplatz für Gesundheit und Wohlbefinden im Vordergrund steht (BAuA, 2014). Auch psychosoziale Belastungen gelten zunächst als neutral, erst die weitere, situativ und inter- wie intraindividuell variierende Auswirkung bestimmt den finalen Einfluss auf das Individuum.

Prinzipiell lässt sich aber festhalten, dass Menschen psychische Belastungen „brauchen“, denn sie führen zu Wachstum und Entwicklung. Und auch wenn die psychischen Belastungen am Arbeitsplatz in den letzten Dekaden zugenommen haben, so ist doch wichtig zu betonen, dass beispielsweise Menschen aus Berufen mit hoher psychischer Belastung seit Jahrhunderten die höchste Lebenserwartung haben (Scheuch, 1997). In diesem Zusammenhang wird immer wieder auf die hohe Lebenserwartung von Lehrerinnen und Lehrern verwiesen, wobei gerade diese Berufsgruppe andererseits eine hohe Frühverrentungsquote aufweist (Weber, Weltle & Lederer, 2004). Es gilt also, die Arbeit nicht „belastungsfrei“ zu gestalten (das wäre nicht nur unmöglich, sondern auch nicht wünschenswert), sondern die Arbeit menschengerecht zu verteilen und zu konzipieren.

Welche Arten psychischer Belastungen am Arbeitsplatz lassen sich differenzieren? Im Folgenden werden verschiedene Einflüsse, die auf eine Person im Erwerbsleben einwirken können, dargestellt. Diese von außen kommenden und die menschliche Psyche betreffenden Variablen lassen sich unterteilen nach

a) der Arbeitsaufgabe (Art und Umfang der Tätigkeit, z. B. hinsichtlich Verantwortung, Schwierigkeit, Menge, Tempo etc.),
b) den Arbeitsmitteln (technische Komponenten am Arbeitsplatz, z. B. Werkzeuge, Instrumente, Maschinen, Geräte etc.),
c) der Arbeitsorganisation (Arbeitszeiten, Arbeitsabläufe, z. B. Pausen, saisonale Effekte, Einzel- vs. Teamarbeit etc.),
d) dem Arbeitsplatz (der direkten Arbeitsumgebung, z. B. Möblierung, Platzverhältnisse, Kommunikationsbedingungen etc.),
e) der Arbeitsumgebung (physikalisch-chemisch-biologisch-soziale Arbeitsumgebung, z. B. Lichtverhältnisse, Lärmbelastung, Klima etc., aber auch soziale Arbeitsbedingungen wie z. B. Führungsverhalten, Kollegialität etc.).

Psychische Beanspruchung

Ein im Zusammenhang mit der Diskussion und Erfassung von psychischen Belastungen am Arbeitsplatz häufig gemachter Fehler ist die begriffliche Vermischung von psychischen *Belastungen* und psychischen *Beanspruchungen*. Nach der DIN EN ISO 10075 – 1 wird psychische Beanspruchung definiert als „die unmittelbare (nicht langfristige) Auswirkung der psychischen Belastung im Individuum in Abhängigkeit von seinen jeweiligen überdauernden und augenblicklichen Voraussetzungen, einschließlich der individuellen Bewältigungsstrategien“ (BAuA, 2010, S. 9).

Ob eine psychische oder psychosoziale Belastung also zu einer psychischen Beanspruchung führt, hängt auch ab von den situativ durchaus variierenden

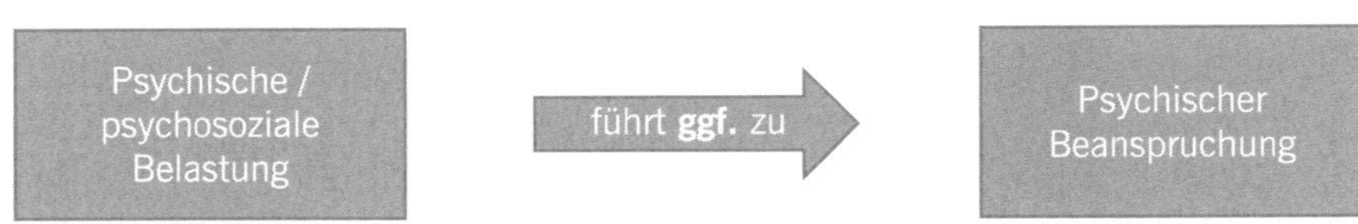

Abbildung 1.1.3.1 *Zusammenhang Psychische Belastung – Psychische Beanspruchung*

überdauernden und augenblicklichen Voraussetzungen im Individuum sowie von dessen Bewältigungsstrategien. Was ist damit gemeint?

Die Voraussetzungen auf Seiten des Individuums können überdauernd oder augenblicklich sein. Überdauernde Voraussetzungen sind beispielsweise psychische Fähigkeiten oder Fertigkeiten, eine augenblickliche Voraussetzung eines Individuums ist dessen aktuelle Motivation. Daneben existieren noch andere nicht-psychologische individuelle Voraussetzungen, wie z. B. der Gesundheitsstatus, das Ernährungsverhalten, das Geschlecht oder das Alter (BAuA, 2010).

Ein weiterer, die individuelle Beanspruchung modulierender Faktor sind die Bewältigungsstrategien, die einem Individuum zur Verfügung stehen, um Herausforderungen, Anforderungen, Stress und Beanspruchung zu begegnen. Solche Bewältigungsstrategien können erlernt sein und sich aufgrund von Sozialisation, oder aber auch genetischer Disposition als hilfreich und zielführend erwiesen haben. Infobox 1.1.3.1 gibt ein Beispiel für unterschiedliche Bewältigungsstrategien unterschiedlicher Personen auf ein und dieselbe Arbeitssituation.

Infobox 1.1.3.1:
Bewältigungsstrategien – Ein Beispiel

Mitarbeiter X erfährt telefonisch, dass soeben das IT-System zusammengebrochen ist und er nicht mit der Bearbeitung eines ihm zugetragenen Projekts fortfahren kann. Da die Deadline für die Abgabe der heutige Tag ist, steigt in ihm die Nervosität und er reagiert zunehmend gereizter, schnauzt Kollegen an und übt Druck auf den IT-Support aus. Mitarbeiterin Y hingegen erfährt von dem Zusammenbruch und nutzt die unfreiwillig gewonnene Zeit um ein Mitarbeitergespräch spontan zeitlich vorzuziehen. Für Mitarbeiter Z ist es nicht der erste Zusammenbruch und da er seine Daten immer auf einer externen Festplatte speichert und auch einen Firmen-Laptop besitzt, wechselt er einfach auf diesen.

Das Beispiel verdeutlicht, dass die individuelle Reaktion auf die Situation darüber entscheidet, wie beanspruchend diese erlebt wird. Die Reaktion von Mitarbeiter X wird mehr Energie kosten und auch das gesamte Arbeitssystem um ihn herum mehr belasten, als die flexiblere Strategie von Mitarbeiterin Y und Mitarbeiter Z. Natürlich ist das Beispiel eine starke Simplifizierung komplexer und vielschichtiger Abläufe. Nichtsdestotrotz lässt sich verdeutlichen, dass der individuellen Reaktion auf eine Belastung entscheidende Bedeutung dafür zukommt, ob die Belastung zu einer Beanspruchung wird. Auch auf diesen Aspekt wird in Abschnitt 1.3 vertiefend eingegangen.

Zuvor wurden Stress und psychische Belastung als neutrale Konzepte dargestellt. Bei der psychischen Beanspruchung ist die Situation eine andere, denn die individuelle Reaktion auf eine psychische Belastung führt zu einer psychischen Beanspruchung, welche eine qualitative Konnotation hat, also positive oder negative Folgen. Es gibt psychische Beanspruchungen, die deswegen nicht negativ sind, weil sie auf eine Person anregende Wirkung haben. Eine Situation wird als abwechslungsreich erlebt, die die Beanspruchung erlebende Person erfährt Erfolgserlebnisse und ist intrinsisch motiviert. Unter solchen Umständen tritt eine kurzfristige positive Beanspruchung ein. Dabei wird zwischen den Phänomenen Aufwärmen und Aktivierung unterschieden (Abbildung 1.1.3.2).

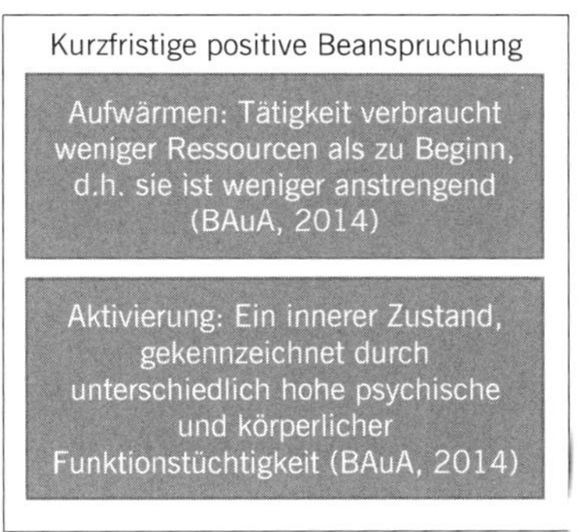

Abbildung 1.1.3.2 *Kurzfristige positive Beanspruchung (BAuA, 2014)*

Das Pendant dazu ist die negative kurzfristige Beanspruchung. Diese ist gekennzeichnet durch psychische Ermüdung, ermüdungsähnliche Zustände (Monotonie, herabgesetzte Wachsamkeit, psychische Sättigung) und Stress. Solche Zustände stellen sich insbesondere dann ein, wenn es zu Über- oder auch Unterforderung kommt und damit zu einer Aktivierung außerhalb des individuellen Rahmens, in dem eine Person am produktivsten und gesündesten arbeiten kann (Abbildung 1.1.3.3). Es wird deutlich, dass nicht nur ein zu viel, sondern auch ein zu wenig an Stimulation ungünstige Auswirkungen haben kann.

Eingeleitet wurden die bisherigen Ausführungen mit den Begriffen Stress, Burnout, Leistungsdruck und Überforderung. Nun schließt sich der Kreis, denn wie gezeigt wurde, kommt es beim Arbeiten unweigerlich zu psychischen

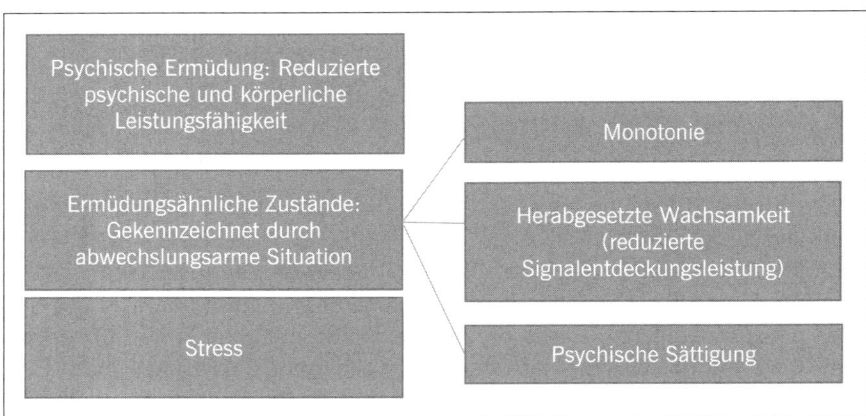

Abbildung 1.1.3.3 *Kurzfristige negative Beanspruchungen (BAuA, 2014)*

Belastungen, die zu psychischen Beanspruchungen führen *können*. Die Wahrnehmung und Verarbeitung der psychischen Belastung, die von einer (Arbeits-) Tätigkeit ausgeht, ist wiederum abhängig von verschiedenen Faktoren, welche bestimmen, ob es zu einer positiven oder negativen Beanspruchung durch die Belastung kommt. Besonders relevant ist der Faktor Zeitdauer, denn wenn kurzfristige, beeinträchtigende Reaktionen über einen langen Zeitraum immer

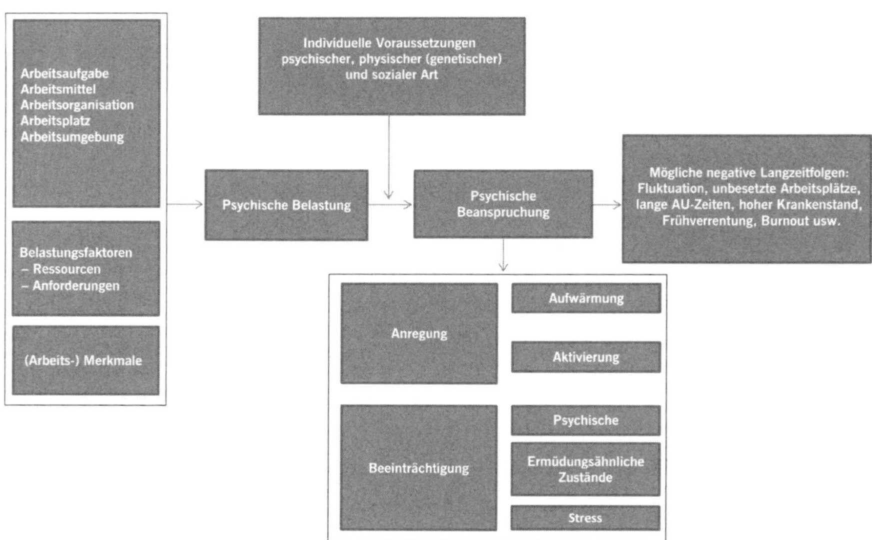

Abbildung 1.1.3.4 *Zusammenhang zwischen Arbeitsbedingungen, psychischer Belastung, psychischer Beanspruchung, moderierenden Variablen und möglichen Langzeitfolgen*

wieder auftreten, schadet das der Gesundheit. Dies gilt insbesondere, wenn wir an chronischen Stress denken und andere persönliche, wirtschaftlich sowie gesellschaftlich schädigende Ereignisse wie Frühverrentung, psychosomatische Beschwerden oder lange AU-Zeiten.

1.2 Kurzer historischer Abriss zu Arbeitsschutz und Arbeitssicherheit

1.2.1 Antike

Getreu dem Motto aller Anfang ist schwer überrascht es nicht, dass sich der Weg bis zu unserem heutigen Verständnis von Arbeitsschutz und Arbeitssicherheit als ein sehr steiniger erwies. Erste Aufzeichnungen darüber finden sich beispielsweise bei Hippokrates, der Haltungsschäden bei Schneidern oder Augenentzündungen bei Schmieden beschrieb (Prager, 1998, 2005). Einige Jahrzehnte später gelang es dem belgischen Gelehrten Frans Jonckheere durch die Untersuchung der Ostraka Tonscherbe nachzuweisen, dass bereits im alten Ägypten ein Berufsstand Werks- und Betriebsärzte existierte, die sogenannten Sinu. Eine ihrer Aufgaben war es darauf zu achten, dass die freien Arbeiter ihre Ruhezeit einhielten. Wie es sich für eine Hochkultur gehört, nahmen die Ägypter schon damals Rücksicht auf Umwelteinflüsse wie beispielsweise die brütende Sommerhitze. So war eine zweistündige Mittagsruhe an der Tagesordnung, zudem gab es eine Art Hitzezulage an besonders heißen Tagen. Windsegel wurden benutzt um auf diese Weise den Arbeitern ein wenig frische Luft zuzuführen und gegen den Durst stellten die Staatsbehörden sicher, dass Krüge mit Wasser oder Bier (!) vorhanden waren. Jedoch galten diese Privilegien nicht unbedingt den Sklaven, sondern den freien Arbeitern, die auf Grundlage von freiwilligen Dienstverträgen oder Dienstleistungsverordnungen arbeiteten (Schadewaldt, 2006). Neben den Griechen und Ägyptern zeigten auch die Römer in der Antike erste Bemühungen im Arbeits- und Gesundheitsschutz und verboten so zum Beispiel Luftverunreinigungen (Prager, 1998, 2005).

1.2.2 Mittelalter

Auch im Mittelalter existierten einige vielversprechende Entwicklungen hinsichtlich Arbeitssicherheit und Arbeitsschutz. So verpflichtete das Bremer Recht 1303 die Meister dazu, die Gesellen „in Gesundheit und Krankheit zu erhalten". Das Gesetz kam auf den Weg, nachdem sich die Beziehung zwischen Meistern und Gesellen wandelte. Dabei veränderte sich ihr Verhältnis auf Grund einer steigenden Anzahl von Gesellen sowie sinkenden Anzahl an Meistern hin zu einer Antreiber-Systematik mit Stücklohn, sprich Akkordlohn und schlechteren Arbeitsbedingungen. Im Jahr 1329 hielten die Gürtlergesellen

Deutschlands ältesten Streik für bessere Arbeitsbedingungen ab, fast hundert Jahre später verbot die Frankfurter Leinenweberordnung die Nachtarbeit. Weitere etwa sechzig Jahre später grenzte Heinrich VII. die Arbeitszeit im Sommer auf 12 Stunden ein und ließ verordnen, dass während der Winterzeit nur von 5.00 Uhr morgens bis zum Einbruch der Dunkelheit gearbeitet werden darf. In dem 1567 publizierten Werk von Theophrastus von Hohenheim, auch unter den Namen Paracelsus bekannt, schrieb er „Von der Bergsucht und anderen Bergkrankheiten“ und verfasste so vor fast 500 Jahren erste Beschreibungen von Berufskrankheiten (Prager, 1998, 2005; Schadewaldt, 2006).

1.2.3 Neuzeit

Im 18. Jahrhundert kam langsam Bewegung in die Rechtsprechung zu Arbeitsschutz und Arbeitssicherheit. Im Jahr 1787 erließ Österreich das erste Kinderschutzgesetz, im Jahr 1810 ereignete sich ähnliches im französisch besetzten Rheinland (Prager, 1998, 2005). Aber oft waren es nicht noble Motive hinter den vermeintlich positiven Entwicklungen. Vielmehr erwies es sich beispielsweise mehr und mehr als Problem, dass aufgrund von berufsbedingten Erkrankungen oder Verletzungen sich in Preußen keine ausreichende Anzahl geeigneter junger Männer für das Militär mehr finden ließ. Auf Grund dessen sah sich der damals zuständige General Horn gezwungen zu handeln und trat schon im Jahr 1828 mit der Forderung nach gesetzlichen Maßnahmen zum Schutz der jungen Arbeiterschaft an den König von Preußen heran. Jedoch erst fast 10 Jahre später kam es mit einem Regulativ zur Beschäftigung jugendlicher Arbeitnehmer zur Umsetzung der Forderung Horns (Prager, 1998, 2005; Schadewaldt, 2006). Mit der Umsetzung haperte es auch hinsichtlich der im Jahr 1845 eingeführten Gewerbeordnung. Trotz einschlägiger Bestimmungen zum Arbeitsschutz von Kindern stellten diese an die 40 % der arbeitenden Bevölkerung. Auch Arbeitssicherheitsregelungen wurden nicht erlassen um explizit die Bevölkerung zu schützen, sondern um den Einfluss von Gewerkschaften oder Arbeiterparteien einzudämmen. So kam es, dass die preußischen Fabrikgesetze, die auch Fabrikinspektionen vorsahen, relativ unbeachtet blieben. Erst nachdem sich finanzielle Ausfälle auf Grund technischer Probleme, die betriebswirtschaftlich nicht mehr für die Unternehmen haltbar waren, häuften, kam es dazu, dass freie Inspektoren regelmäßige Überwachungen von Anlagen durchführen sollten. Aber obligatorisch wurde die Fabrikinspektion erst im Jahr 1878. Sechs Jahre zuvor wurde in einer Ludwigshafener Anilinfabrik einer der vermutlich ersten Werksärzte eingesetzt (Prager, 1998, 2005).

Im Zuge der industriellen Revolution hielten im 19. Jahrhundert die Dampfmaschinen Einzug in die Fabriken. Mancher Dampfkessel hielt jedoch den Belastungen nicht stand und es kam zu zahlreichen schrecklichen Kesselexplosionen mit unzähligen Toten und Verletzten. Am 31. Oktober 1872 gründeten deshalb

Unternehmer unter dem Vorsitz des Tuchfabrikanten Gustav Schlieper jun. in Eigeninitiative den „Verein zur Überwachung der Dampfkessel in den Kreisen Elberfeld und Barmen". Elberfeld-Barmen (heute Wuppertal) war der erste große industrielle Ballungsraum Kontinental-Europas. Weitere Vereinsgründungen in Koblenz (6. Juli 1873), Aachen (17. November 1873) und Mönchengladbach (1. April 1874) folgten (Holzhauer, 1972). Ziel der Vereinsgründungen war es, das Explosionsrisiko der Dampfkessel durch Überwachung der Technik zu minimieren. Diese Vereine wurden in der Folge vom Deutschen Kaiserreich mit der Aufgabe betraut, hoheitliche Sicherheitsinspektionen durchzuführen. Am 1. April 1877 schlossen sich 80 Dampfkesselbetreiber im Rheinland zum „Rheinischen Dampfkesselüberwachungsverein Cöln-Düsseldorf" (DÜV) mit Sitz in Düsseldorf zusammen (Holzhauer, 1972).

Daneben wurden im Zeitalter der industriellen Revolution technische Entwicklungen, neben der Dampfmaschine auch der automatische Webstuhl, immer wichtiger (hierzu und zum Folgenden TÜV Rheinland, 2017). Sie veränderten die Arbeitsbedingungen. Auch der Bergbau zur Kohlegewinnung gewann an Bedeutung. In Fabriken fertigten Arbeiter Waren maschinell. Da für die Arbeitsabläufe keine besondere Ausbildung erforderlich war, wurden auch Kinder eingestellt, wobei die Arbeits- und Lebensbedingungen vieler Arbeiter katastrophal waren. Die Arbeit in den Fabriken war gefährlich, es kam vermehrt zu Unfällen. Hinzu kam eine mangelhafte Absicherung der Arbeiter: Wer bei der Arbeit verletzt wurde, verlor sein Einkommen.

Nur wenige Unternehmer sorgten, z. B. mit einer Krankenversicherung, für ihre Beschäftigten. Ein generelles Verbot der Kinderarbeit und eine Beschränkung der Arbeitszeit wurden damals im preußischen Parlament diskutiert. Im Jahr 1839 wurde in Preußen die Kinderarbeit eingeschränkt. Das Regulativ verbot Kinderarbeit bis zum neunten Lebensjahr. Bis zum 16. Lebensjahr wurde die Arbeitszeit auf zehn Stunden pro Tag begrenzt.

Zwischen 1847 und 1853 wurden örtliche Kommissionen errichtet, die den Auftrag erhielten den Schutz der Arbeitnehmer in den Fabriken zu überprüfen. Dies geschah zunächst auf freiwilliger Basis, im Laufe der Zeit wurden diese Kommissionen durch vom Staat eingesetzte Fabrikinspektoren ersetzt. In der preußischen Gewerbeordnung wurde die Sonn- und Feiertagsarbeit untersagt. Im Jahr 1878 wurde erstmals ein Paragraph eingeführt, der es den Inspektoren erlaubt in den Fabriken Revision einzulegen (Aufsichtsparagraph). Die Umsetzung war allerdings mangelhaft.

Nach dem Haftpflichtgesetz von 1871 musste ein unfallgeschädigter Arbeiter dem Arbeitgeber ein Verschulden nachweisen, um eine Entschädigung zu erhalten, was nur selten gelang. Angesichts der unsicheren Arbeitsbedingungen und der häufigen Unfälle war dies ein unhaltbarer Zustand. Daher verabschiedete am 15. Juni 1883 der Reichstag das „Gesetz betreffend die Krankenversicherung der Arbeiter". Darin geregelt waren Krankengeld, ärztliche Behandlung, Krankenhaus, Sterbegeld und Mutterschaftshilfe.

Am 6. Juli 1884 verabschiedete der Reichstag das „Unfallversicherungsgesetz". Es regelte Unfallrente, Medizinische Heilbehandlung, Unfallverhütung. Träger der Unfallversicherung waren die neu gegründeten Berufsgenossenschaften. Die „kollektive Haftpflichtversicherung" der Unternehmer löste die private Haftpflicht des einzelnen Unternehmers ab.

Infolge der Einführung der gesetzlichen Unfallversicherung und der gesetzlichen Krankenversicherung wurde der Ausbau der Bestimmungen zum Arbeitsschutz weiter vorangetrieben. Im Jahr 1888 wurde Wilhelm II. Kaiser. Er geriet in Konflikt mit Bismarck, da er den Arbeiterschutz weiter ausbauen wollte, während Bismarck dies aus wirtschaftlichen Bedenken ablehnte.

Vom 15. bis 28. März 1890 fand in Berlin eine internationale Arbeitsschutzkonferenz statt, an der 14 Staaten teilnahmen. Sie brachte zwar keine konkreten Ergebnisse, doch daraufhin legte der preußische Staatsrat die Ziele und Grenzen eines wirksamen Arbeiterschutzes fest.

Am 1. Juni 1891 wurde das national geltende Arbeiterschutzgesetz verabschiedet: Sonntagsarbeit in der Industrie wurde generell verboten und in Handel und Gewerbe auf maximal fünf Stunden begrenzt. Kinder unter 13 Jahren durften nicht mehr in Fabriken beschäftigt werden. Jugendliche unter 16 Jahren durften nicht länger als 10 Stunden am Tag arbeiten, Frauen nicht länger als elf Stunden. Die Nachtarbeit für Frauen und Kinder unter 16 Jahren wurde verboten.

Unfall- und Gesundheitsgefahren wurden spätestens ab dieser Zeit nicht länger als unvermeidlicher Preis des Fortschritts oder individuelles Verschulden betrachtet. Der Unternehmen wurde von nun an in die Pflicht genommen, die Arbeitsbedingungen zu verbessern. Für die Einhaltung der Schutzmaßnahmen sorgte eine staatliche Gewerbeaufsicht. Während das bisherige Arbeitsschutzgesetz vor allem sozial geprägt war, verdeutlichte sich nun eine duale Form des Arbeitsschutzes. Das bedeutete, dass die Berufsgenossenschaften insbesondere auf die technischen Facetten des Arbeitsschutzes achteten, während sich die 1891 ins Leben gerufene Gewerbeaufsicht auf die Bestimmungen zur Beschäftigung von Frauen, Kindern und Jugendlichen fokussierte.

Im Ersten Weltkrieg wurden die bisherigen Errungenschaften des Arbeitsschutzes weitestgehend ausgesetzt. Am 4. August 1914 wurde der Arbeitsschutz für Kinder, Jugendliche und Frauen aufgehoben. Für Frauen und Jugendliche wurden Doppelschichten mit zwölfstündiger Arbeitszeit eingeführt. Ebenso wurde Sonntagsarbeit wieder üblich. Die Lockerung der Gewerbeaufsicht verminderte den Unfall- und Gesundheitsschutz. Rohstoffmangel führte aber auch zu einigen Verbesserungen im Arbeitsschutz: In Bäckereien wurde am 5. Januar 1915 das Nachtbackverbot eingeführt, am 12. Dezember 1916 die Ladenschlusszeit auf 19 Uhr festgesetzt.

Nach Ende des Ersten Weltkriegs wurde der Arbeitsschutz sofort wieder eingeführt und sogar verschärft. So wurden ab 1919 in den Betrieben die ersten Unfallvertrauensmänner eingesetzt, wodurch der innerbetriebliche Arbeitsschutz professionalisiert wurde. 1920 setzten einige Großbetriebe aus eigenem Antrieb die ersten Sicherheitsingenieure ein.

Der Rat der Volksbeauftragten, der sich aus Mitgliedern der SPD und USPD (Unabhängige Sozialdemokratische Partei Deutschlands) zusammensetzte, führte in der Weimarer Republik den Achtstundentag ein und erfüllte damit eine alte Forderung der Arbeiterbewegung.

Am 6. Mai 1933 wurde – unmittelbar nach der Machtergreifung durch die Nationalsozialisten – die Deutsche Arbeitsfront (DAF) gegründet, die die Gewerkschaften ersetzte. Hauptaufgabe der DAF war die betriebliche Sozialpolitik. Unter dem Schlagwort „Schönheit der Arbeit" sorgte sie für Belüftung und Beleuchtung der Arbeitsplätze, baute Sportplätze und Kantinen und setzte sich für die Verbesserung des Mutterschutzes ein. Zugleich wurde der Urlaub von drei auf sechs Tage im Jahr verlängert.

Mit Ausbruch des Zweiten Weltkrieges wurden erneut alle Richtlinien des Arbeitsschutzes aufgehoben, jedoch nach Kriegsende wieder eingeführt und stark reformiert.

Im Einklang mit dem Aufbau des Sozialstaates wurden nach dem Ende des Zweiten Weltkriegs und der Gründung der Bundesrepublik Deutschland sowohl der technische als auch der soziale Arbeitsschutz stetig weiterentwickelt, was seinen Niederschlag in einer ständig wachsenden Zahl von Gesetzen, Vorschriften, Richtlinien, technischen Anleitungen, Normen und Regeln fand.

Eines der wichtigsten Elemente des Arbeitsschutzes markiert bis heute das am 12. Dezember 1973 eingeführte und am 12. Dezember 1974 verabschiedete Arbeitssicherheitsgesetz (ASiG). Betriebe sind von nun gesetzlich dazu verpflichtet, Betriebsärzte einzustellen und Fachkräfte für Arbeitssicherheit als Berater in die betriebliche Sicherheitsarbeit einzubeziehen.

Am 7. August 1996 trat das Arbeitsschutzgesetz in Kraft. Es regelt die Aufgaben des Arbeitgebers und Arbeitnehmers im deutschen Arbeitsschutz. Zentrales Instrument des Arbeitsschutzgesetzes ist die Gefährdungsbeurteilung.

Heute müssen Arbeitgeber dafür Sorge tragen, dass die Beschäftigten vor Chemikalien, Krankheitserregern, Gefahrstoffen, Lärm, schweren Maschinen, technischen Arbeitsmitteln und anderen Gefahren, die sich aus der Arbeit ergeben können, geschützt sind. Dabei wird der Arbeitsschutz bereits bei der Planung von Arbeitsplätzen im Rahmen der Prävention berücksichtigt. Zudem hat der Arbeitgeber seine Angestellten im Hinblick auf alle Sicherheitsmaßnahmen in seinem Betrieb zu unterweisen.

Seit September 2013 sind auch psychische Belastungen, die am Arbeitsplatz auftreten können, im Arbeitsschutzgesetz verankert. Sie müssen nun ebenfalls im Rahmen einer Gefährdungsbeurteilung beurteilt und bewertet werden.

Wie dieser bei weitem nicht erschöpfende Abriss über die Geschichte der Arbeitssicherheit und des Arbeitsschutzes zeigt, ist die Idee von Arbeitsschutz und Arbeitssicherheit keine Errungenschaft der letzten 100 Jahre. So haben sich schon die Sinu bei den Ägyptern oder Hippokrates bei den Griechen mit der Gesundheit der Arbeiterschaft beschäftigt. Was gesagt werden kann ist, dass sich besonders in den letzten Jahrzehnten in Mitteleuropa eine immer stärkere Professionalisierung des Arbeitsschutzes und der Arbeitssicherheit etabliert hat, wobei diese Bemühungen in unserem heutigen hohen Standard mündeten.

Abbildung 1.2.3.1 fasst die Geschichte des Arbeitsschutzes noch einmal chronologisch vom alten Ägypten bis in die Neuzeit zusammen.

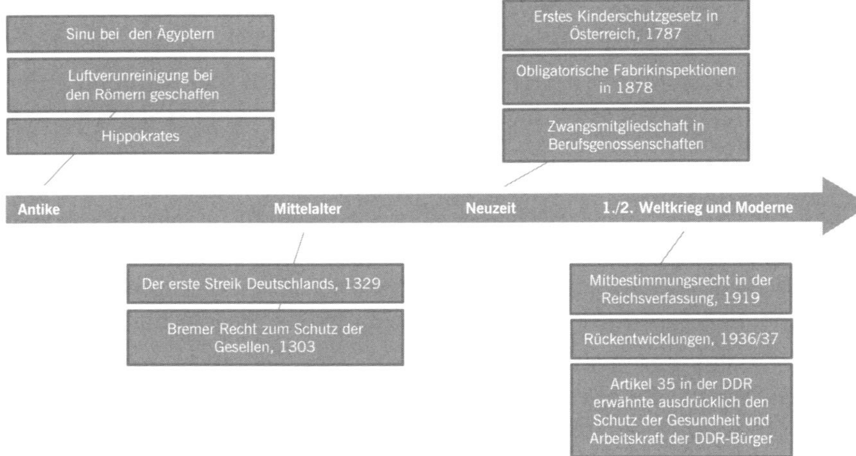

Abbildung 1.2.3.1 *Die Geschichte des Arbeitsschutzes vom alten Ägypten bis zur Neuzeit*

1.3 Allgemeine Stressmodelle

Der Schutz vor psychischen Belastungen und Gefährdungen am Arbeitsplatz hat einen so hohen Stellenwert, weil solche Belastungen und Gefährdungen die wirtschaftliche Leistungsfähigkeit und Produktivität sowie das Wohlbefinden von Mitarbeiterinnen und Mitarbeitern in erheblichem Maße beeinträchtigen können. Kosten entstehen für den Einzelnen auf gesundheitlicher Ebene in Form von chronischen Kopfschmerzen, Schlafstörungen, Muskelverspannungen, einem empfindlichen Magen oder Herz-Kreislauf-Problemen sowie psychischen Belastungsfolgen wie erhöhter Reizbarkeit, Konflikten und Verlust von Arbeitszufriedenheit und -motivation, bis hin zu psychischen Erkrankungen. Wer chronisch negativ gestresst ist, kann kaum mehr zu Wertschöpfung und Innovation beitragen. Kosten entstehen für Unternehmen entsprechend durch hohe Fehlzeiten und Fluktuationsraten sowie mangelhafte Betriebssicherheit (z. B. durch Unkonzentriertheit beim Bedienen von schwerem Gerät) und Einbußen bei der kreativen Weiterentwicklung von Prozessen und Produkten. Nicht zuletzt leiden Kommunikation und Klima: Kollegen, Mitarbeiter und auch Vorgesetzte sowie Kunden und Zulieferer bekommen in aller Regel deutlich zu spüren, wenn Einzelne über- oder fehlbeansprucht sind.

Im folgenden Kapitel soll ein allgemeiner Überblick über zentrale Konzepte und Modelle der Stressforschung gegeben werden, wobei wir die klassische Unterscheidung zwischen reaktionsbezogenen, reizbezogenen und so genannten transaktionalen Ansätzen aufgreifen (Knoll, Scholz & Rieckmann, 2013). Diese werden jeweils in ihren wesentlichen Grundzügen anhand von Beispielen dargestellt, bevor wir zum Abschluss dieser Einführung kurz auf die Begriffe Verhaltens- und Verhältnisprävention im Rahmen betrieblicher Gesundheitsförderung eingehen.

1.3.1 Reaktionsorientierte und stimulusorientierte Ansätze

Als Pionier der Stressforschung gilt, wie bereits erwähnt, Hans Selye (1936), der Stress als unspezifische Reaktion des Körpers auf jede Art der Anforderung (Selye, 1976) definiert. Damit trägt er dem Ursprung des Begriffs in der Materialforschung Rechnung, wo *stress* die Beanspruchung von Material bezeichnet, die durch äußere Belastungen entsteht (z. B. das Strapazieren der Elastizität durch häufiges Verbiegen, eine mögliche Beanspruchungsfolge wäre dann Brüchigkeit). Diese Stressdefinition fokussiert somit auf die physiologischen Reaktionen nach Stress auslösenden Reizen, von Selye auch als Allgemeines Anpassungssyndrom bezeichnet.

Diese Reaktionen umfassen beispielsweise erhöhten Puls und Blutdruck, beschleunigte Atmung, sowie die Ausschüttung von Hormonen wie Noradrenalin, Adrenalin und ggf. Kortisol. Sie können evolutionsgeschichtlich als hoch funktional angesehen werden: Durchblutung und Sauerstoffversorgung des Gehirns werden erhöht, die Wahrnehmung geschärft, die Muskulatur aktiviert. Das Immunsystem arbeitet vorübergehend auf Hochbetrieb, Verdauungstätigkeit, Schmerzempfindlichkeit und andere Funktionen werden dafür zwischenzeitig gedrosselt. Es wird Energie bereitgestellt und der Körper erhöht insgesamt seine Reaktionsbereitschaft, um angesichts von Gefahr schnell und effektiv kämpfen oder fliehen zu können („*Fight-or-Flight*", Cannon, 1933, zit. nach Kaluza, 2015). So sinnvoll und überlebenswichtig dieser Mechanismus in der Geschichte unserer Art einmal gewesen sein mag, so wenig funktional ist er in der Regel heute angesichts der Stressoren in der (westlichen) Welt des 21. Jahrhunderts: Erhöhte körperliche Handlungsbereitschaft ist selten zielführend oder sogar kontraindiziert, wenn beispielsweise der Stress auslösende Reiz eine Kundenbeschwerde, eine abgestürzte Software oder ein Verkehrsstau ist, der unsere Terminplanung gefährdet.

Betont werden sollte an dieser Stelle, dass die allgemeine physiologische Stressreaktion keineswegs an sich gesundheitsschädlich sein muss. Die mit der erhöhten körperlichen Aktivierung einhergehenden Effekte werden im Gegenteil bis zu einem gewissen Grad als angenehm erlebt und sind auch – ebenso bis zu einem gewissen Grad – leistungsförderlich. Bereits im Rahmen des Yerkes-Dodson-Gesetzes von 1908 wird ein umgekehrt U-förmiger Zusammenhang zwischen physiologischer Aktivierung (Stressniveau) und Leistungsniveau postuliert, der sich in vielen Zusammenhängen empirisch bestätigt hat und in Abbildung 1.3.1.1 grafisch dargestellt ist. Ein mittleres Stressniveau geht demnach mit optimaler Produktivität einher, eine – vor allem dauerhafte – Überaktivierung hingegen senkt die Leistung und erhöht das Risiko von Herz-Kreislauf-Erkrankungen und anderen gesundheitlichen Langzeitschäden. Ob die physiologische Erregung dabei von einem positiven oder einem negativen Reiz ausgelöst wurde, spielt zunächst keine Rolle.

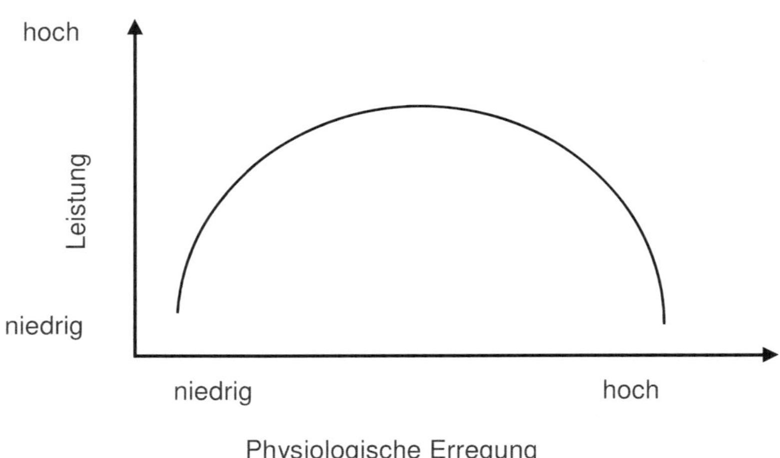

Abbildung 1.3.1.1 *Das Yerkes-Dodson-Gesetz (eigene Darstellung)*

Das Phänomen dürfte in der subjektiven Erfahrung von Aufregung vor wichtigen Terminen wie einem Bewerbungsgespräch oder einer wichtigen Präsentation bekannt sein – ein bisschen Lampenfieber ist gut, man läuft „warm“, aber ein zu viel kippt in Nervosität, Unkonzentriertheit oder gar Panik. Neuere Forschung weist darauf hin, dass die Konzentration des Stresshormons Kortisol im Blut auch in einem umgekehrt U-förmigen Zusammenhang mit dem Erleben von Flow steht (Peifer, 2012; Peifer, Schächinger, Engeser & Antoni, 2015). Flow bezeichnet dabei das völlige Aufgehen in einer Tätigkeit, das mit einem Gefühl optimaler Beanspruchung der eigenen Fähigkeiten, oft auch mit Selbstvergessenheit, Verlust des Zeitgefühls, hoher Konzentriertheit, Kreativität und insgesamt dem angenehmen Empfinden einhergeht, dass alles mühelos, scheinbar wie von selbst läuft (Csíkszentmihályi, 2000). Das Flowphänomen wurde zunächst im Rahmen von Freizeitaktivitäten wie Tanzen, Klettern oder Musizieren beschrieben. Inzwischen ist jedoch gut belegt, dass es ebenso im Arbeitskontext auftritt, und sich Determinanten sowie Erlebensqualität nicht maßgeblich von denen für Flowerleben im Freizeitkontext unterscheiden (Mosing, Magnusson, Pedersen, Nakamura, Madison & Ullén, 2012).

Ein gewisses Maß an physiologischer Erregung ist also insgesamt durchaus subjektiv angenehm und auch in verschiedener Hinsicht leistungsförderlich. Zudem fördert das im Zuge der Aktivierung ausgeschüttete Noradrenalin die Ausformung neuer neuronaler Verknüpfungen und so die Verankerung von Lernerfahrungen im Gehirn (inklusive derer zum erfolgreichen Umgang mit dem Stress). Solange auf eine Phase erhöhter Anspannung regelmäßig eine Phase der Entspannung folgt, in der sich der Körper wieder regenerieren kann, entsteht kein gesundheitlicher Schaden. Im Gegenteil: Ein ausgewogener Wechsel zwischen Aktivierung und Entspannung fordert den Organismus und erhält seine Funktionen in gesunder Weise aufrecht. Findet die im Rahmen der Stressreaktion bereitgestellte körperliche Energie jedoch kein „Ventil“ (z. B. auch im Sport) oder wird die hohe physiologische Erregung über einen längeren Zeitraum konstant aufrechterhalten, steigt das Risiko für gesundheitliche Langzeitfolgen. Diese umfassen Herz-Kreislauf-Erkrankungen, chronische Kopfschmerzen oder Muskelverspannungen, erhöhte Reizempfindlichkeit, Schlafstörungen, Magenprobleme, etc. (vgl. Kaluza, 2015). Der in länger andauernden und als unkontrollierbar erlebten Stressphasen stark erhöhte Kortisolspiegel hemmt zudem nachweislich den Aufbau von Nervenzellnetzwerken und schädigt so langfristig das Gedächtnis (Sapolsky, 1996).

Im Rahmen reaktionsbasierter Ansätze wäre noch zu ergänzen, dass *Fight-or-Flight* selbst auf ganz archaischer Ebene kein vollständiges Bild der möglichen Reaktionsmuster zeichnet. Auch wenn sich die oben beschriebene neuroendokrinologische Stressreaktion nicht substanziell zwischen Männern und Frauen unterscheidet, stellen für weibliche Säugetiere Kampf oder Flucht weit weniger Erfolg versprechende Strategien dar, da sie häufig durch Schwangerschaft oder durch zu tragenden bzw. zu beschützenden Nachwuchs eingeschränkt sind. Sie haben daher weitere Reaktionsmuster entwickelt, nämlich einerseits ihre Jungen angesichts von Gefahren durch körperliche Nähe zu beruhigen und andererseits auch untereinander durch Zuwendung Stress zu reduzieren. Diese Strategien, denen mit dem Bindungshormon Oxytocin ebenfalls eine wissenschaftlich gut belegte physiologische Basis zuordenbar ist, bezeichnen Taylor, Klein, Lewis, Gruenewald, Gurung und Updegraff (2000) als *„Tend-and-Befriend"*.[1]

Im Aufsuchen und Nutzen von sozialer Unterstützung zeigt sich in zahlreichen Studien durchgängig der stärkste Geschlechtsunterschied in der menschlichen Stressbewältigung: Auch wenn soziale Unterstützung Männern ebenso gut beim Umgang mit Stress hilft wie Frauen, ist es bis heute eine „typisch weibliche" Strategie insofern, als Frauen sie einfach deutlich häufiger nutzen. Männer greifen demgegenüber eher auf sog. problemorientierte Copingstrategien zurück (z. B. Matud, 2004; Ptacek, Smith & Dodge, 1994). Teils wird dies in der Literatur mit Unterschieden in den gesellschaftlichen Rollenerwartungen und in der Sozialisation erklärt, in deren Rahmen Männern nach wie vor eher rational-problemorientierte, Frauen eher emotionale Bewältigungsreaktionen anerzogen und zugestanden werden (Greenglass, Pantony & Burke, 1988). Andere Autoren argumentieren, dass diese Unterschiede struktureller Natur sind und auf die unterschiedlichen Rollen zurückgehen, in denen Männer und Frauen typischerweise mit Stress konfrontiert werden. Dafür spricht, dass die beobachteten Unterschiede verschwinden, sobald die situativen Rahmenbedingungen vergleichbar sind (z. B. Rosario, Shinn, Mørch & Huckabee, 1988). Dieser Befund deutet darauf hin, dass die geeignete Gestaltung von Rahmenbedingungen am Arbeitsplatz die Nutzung problemorientierter Copingstrategien bei Frauen fördern und ihnen so insgesamt mehr Handlungsspielraum im Umgang mit Herausforderungen eröffnen könnte.

Andere Modelle haben sich mehr auf die Analyse der Stressoren fokussiert, also auf die Anforderungen der Umwelt, die als belastend erlebt werden. Dies können physikalische Reize wie Lärm, extreme Temperaturen oder Schmerzreize sein. Psychosoziale Stressoren umfassen beispielsweise Zeitdruck, Über- oder Unterforderung, soziale Isolation, (Angst vor) Arbeitsplatzverlust sowie mangelnde Wertschätzung, geringe Entscheidungsspielräume, fehlende Unterstützung oder länger andauernde Konflikte. Auf personaler Ebene zu verorten

1 Die Autoren merken an, dass physiologische Stressreaktionen lange Zeit fast ausschließlich an Männern bzw. männlichen Tieren untersucht wurden. Hintergrund war das Bemühen um die Kontrolle zyklusbedingter Hormonschwankungen als möglichem Störfaktor im Rahmen der durchgeführten Messungen (Taylor et al., 2000).

wären stressfördernde Denkmuster wie überhöhter Ehrgeiz, Perfektionismus oder die mangelnde Fähigkeit, Nein zu sagen. Kapitel 2 gibt einen umfassenden Überblick über Stressoren und Belastungsfaktoren der modernen Arbeitswelt, ihre Rahmenbedingungen und Folgen, weshalb das Thema an dieser Stelle nicht weiter vertieft werden soll.

Festzuhalten ist, dass rein reaktions- wie auch rein stimulusorientierte Perspektiven auf das komplexe Phänomen Stress insofern zu kurz greifen, als sie eben jeweils nur eine Seite des Person-Umwelt-Gefüges betrachten. Im Unterschied dazu versteht das weiter oben bereits erwähnte Modell von Lazarus und Folkman (1984; Lazarus, 1991, 1999) die Entstehung von Stress als Ergebnis einer komplexen Wechselwirkung an der Schnittstelle von Person und Umwelt. Dieses in der aktuellen Stressforschung weithin akzeptierte Modell soll im folgenden Abschnitt vorgestellt werden.

1.3.2 Das transaktionale Stressmodell

Entscheidend sind Lazarus und Folkman (1984; s. a. Lazarus, 1991) zufolge weder allein die Reaktionen und Bewältigungskompetenzen des Individuums, noch allein die Quantität und Qualität der Stressoren, sondern die subjektive Einschätzung des Verhältnisses der beiden Aspekte zueinander. Stress reflektiert diesem Verständnis nach „eine spezielle Beziehung zwischen der Person und ihrer Umgebung, welche von der Person als ihre persönlichen Ressourcen beanspruchend oder auch übersteigend eingeschätzt wird und damit auch ihr persönliches Wohlbefinden gefährdet“ (Lazarus & Folkman, 1984). Weil hierbei also die wechselseitigen Beziehungen zwischen Person und Umwelt sowie die situationsbezogenen Einschätzungen des Individuums zu dieser Relation eine ganz zentrale Rolle spielen, wird das Modell als (kognitiv-)transaktionales Stressmodell bezeichnet. Auch wenn es zweifellos eine Reihe von Reizen gibt, die von den meisten Menschen als Stress auslösend empfunden werden, so gibt es doch deutliche Unterschiede in der subjektiven Wahrnehmung solcher Reize. Dies gilt nicht nur über Menschen hinweg, sondern auch innerhalb ein und derselben Person. Die gleiche Situation kann einen einmal weitgehend unbeeindruckt, ein andermal komplett die Nerven verlieren lassen, je nachdem ob man z. B. gerade erholt aus dem Wochenende kommt oder schon eine anstrengende Arbeitswoche hinter sich hat.

Das Modell postuliert mehrere Phasen, Einschätzung *(Appraisal)* und Bewältigung *(Coping)*, sowie Neueinschätzung *(Reappraisal)*, wobei im Einschätzungsprozess noch einmal zwei Formen unterschieden werden. Im Rahmen des so genannten *Primary Appraisal* erfolgt eine allererste Einschätzung eines äußeren Reizes als entweder irrelevant, positiv, oder stressträchtig. Irrelevante Reize lösen weiter keine besondere Reaktion aus (z. B. eine Massen-E-Mail mit einer Werbebotschaft), positive Reize verursachen positive Gefühle wie Stolz oder

Freude (z. B. eine E-Mail von einem Kollegen, der sich für etwas bedankt oder einen lustigen Cartoon schickt). Ein Beispiel für einen Stress auslösenden Reiz wäre z. B. eine E-Mail vom Vorgesetzten mit der Nachricht, dass der Abschlusstermin für ein Projekt vorverlegt wurde und die Leitung jemand anders übernehmen wird, sofern man sich die schnellere Fertigstellung nicht zutraut.

Hier kann weiter unterschieden werden zwischen Schaden/Verlust, Gefahr, oder Herausforderung als möglichen Ergebnissen. Während sich Schaden/Verlust auf bereits eingetretene Ereignisse beziehen (die Projektleitung wurde z. B. bereits an eine Kollegin übergeben), meint Gefahr das Risiko eines entsprechenden Ereignisses. Wird die Situation als Herausforderung empfunden, fokussiert die Wahrnehmung auf die möglichen Chancen und Vorteile, die die erfolgreiche Bewältigung der Situation mit sich bringen kann, beispielsweise soziale oder sogar finanzielle Anerkennung, das persönliche Erfolgserlebnis, etc. Dabei sehen die Autoren des Modells Gefahr und Herausforderung nicht als Widerspruch und schließen nicht aus, dass eine Situation beide Elemente in sich vereint, – ähnlich wie das chinesische Schriftzeichen für „Krise“ sich aus der Kombination der Schriftzeichen für „Gefahr“ und „Chance“ zusammensetzt.

Welche subjektive Deutung überwiegt, hängt dem transaktionalen Stressmodell zufolge maßgeblich vom *Secondary Appraisal* ab, der Einschätzung der Ressourcen und Kompetenzen zur Bewältigung der Situation. Im Rahmen unseres Beispiels könnten dies die eigenen Fertigkeiten, Fachwissen, verfügbare technische Mittel oder abrufbare Unterstützung aus dem Team sein, die dazu beitragen, auch den vorgezogenen Termin für den Projektabschluss zu ermöglichen. Zusätzlich wird bewertet, wie nützlich diese Bewältigungsstrategien in der gegebenen Situation sind und wie realistisch es ist, dass man sie auch wirklich anwenden kann, inklusive aller Konsequenzen. Eine mögliche solche Konsequenz wäre beispielsweise, dass man zwei Teamkollegen einen Gefallen schuldet, wenn man sie außer der Reihe um Unterstützung für das Projekt bittet, oder dass sie verärgert reagieren könnten, weil man dies bereits zum dritten Mal in diesem Jahr tut.

Hierbei spielen auch überordnete Ziele und Werte *(commitments)* sowie generalisierte Überzeugungen *(beliefs)* der Person eine wichtige Rolle (vgl. auch Kaluza, 2015). Diese können beispielsweise beinhalten, dass Karriere allgemein einen hohen Stellenwert hat, dass man unter Druck erst zu Höchstleistungen auflaufe, dass man im Leben niemals aufgeben dürfe, oder auch so etwas wie „Typisch, immer ich, der will mir mal wieder eins auswischen“. Die sekundäre Bewertung berücksichtigt also insbesondere die Einschätzung dessen, was der Person zur Verfügung steht, um die Situation gut zu bewältigen. Infobox 1.3.2.1 illustriert den Prozess an einem weiteren konkreten Fallbeispiel.

Infobox 1.3.2.1:

Fallbeispiel Wahrnehmung von Belastungen nach dem transaktionalen Stressmodell von Lazarus und Folkman (1984)

Frau M. ist 34 Jahre alt und schon einige Jahre bei ihrem aktuellen Arbeitgeber beschäftigt. Im Rahmen des Jahresgesprächs wird ihr angeboten, für sechs Monate als Projektleiterin in die indische Niederlassung ihrer Firma entsendet zu werden. Wie bewertet sie diese Option? Wenn sie schon einmal längere Zeit im Ausland gelebt oder gearbeitet hat und sehr gut Englisch spricht, wird sie hier sicher zu einer anderen Einschätzung kommen, als wenn sie keinerlei entsprechende Erfahrungen mitbringt und weiß, dass sie sich schwertut, sich in fremden Kulturen zu orientieren. Neben ganz konkreten eigenen Bewältigungserfahrungen (wie einem gelungenen längeren Auslandsaufenthalt) können Bewältigungsressourcen auch allgemein körperlicher, sozialer, psychologischer und materieller Natur sein. Wenn sich Frau M. also körperlich fit fühlt, wird sie sich für sechs Monate Indien deutlich besser aufgestellt fühlen, als wenn sie um ihre hohe Anfälligkeit für Infektionskrankheiten weiß. Die logistischen Herausforderungen eines Umzugs und der Versorgungslage zu Hause gehen ihr ebenfalls durch den Kopf. Hier sind soziale Unterstützung durch Freunde und Familie hilfreich bzw. notwendig. Wenn ihr Mann zusichert, sich gern und gut um Kind und Katze zu kümmern und zudem ein Netzwerk an Nachbarn und Großeltern vor Ort ist, scheint diese Herausforderung gut bewältigbar. Dabei umfasst soziale Unterstützung nicht nur praktische Hilfe, sondern auch Ermutigung und Zuspruch. Fehlt in dieser Hinsicht jede praktische Entlastung und steht das soziale Umfeld dem Vorhaben noch dazu skeptisch gegenüber, scheint es kaum mehr realisierbar. Als eine zentrale psychologische Ressource gilt die so genannte interne Kontrollüberzeugung. Wer überzeugt ist, Ereignisse um sich herum oder deren Rahmenbedingungen grundsätzlich durch eigenes Handeln beeinflussen zu können und nicht Spielball des Schicksals oder mächtiger Anderer zu sein, erlebt Herausforderungen weniger als Bedrohung als als Chance. Ebenso wichtig ist ein hohes Selbstwertgefühl, das Wissen um die eigenen Fähigkeiten und Stärken. Materielle Ressourcen schließlich wären für Frau M.s Bewertung beispielsweise von Bedeutung, wenn mit dem halben Auslandsjahr zusätzliche Lebenshaltungskosten, Verdiensteinbußen o. ä. einhergingen, die sie privat kompensieren muss.

1.3.3 Strategien der Stressbewältigung

Einige Bewältigungsstrategien zielen in erster Linie darauf ab, ein Problem selbst aktiv anzugehen und zu lösen. Diese so genannten problemfokussierten

Verhaltensweisen werden vor allem angewendet, wenn die Situation als veränderbar wahrgenommen wird. Problemfokussiertes Coping umfasst also alle Verhaltensweisen die irgendwie geeignet erscheinen, die Parameter der Stress auslösenden Situation zu verändern. Wie oben bereits angedeutet umfasst dies seitens der Person alles, was dem Ressourcenaufbau dient: Dies kann eine Weiterbildung sein (z. B. ein Englischkurs vor der Indienreise oder auch Impfungen zur Vorbeugung von Krankheiten), die Einforderung geeigneter Arbeitsmittel oder personeller Unterstützung für das Projekt mit der vorgezogenen Deadline, und so fort. Alternativ ist es möglich, an der Situation anzusetzen. So kann man beispielsweise generell unrealistische Termine durch eine angemessene Zeitplanung mit hinreichend Vorlauf und Pufferzeiten ersetzen, oder Unsicherheiten in der Ziel- und Aufgabenbeschreibung dezidiert klären und so entsprechend bedingten Stress proaktiv reduzieren (vgl. Greenglass & Fiskenbaum, 2009).

Emotionsfokussiertes Coping kommt demgegenüber bevorzugt zum Einsatz, wenn die oben ausgeführten problemorientierten Strategien in der Situation ungeeignet erscheinen oder der Person grundsätzlich nicht verfügbar sind oder zu sein scheinen. In aller Regel ist dies der Fall, wenn ein geringes Ausmaß an Kontrolle über die Situation wahrgenommen wird. Hierzu gehören beispielsweise Ablenkung und Verleugnung, möglicherweise in diesem Zusammenhang auch der Griff zu Tabletten und Alkohol, ebenso aber eine Haltung von Akzeptanz unabänderlicher Geschehnisse, sowie das Ganze mit Humor zu nehmen. Man kann also keineswegs grundsätzlich sagen, dass emotionsfokussierte Copingstrategien immer dysfunktional sind. Der Punkt ist nur, sie verändern nicht die objektiven Gegebenheiten, sondern „lediglich" deren subjektive Wahrnehmung und Bewertung. Dies kann ausgesprochen hilfreich und in jeder Hinsicht adäquat sein, wenn die objektiven Gegebenheiten tatsächlich unkontrollierbar sind. Manche Entscheidungen von oben, oder manche Marktentwicklungen gilt es schlicht zu akzeptieren, ohne ständig damit zu hadern, was wäre, wenn die Welt eine andere wäre oder wenn man selbst in der Vergangenheit dies oder jenes getan bzw. gelassen hätte. Kontrafaktisches Denken, wie das „hätte-hätte"-Phänomen in der sozialen Kognitionspsychologie genannt wird (z. B. Kahneman & Miller, 1986; Roese, 1995), vergeudet in solchen Situationen Energie. Diese Energie ist besser investiert, wenn man sich statt zu hadern damit arrangiert, und das eigene Denken und Handeln in der Folge entsprechend neu ausrichtet.

Es wird damit aber auch deutlich, dass sich problem- und emotionsfokussiertes Coping keineswegs ausschließen, sondern sinnvoll ergänzen können. So lässt sich beispielsweise angesichts veränderter Märkte eine Haltung von Akzeptanz reibungslos damit verbinden, problemorientiert Strategien für eine konzeptuelle Neuorientierung des eigenen Angebots zu entwickeln. Sind diese dann erfolgreich, wird diese Erfahrung im Rahmen des transaktionalen Stressmodells ein *Reappraisal*, eine Neubewertung der Situation nach sich ziehen und in der Folge auch die primäre und vor allem sekundäre Einschätzung verändern, wenn die Person das nächste Mal mit dem potenziellen Stressauslöser „Marktveränderungen“ konfrontiert wird.

1.3.4 Verhaltens- und Verhältnisprävention

Auch im Rahmen von Programmen der betrieblichen Gesundheitsförderung wird zwischen zwei Ansätzen differenziert, die sich im Idealfall ebenso sinnvoll ergänzen wie die oben beschriebenen Strategien zur Stressbewältigung. Maßnahmen der Verhaltensprävention setzen dabei bei den betroffenen Personen an. Sie zielen darauf ab, die Mitarbeiter dazu zu befähigen und zu motivieren, gesundheitsgefährdende Verhaltensweisen zu minimieren oder ganz zu vermeiden und/oder gesundheitsförderliche Verhaltensweisen auf- und auszubauen. Im Kontext von Stress und psychischen Belastungen am Arbeitsplatz umfasst dies unter anderem Informationsveranstaltungen, Schulungen und Beratungsangebote zu verschiedenen Themen sowie Kurse, die eine unterstützende Begleitung über einen längeren Zeitraum gewährleisten. Hier soll also die aktive Bewältigungskompetenz gestärkt werden, so dass dem Individuum ein mehr an Ressourcen, Strategien und Kompetenzen zur Verfügung steht, herausfordernde Situationen zu meistern. Kaluza (2015) bezeichnet dies als instrumentelles Stressmanagement und bezieht dabei alles ein, was der Person hilft, Umweltanforderungen aktiv zu begegnen, z. B. durch präventives Verhalten wie etwa das Anlegen bereitgestellter Schutzkleidung, durch lebenslanges Lernen und Weiterbildung, soziale Unterstützung und aktives Networking, oder durch effizientes Zeit- und Selbstmanagement.

Die zweite Säule der mentalen Stresskompetenz ist eher dem Feld Coaching und Beratung oder auch der Psychotherapie zuzuordnen, wenngleich immer mehr Betriebe entsprechende offene Coaching- und Beratungsangebote realisieren. Zur mentalen Stresskompetenz gehören beispielsweise das Hinterfragen von stressverstärkenden persönlichen Einstellungen oder überhöhter Ansprüche, sowie der Aufbau eines realistischen Kontrollerlebens und der Überzeugung, aus eigener Kraft etwas bewirken zu können (sog. Selbstwirksamkeitserwartung, Bandura, 1977). Häufiger werden im Rahmen betrieblicher Gesundheitsförderung auch Maßnahmen angeboten, die auf die Vorbeugung der oben skizzierten körperlichen Folgen von Belastungen abzielen und entsprechend mit Entspannungsverfahren, Bewegungs- und Ernährungsprogrammen als dritte Säule die sogenannte regenerative Stresskompetenz stärken.

Verhältnisprävention setzt demgegenüber an den äußeren Verhältnissen an, also an der Gestaltung des Arbeitsplatzes, der Arbeitsumgebung und der Arbeitsmittel (z. B. ergonomische Sitzmöbel). Das Arbeitsschutzgesetz gibt der

Verhältnisprävention klar Vorrang vor der Verhaltensprävention. Insgesamt sollte die Arbeitsumgebung gesundheitsgerecht ausgestaltet sein und möglichst wenige Gefährdungsfaktoren aufweisen. Diese werden in der Regel im Rahmen einer umfangreichen Gefährdungsbeurteilung (s. Abschnitt 3.1) ermittelt, wobei neben physischen Risikofaktoren wie Lärm, extremen Temperaturen, Chemikalien, Staub oder dergleichen nunmehr zwingend auch psychische Belastungen mit einzubeziehen sind. Im Zuge der jüngeren Entwicklungen sind hier neben Konflikten und anderen „Klassikern" insbesondere zu nennen Belastungen durch neue Medien und Technologien, neue Raumkonzepte, die zeitliche Flexibilisierung von Arbeitszeiten und damit Entgrenzung von Arbeit und Freizeit, eine Verdichtung des Arbeitsaufkommens bei gleichzeitig steigenden Anforderungen an Dokumentation und Effizienznachweise sowie dynamische qualitative Entwicklungen, die lebenslange Weiterbildung erforderlich machen, schließlich und nicht zuletzt der Umgang mit Unsicherheit in Zeiten weiter fortschreitender Digitalisierung und umfassenden Restrukturierungen von Betrieben und ganzen Branchen.

Diese neuen Formen psychischer Belastungen, ihre Entstehung und Erscheinungsformen werden im folgenden Kapitel 2 ausführlich dargestellt, empfehlenswerten Ansätzen für ganzheitliche Prävention und Intervention auf verschiedenen Ebenen widmet sich Kapitel 3.

2 Neue Belastungsfaktoren und Formen psychischer Belastungen

2.1 Arbeitsmittel und -umgebung

Unternehmerisches Handeln hat immer zum Ziel, Ressourcen nicht nur effektiv, sondern möglichst auch effizient einzusetzen. Daneben sollen – als gleichberechtigtes Ziel – gute Arbeitsbedingungen für den Gesundheitsschutz und die Sicherheit der Beschäftigten sorgen. Dafür hat der Gesetzgeber das Arbeitsschutzgesetz erlassen. Dieses Gesetz ist für alle Arbeitgeber in Deutschland verpflichtend. Auf europäischer Ebene gilt die Rahmenrichtlinie „Arbeitsschutz" 89/391/EWG.

Das Arbeitsschutzgesetz (§§ 5 und 3 ArbSchG) fordert:

1. Der Arbeitgeber hat durch eine Beurteilung der für die Beschäftigten mit ihrer Arbeit verbundenen Gefährdung zu ermitteln, welche Maßnahmen des Arbeitsschutzes erforderlich sind.
2. Der Arbeitgeber hat die Beurteilung je nach Art der Tätigkeiten vorzunehmen. Bei gleichartigen Arbeitsbedingungen ist die Beurteilung eines Arbeitsplatzes oder einer Tätigkeit ausreichend.
3. Eine Gefährdung kann sich insbesondere ergeben durch
   a. die Gestaltung und die Einrichtung der Arbeitsstätte und des Arbeitsplatzes,
   b. physikalische, chemische und biologische Einwirkungen,
   c. die Gestaltung, die Auswahl und den Einsatz von Arbeitsmitteln, insbesondere von Arbeitsstoffen, Maschinen, Geräten und Anlagen sowie den Umgang damit,
   d. die Gestaltung von Arbeits- und Fertigungsverfahren, Arbeitsabläufen und Arbeitszeit und deren Zusammenwirken,
   e. unzureichende Qualifikation und Unterweisung der Beschäftigten,
   f. psychische Belastungen bei der Arbeit.
4. Der Arbeitgeber ist verpflichtet, die erforderlichen Maßnahmen des Arbeitsschutzes unter Berücksichtigung der Umstände zu treffen, die Sicherheit und Gesundheit der Beschäftigten bei der Arbeit beeinflussen. Er hat die Maßnahmen auf ihre Wirksamkeit zu überprüfen und erforderlichenfalls sich ändernden Gegebenheiten anzupassen. Dabei hat er eine Verbesserung von Sicherheit und Gesundheitsschutz der Beschäftigten anzustreben.

5. Zur Planung und Durchführung der Maßnahmen nach Absatz 1 hat der Arbeitgeber unter Berücksichtigung der Art der Tätigkeiten und der Zahl der Beschäftigten
   a. für eine geeignete Organisation zu sorgen und die erforderlichen Mittel bereitzustellen sowie
   b. Vorkehrungen zu treffen, dass die Maßnahmen erforderlichenfalls bei allen Tätigkeiten und eingebunden in die betrieblichen Führungsstrukturen beachtet werden und die Beschäftigten ihren Mitwirkungspflichten nachkommen können.
6. Kosten für Maßnahmen nach diesem Gesetz darf der Arbeitgeber nicht den Beschäftigten auferlegen.

Die Gefährdungsbeurteilung muss alle in Frage kommenden Gefährdungen erfassen, untersuchen und beurteilen. Eine Gefährdung kann sich insbesondere aus den Ursachen ergeben, die in § 5 Abs. 3 ArbSchG aufgeführt sind. Eine Gefährdung kann sich ferner aber auch aus den Ursachen ergeben, die in den auf Grundlage des § 18 ArbSchG erlassenen Verordnungen, zurzeit insbesondere

§ 3 Arbeitsstättenverordnung,
§ 3 Betriebssicherheitsverordnung,
§ 4 Biostoffverordnung,
§ 6 Gefahrstoffverordnung,
§ 3 Künstliche Optische Strahlung Verordnung
§ 3 Lärm- und Vibrations-Arbeitsschutzverordnung,
§ 2 Lastenhandhabungsverordnung

aufgeführt sind.

Eine Gefährdung kann sich ferner aus den Ursachen ergeben, die in den auf Grundlage des § 15 SGB VII erlassenen Unfallverhütungsvorschriften aufgeführt sind.

Es werden insgesamt 11 Gefährdungsgruppen unterschieden:

- Mechanische Gefährdungen
- Elektrische Gefährdungen
- Gefahrstoffe
- Biologische Gefährdungen
- Brand- und Explosionsgefährdungen
- Thermische Gefährdungen
- Gefährdungen durch spezielle physikalische Einwirkungen
- Gefährdungen durch Arbeitsumgebungsbedingungen

- Physische Belastung
- Psychische Belastung
- Sonstige Belastung.

Sehr gute Leitfäden und Beschreibungen zur Vorbereitung, Durchführung und Auswertung von Gefährdungsbeurteilungen finden sich unter anderem bei den Berufsgenossenschaften, so zum Beispiel bei der Berufsgenossenschaft Holz und Metall (2015). Joiko, Schmauder und Wolff (2010) geben zahlreiche Hinweise, Beispiele und Empfehlungen zur Erfassung psychischer Belastungen und Beanspruchungen im Berufsleben.

2.1.1 Psychische Belastungen und Beanspruchungen durch neue Technologien

Es ist in aller Munde und ebenso wahr: Wir erleben in den letzten Jahren einen umfassenden Wandlungsprozess im Arbeits- und Berufsleben, und das nicht zuletzt durch technologische Entwicklungen. So wird gesprochen von

- der Tertiarisierung: Es kommt zu einer Zunahme von geistigen und interaktiven Tätigkeiten, die Mitarbeitenden müssen oftmals mehr Emotionsarbeit leisten, an sie werden höhere kognitive Anforderungen gestellt,
- der Informatisierung: Das Arbeiten wird zunehmend zeitlich und örtlich unabhängig, Multitasking und Telekooperation nehmen zu,
- der Subjektivierung: Durch die neuen Technologien gibt es auch neue Steuerungsformen, Zielvereinbarungen sind ein inzwischen weit verbreitetes und gängiges Führungsinstrument, es kommt zu einer zunehmenden Eigenverantwortung auf Seiten der Mitarbeitenden,
- der Beschleunigung: Die erhöhte Veränderungsdynamik führt zu erhöhten Lern-, Flexibilitäts- und Mobilitätsanforderungen.

Diese Entwicklungen lassen sich auch mit ein paar wirklich eindrucksvollen Zahlen ein wenig veranschaulichen. So berichtete die Zeitschrift GEO schon im Jahr 2010, dass jährlich 3.600.000.000.000.000.000.000 Bytes (3,6 Zettabyte) an medialer Information von US-Bürgern im Privatleben konsumiert werden, 100.000 gesprochene, gehörte und gelesene Wörter täglich muss ein Mensch in den westlichen Industrienationen verarbeiten (nur zum Vergleich: Tolstois monumentales Werk „Krieg und Frieden" umfasst 460.000 Wörter, was etwa 2.000.000 Bytes entspricht). Weltweit werden täglich ca. 270 Milliarden E-Mails verschickt und empfangen. Im Jahr 2021 soll diese Zahl bereits 320 Milliarden betragen. Etwas mehr als die Hälfte der täglich versandten E-Mails fällt dabei in den geschäftlichen Bereich. Und das waren Zahlen aus dem Jahr 2010!

Was bedeutet das für den Arbeitsalltag? Die Mitarbeitenden empfangen täglich rund 40 geschäftliche E-Mails, davon bis zu 2/3 von Absendern aus dem eigenen Unternehmen. Dabei werden nur etwa 40 % der erhaltenen Mails vom Empfänger als wichtig eingestuft. „Normale Arbeitnehmer“ verwenden täglich durchschnittlich 2 Stunden ihrer Arbeitszeit zur E-Mail-Bearbeitung, bei Managern liegt der Wert noch darüber. Hinzu kommt eine ständige Verfügbarkeit: 2/3 der Berufstätigen sind außerhalb ihrer regulären Arbeitszeit für Kollegen, Vorgesetzte und Kunden per Handy oder Internet ansprechbar, 1/3 der Beschäftigten ist sogar jederzeit erreichbar, auch am Wochenende. Das kann erheblichen Stress bedeuten.

Mit der Einführung neuer Medien und dem technologischen Wandel ergeben sich in der Arbeitswelt also neue Belastungsfaktoren, z. B. Informationsfülle und Informationsüberflutung durch das Internet, ständige mobile Erreichbarkeit sowie volle E-Mail-Postfächer mit Unmengen an unsortierten, oft irrelevanten E-Mails.

Studien zu den Belastungen durch neue Medien gehen aber auch noch in eine andere Richtung. Für die Beanspruchungen durch neue Medien und Technologien, den Umgang damit und auch die individuellen Reaktionen darauf wurde der Begriff „Technostress“ geprägt (Kauffeld, 2014). Man versteht darunter eine moderne Anpassungsstörung, die durch die Überforderung mit immer neuen Technologien hervorgerufen wird. Dem Nutzer gelingt es nicht, auf eine gesunde Weise mit diesen Medien oder Technologien umzugehen. Dabei können die Reaktionen unterschiedlich sein: von manchem Nutzer werden die Technologien abgelehnt, möglicherweise sogar bekämpft, andere Nutzer wiederum „überidentifizieren“ sich mit den technischen Innovationen und können nicht (mehr) ohne sie sein. Diese Form der Belastung hat einen negativen Einfluss auf die Produktivität der Beschäftigten und wird vermutlich durch die ständige Weiterentwicklung der Technologien tendenziell weiter zunehmen (Kauffeld, 2014).

Die Belastungen durch die Digitalisierung der Arbeit werden auch im „DGB-Index Gute Arbeit“ (DGB, 2016) erfasst. Hierfür führte der DGB im Jahr 2016 eine bundesweite repräsentative Beschäftigtenbefragung mit dem Schwerpunkt Digitalisierung der Arbeitswelt durch. Befragt wurde eine Zufallsstichprobe von 9.737 abhängig Beschäftigten mit einer Wochenarbeitszeit von mindestens zehn Stunden aus allen Branchen, Einkommens- und Altersgruppen, Regionen und Betriebsgrößen. Für die Auswertung zu den Folgen der Digitalisierung für die Arbeitsbelastung wurden die Angaben der Untergruppe von 6.314 Befragten herangezogen, die nach eigenen Angaben in hohem oder sehr hohem Maße von der Digitalisierung betroffen sind. Aus Sicht der Beschäftigten bedeuten der zunehmende Einsatz digitaler Technik und die voranschreitende Vernetzung nicht automatisch eine Verbesserung ihrer Arbeitsbedingungen. Im Gegenteil: Von den Arbeitnehmerinnen und Arbeitnehmern, die in hohem oder sehr hohem Maß digitalisiert arbeiten, geben 46 % an, dass ihre Arbeitsbelastung dadurch größer geworden ist. 45 % sehen keine Veränderung und lediglich 9 % fühlen sich durch die Digitalisierung entlastet. Ein Großteil der Befragten (56 %) gibt an, dass mit digitalen Hilfsmitteln die Zahl der gleichzeitig zu bewältigenden Aufgaben zugenommen hat. Hier kommt es verstärkt zum sogenannten Multitasking. Etwa die Hälfte der Befragten (46 %) beschreibt eine zunehmende Kontrolle oder Überwachung der Arbeitsvorgänge durch die Digitalisierung. Problematisch ist auch, dass die Selbstbestimmung hinsichtlich der Form und des Umfangs, in dem digitale Hilfsmittel eingesetzt werden können, für fast drei Viertel der Befragten eher gering ist. Nur 26 % der Befragten geben hierzu an, dass sie Form und Umfang des Einsatzes digitaler Hilfsmittel beeinflussen können. Konsequenterweise fühlt sich ein verhältnismäßig großer Teil der Befragten bei seiner Arbeit der digitalen Technik „ausgeliefert". 22 % gaben an, dass dies sehr häufig passiert. 23 % sagten, dass es oft vorkommt.

2.1.2 Psychische Belastungen und Beanspruchungen durch neue Raumkonzepte

Die massiven Veränderungen in der Arbeitswelt – organisatorisch, inhaltlich, technologisch, sozial – führen auch dazu, dass viele Aufgaben in Organisationen nicht mehr von Individuen, sondern von Projektgruppen, Teams, wechselnden Zusammenstellungen von Mitarbeitenden (die zum Teil auch noch über einen unterschiedlichen Arbeitsstatus – fest angestellt, befristet angestellt, freie Tätigkeit – verfügen) bewältigt werden. Prognosen sagen voraus, dass dieser Trend weitergehen wird und dass im Mittelpunkt zukünftiger Bürotätigkeiten nicht mehr das Erledigen von Routinearbeiten steht, sondern eine komplexe Wissensverarbeitung, das Agieren in virtuellen Netzwerken und das Arbeiten in Teams. Teams in Organisationen erleben heute sich drastisch verändernde Rahmenbedingungen für ihre Arbeit. Die schnelle Entwicklung der Informations- und Kommunikationstechnologien sowie zunehmend globale Märkte sind nur zwei von vielen Aspekten, die die Unternehmen von heute nachhaltig verändern (Wulle, 2007). Flexibilität und Mobilität sind Schlüsselkompetenzen dieser Arbeitswelt – und sie drücken sich zunehmend auch in der Gestaltung der Arbeitsumgebungen von Teams und ganzen Abteilungen aus. Menschen arbeiten heute in immer wieder anders zusammengesetzten Teams, die sowohl räumlich als auch zeitlich flexibel sein müssen, da häufig gar nicht alle Teammitglieder zur selben Zeit am selben Ort arbeiten. Unter dem Begriff des „non-territorialen Bürokonzepts" werden Arbeitswelten verstanden, die versuchen, diesen Prozessen gerecht zu werden, indem sie sowohl zeitlich als auch räumlich völlig flexible Arbeitsplätze für alle oder einen Teil der Mitarbeiter anbieten.

Der Begriff des „non-territorialen Büros“ wurde 1970 durch Armand Beliveau von IBM geprägt (Allen & Gerstberger, 1973). Non-territoriale Büros zeichnen sich dadurch aus, dass die Mitarbeitenden keinen „festen“ Arbeitsplatz mehr haben, der einzig ihnen zugeordnet ist, sozusagen „gehört“. Vielmehr soll in Abhängigkeit von den jeweils zu erledigenden Aufgaben an verschiedensten Plätzen innerhalb von Bürokomplexen gearbeitet werden (Volker & Voordt, 2005). Grundannahme des Konzepts ist es, dass verschiedene Arbeitstätigkeiten idealerweise, weil dort am effektivsten, an unterschiedlichen Arbeitsplätzen bzw. in unterschiedlichen Arbeitsumgebungen ausgeführt werden (Wulle, 2007).

Durch die neuen Arbeitsplatzkonzepte soll eine produktive Beziehung zwischen Arbeitszielen, Arbeitsaufgaben, Raum und Technik erreicht werden. Hierfür bedarf es unterschiedlicher Formen von Flexibilität:

- Zeitflexibilität (Teilzeitarbeit, variable Arbeitszeiten, aber auch die Berücksichtigung von Sabbaticals und Timeouts)
- Funktionsflexibilität (Qualifizierung, Weiterbildung, Lebenslanges Lernen)
- Kapazitätsflexibilität (Kernmannschaft, Freelancer, Leih- und Zeit-Arbeitnehmer)
- Prozessflexibilität (Fraktale Fertigung, Projektorganisation, virtuelle Organisation)

Daraus folgt die Notwendigkeit von Platzflexibilität (verteiltes Arbeiten, Flexible Office, Nonterritorialität, Desksharing, Teleworking, Home-Office).

Grundlage für die Raumgestaltung sollte daher die Analyse von Organisationen, Abläufen und Funktionen sein. Diese ergeben sich u. a. aus den Visionen und den Zielen einer Organisation, mithin aus der Kultur, die eine Organisation hat oder sich schaffen möchte. Geplant werden solche Raumkonzepte von innen nach außen – Funktion geht über Fläche. Ein modernes Büro(-gebäude) ist so flexibel gestaltet, dass konzentriert gearbeitet werden kann, es Räume zum Austausch und zur Erholung gibt. Moderne Büros erkennen dabei die wichtige Rolle von Teams. Die Ideen sollen nicht in gelegentlich genutzten anonymen Besprechungszimmern oder Einzelbüros entstehen. Vielmehr sollen zweckbestimmte Flächen und Räume integraler Bestandteil von Bürokonzepten sein. Aus der linearen Bearbeitung wird eine fließende Bearbeitung, in der Wissen aufgebaut, ausgetauscht, mitgeteilt und transformiert wird.

Die Anhänger solcher Konzepte versprechen (sich) eine Reihe positiver Effekte:

- Die zielorientierte Berücksichtigung der Anforderungen aus den Arbeitsprozessen
- Ein kreativitätsförderndes Arbeitsumfeld für die Mitarbeiter (Innovation)
- Eine atmende Organisation (Auffangen von dynamischen Veränderungen)

- Eine hohe Flächeneffizienz (Einsparung von Raumkosten)
- Die Reduktion von Umzugskosten
- Ein lernendes Unternehmen über den entstehenden Dialog (Lernen von wechselnden Nachbarn)
- Ein positives Image nach außen, denn die flexible Arbeitswelt ist ein „Markenartikel"
- Ein „Leben der Unternehmensphilosophie".

Welche Chancen bieten solche offenen Arbeitsstrukturen also? Sie verbessern die Kommunikation durch eine höhere Visibilität, bessere Erreich- und Ansprechbarkeit sowie höheren Sichtkontakt. Die offenere Führungsstruktur erlaubt einen unmittelbareren Kontakt zwischen Führungskraft und Team und ermöglicht so ein direkteres Eingreifen, Teamarbeit und Teamgeist werden gefördert, was auch die Integration von Mitarbeitenden und die Transparenz am Arbeitsplatz begünstigt. Nicht zuletzt sparen solche Raumkonzepte auch Geld, weil zentrale Geräte gemeinsam genutzt werden und weniger Fläche benötigt wird.

Und wo liegen die großen Herausforderungen bei den neuen Raum- und Arbeitskonzepten? Hier lassen sich vor allem nennen die Wahrung der Privatsphäre sowie die Sicherstellung von Vertraulichkeit. Zudem verändern neue Raumkonzepte auch den Status und das hierarchische Gefüge in einer Organisation. Häufigster Problemfaktor bei einer öffentlicheren Nutzung der Arbeitsflächen sind allerdings akustische und visuelle Störungen. Lautes Telefonieren, lautes Sprechen, Störungen durch Geräusche oder Bewegungen im Raum sind hierzu zu zählen. Letztlich zwingen solche non-territorialen Arbeitskonzepte auch zu einer Änderung der persönlichen Arbeitsorganisation und der notwendigen Akzeptanz individueller Arbeitsweisen.

Amstutz, Kündig und Monn (2010) kommen im Rahmen der SBiB-Studie (Schweizerische Befragung in Büros) zu dem Ergebnis, dass Raumgröße und Raumgestaltung am Arbeitsplatz vielfältige Auswirkungen auf die Zufriedenheit und die Leistungsbereitschaft der Mitarbeitenden haben. Insgesamt nahmen 1.230 Personen an der als Online-Befragung durchgeführten Studie teil. Diese stammten aus einer Zufallsstichprobe von insgesamt 540 Betrieben aus dem Betriebs- und Unternehmensregister des Bundesamtes für Statistik, von denen 116 den zugesandten Betriebsfragebogen (Fragen über die Betriebsgröße, Anzahl Büros, Art der Lüftung und der technischen Einrichtungen etc.) zurückschickten. Amstutz et al. (2010) schlussfolgern aus den Ergebnissen ihrer Studie, dass Symptome mit arbeitsorganisatorischen und umgebungsbedingten Faktoren zusammenhängen. Bei der Planung und dem Einrichten von Büroarbeitsplätzen müssen daher alle diese Aspekte berücksichtigt werden. Generell wurden in kleinen Büros weniger problematische Situationen vorgefunden als in großen. Die Unzufriedenheit mit den Ausstattungs- und Einrichtungsverhältnissen und die Nennung von beeinträchtigenden Umgebungsfaktoren nehmen mit zunehmender Anzahl von Personen im Raum zu.

In größeren Räumen ist ein spezielles Augenmerk auf die Raumakustik zu legen. Lärm im Raum durch Gespräche und Geräte muss durch schallabsorbierende Elemente reduziert werden. Eine genügende Anzahl an Rückzugs- und Ruhearbeitsplätzen kann das Problem entschärfen. Größere Büros sind nicht generell schlechter als kleine. Wichtig ist, dass die räumlichen Verhältnisse mit den Aufgaben der darin tätigen Personen und den daraus resultierenden Bedürfnissen und Lärmemissionen abgestimmt werden. Arbeitsaufgaben, die mehrheitlich individuell und konzentriert ausgeführt werden müssen, vertragen sich schlecht mit Unruhe durch Gespräche und Herumgehen anderer. Räumliche und akustische Trennungen sind unbedingt notwendig, damit eine optimale Arbeitsleistung erbracht werden kann und damit das Auftreten von krankheitsbedingten Symptomen verhindert wird. Ein proaktives Ansprechen von Bedürfnissen und allfälligen Störungen bei der Arbeit durch Lärmemissionen kann in größeren Büros eventuell durch Einigung auf einen Verhaltenskodex einige Probleme reduzieren.

In Büros mit mechanischer Lüftung müssen die Anlagen für den Raum und die Anzahl Personen richtig ausgelegt werden. Eine Einregulierung und Kontrolle ist notwendig, damit Strömungsgeräusche verhindert werden, keine Zugluft entsteht und der Luftwechsel gewährleistet ist. Regelmäßige Hygienekontrollen sind ebenfalls unablässig. Grundsätzlich kann die Attraktivität des Arbeitsplatzes und die Produktivität mit kleineren Bürogrößen deutlich verbessert werden. Im Sinne der Nachhaltigkeit wäre es deshalb wünschenswert, wenn Unternehmen in Zukunft nicht nur die Flächenkosten in Geldwert pro Arbeitsplatz in ihre Wirtschaftlichkeitsberechnungen einbeziehen, sondern auch die unter Umständen beträchtlichen indirekten Kosten, die durch negative Umgebungsbedingungen entstehen und zu Einschränkungen der Produktivität und zu Absenzen führen.

Ein grundsätzlicher Unterschied lässt sich zwischen internationalen und deutschen Unternehmen feststellen. In Unternehmen mit Hauptsitz USA gilt üblicherweise die Regel, dass das Management dieselben Raumbedingungen hat wie die übrigen Mitarbeiter (z. B. müssen Manager genauso ihre Plätze buchen wie alle anderen Mitarbeiter und haben keine Einzelbüros mehr). Dies trägt der modernen Managementlehre Rechnung, in der für innovative Unternehmen flache Hierarchien empfohlen werden. Dass diese auch gelebt werden, wird für den einzelnen Mitarbeiter spürbarer, wenn es gleiche Arbeitsplatzsituationen für alle gibt. Außerdem wird die Akzeptanz des eigenen Arbeitsplatzes so größer.

Zur Erfassung der Belastungen, die von einem neuen Raumkonzept ausgehen, bieten sich Interviews mit den Betroffenen an. Nachfolgend (Infobox 2.1.2.1) findet sich ein Beispiel für einen Interviewleitfaden, der zu einem solchen Zweck eingesetzt werden kann.

Infobox 2.1.2.1:
Beispiel für einen Interviewleitfaden zur Erfassung von Belastungen nach einem Umzug von Einzelbüros in ein Großraumbüro (eigene Entwicklung)

→ Vorstellung der Personen (Funktion und Einordnung auf dem „Lageplan“)

Fragen zur allgemeinen (Arbeits-)Zufriedenheit.

Wenn Sie Ihre allgemeine Zufriedenheit einmal mit Hilfe eines Schulnotensystems einschätzen würden, welche Note würden Sie dann vergeben?

1	2	3	4	5	6
O	O	O	O	O	O

Wenn Sie sich ihre Arbeit bzw. Ihren Job einmal ansehen, wo „brennt es“? Was macht Sie unzufrieden?
Was sind Ihre „Zufriedenmacher“? Was fördert Ihr Wohlbefinden auf der Arbeit?

Fragen zum Großraumbüro:

Was hat sich seit der Einrichtung des Großraumbüros zum Positiven verändert? Welche Vorteile bietet das Großraumbüro?
Was hat sich seit der Einrichtung des Großraumbüros verschlechtert? Welche Nachteile bringt das Großraumbüro mit sich?
Wenn Sie jetzt noch mal über die Nachteile des Großraumbüros nachdenken, haben Sie Ideen bzw. Vorschläge, wie bestehende Probleme gelöst werden könnten?
Welche der folgenden Bereiche sehen Sie als besonders optimierungsbedürftig an? Bitte geben Sie höchstens drei Bereiche an!

	Optimierung dringend nötig
Raumaufteilung	
Technische Ausstattung	
Klimatische Verhältnisse	
Lichtverhältnisse	
Geräuschkulisse	
Arbeitsabläufe und Informationsfluss	
Konfliktkultur	
Kommunikationskultur	
Zusammenarbeit mit dem direkten Vorgesetzten	

Letztlich stellt jede Veränderung des Raumkonzepts in einer Organisation einen massiven Veränderungsprozess dar. Äußerst wesentlich zur Vorbereitung, Umsetzung und erfolgreichen Beendigung eines solchen Change-Prozesses ist die frühzeitige und angemessene Einbindung der betroffenen Mitarbeiterinnen und Mitarbeiter. Hierzu gehört, dass diese befragt werden, die Ziele und Gründe der räumlichen Umgestaltung kennen, Ideen hierzu einreichen können, kontinuierlich informiert werden und unter Alternativen wählen können. Zudem sollten sie Fragen stellen können, Musterbüros besichtigen, an Workshops teilnehmen und eine Betreuung nach dem Umzug erhalten. Letzteres kann beispielsweise auch von Interviews begleitet sein, wie sie in Infobox 2.1.2.1 dargestellt wurden.

Abbildung 2.1.2.1 gibt einen zusammenfassenden Überblick über die einzelnen Prozessschritte und Vorgehensweisen, wie ein Raumänderungskonzept vorbereitet und begleitet werden sollte.

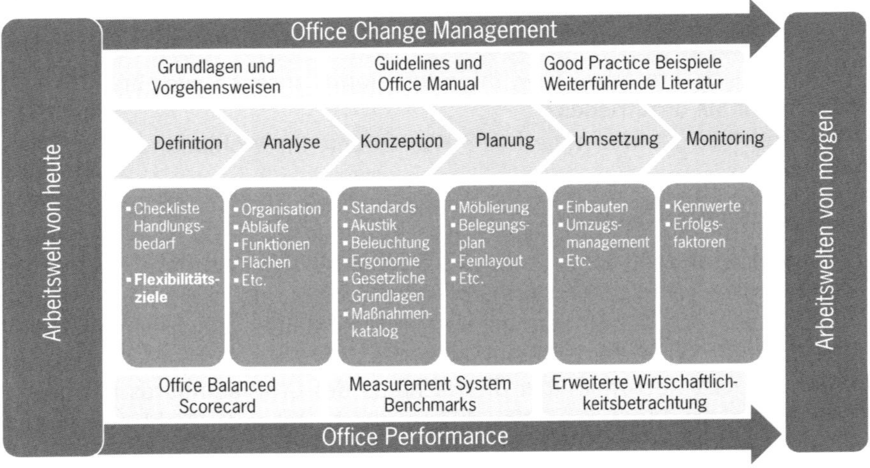

Abbildung 2.1.2.1 *Zusammenfassender Überblick zur Gestaltung eines Veränderungsprojekts im Bereich Raumneugestaltung*

2.2 Arbeitsvolumen und Arbeitsinhalt

2.2.1 Verdichtung des Arbeitsaufkommens

Zusätzlich zu den veränderten räumlichen Rahmenbedingungen kommen veränderte zeitliche Strukturen, die sowohl das Arbeitsvolumen als auch die Flexibilisierung von Arbeitszeiten betreffen. 2016 machte eine Studie des Instituts für Arbeitsmarkt- und Berufsforschung Schlagzeilen, in der die Zahl von 1,8 Milliarden Überstunden benannt wurde, davon etwa die Hälfte unbezahlt. So alarmierend diese Zahl klingen mag, so deutlich muss man sich vor

Augen führen, dass dies bei 40 Millionen Beschäftigten in etwa einer Stunde pro Person und Woche entspricht. Zudem ist der Anstieg entgegen der Darstellung einiger Medienberichte weniger auf eine steigende Belastung des Einzelnen zurückzuführen, als auf einen Anstieg in der Beschäftigungsquote (s. Pressemitteilung des Instituts für Arbeitsmarkt- und Berufsforschung IAB 2017 und dort genannte Quellen).

Wichtig ist es in diesem Zusammenhang, zwischen den sogenannten definitiven und den sogenannten transitorischen Überstunden zu unterscheiden. Definitive Überstunden bezeichnen dabei Überstunden, die regelmäßig und über einen längeren Zeitraum über die vereinbarte Wochenarbeitszeit hinaus geleistet werden, also einen tatsächlichen Anstieg im Gesamtarbeitsvolumen des Einzelnen widerspiegeln. Transitorische Überstunden sind solche, die übergangsweise anfallen, und in der Regel z. B. im Rahmen flexibler Arbeitszeitmodelle (s. Abschnitt 2.3.3) durch Phasen mit geringerer Arbeitsbelastung ausgeglichen werden können. Arbeitsmarktpolitisch relevant wird die Überstundenproblematik insbesondere dort, wo Mehrarbeit eine eigentlich notwendige Schaffung neuer Stellen kompensiert und damit verhindert. Die tatsächlichen Effekte von Überstunden auf die Beschäftigungszahlen werden jedoch oft skeptisch gesehen (Bundesmann-Jansen, Groß & Munz, 2000). Im Vergleich zu den definitiven Überstunden haben in letzter Zeit vor allem die (relativ beschäftigungsneutralen) transitorischen Überstunden massiv an Bedeutung gewonnen. Mit anderen Worten bedeuten Überstunden weder zwingend eine chronische Überlastung der Arbeitnehmer noch ein hohes Maß an Ungerechtigkeit in der Arbeitgeber-Arbeitnehmer-Beziehung, sofern regelmäßig ein angemessener Freizeitausgleich erfolgt. Anders sieht es allerdings aus, wenn Unternehmen regelmäßig zu Überstunden anhalten, um die Kosten für die Rekrutierung neuer Mitarbeiter zu sparen. Auch hat es nichts mehr mit Flexibilisierung zu tun, wenn unbezahlte Überstunden als Instrument genutzt werden, den faktischen Stundenlohn zu senken und angesichts des verschärften internationalen Preiswettbewerbs die Produktionskosten zu verringern (vgl. auch Famira-Mühlberger & Fuchs, 2013; Zapf, 2012).

Interessant ist, dass sich bei einem allgemeinen Rückgang der Überstunden insgesamt das Verhältnis von bezahlten zu unbezahlten Überstunden im Zeitraum von 1992 bis 2013 umgekehrt hat. Absenger et al. (2014) zitieren hierzu Daten des Instituts für Arbeitsmarkt- und Berufsforschung, denen zufolge die Zahl der bezahlten Überstunden von 48,4 1992 auf 20 in 2013 gesunken ist, während im gleichen Zeitraum die Zahl der unbezahlten Überstunden von 23,1 auf 27,2 gestiegen ist. Dieser Trend kann mit dem wachsenden Anteil hoch qualifizierter Beschäftigung erklärt werden.

Die meisten Arbeitnehmer werden dessen ungeachtet aus ihrem beruflichen Alltag heraus bestätigen können, dass sich das Arbeitsaufkommen in den letzten Jahren enorm verdichtet hat. Gemäß des „DGB-Index Gute Arbeit 2012" geben über 60 % der Beschäftigten an, immer mehr Aufgaben in der gleichen Zeit bewältigen zu müssen. Auch Führungskräfte unterschiedlichster Branchen schildern uns in Coaching und Beratung regelmäßig die Wahrnehmung, dass immer mehr Projekte mit immer weniger Leuten in immer knapper bemessenen Zeitfenstern zu stemmen sind. Eine in erster Linie auf Schlankheit getrimmte Personalpolitik lässt kaum Puffer für außerplanmäßige Ereignisse, die aber trotz aller Optimierung von Abläufen immer noch an der Tagesordnung sind.

In vielen Unternehmen werden Betriebsvereinbarungen getroffen, die dem Arbeitgeber erlauben, Mitarbeiter bei unerwartet guter Auftragslage, Engpässen durch Krankheit oder Urlaub, und anderen besonderen Umständen zu Überstunden zu verpflichten. Im Fall von unvorhersehbaren Situationen wie einem sehr hohen Krankenstand ist dies auch ohne Zusatzvereinbarung möglich, sofern dann in Summe nicht mehr als 10 Stunden täglich gearbeitet wird und innerhalb der nächsten sechs Monate ein Freizeitausgleich möglich ist. Diese Einschränkungen des Arbeitszeitgesetzes gelten allerdings nicht für leitende Angestellte, also Führungskräfte mit Personalverantwortung oder z. B. Prokura. Wessen Einkommen über der Beitragsbemessungsgrenze liegt, hat in aller Regel keinen Anspruch auf Überstundenausgleich oder -vergütung, da hier nach erbrachter Leistung bezahlt wird, nicht nach Stunden.

Entsprechend zeigt auch ein Forschungsbericht des Instituts für Arbeitsmarkt- und Berufsforschung (Kubis & Müller, 2014) deutliche Unterschiede der Häufigkeit von Überstunden in Abhängigkeit von der Qualifikation: Bei Tätigkeiten, die einen (Fach-)Hochschulabschluss erfordern, gehören diese bei über 30 % der befragten Betriebe zu den häufig auftretenden Belastungsfaktoren. Damit liegt der Wert um über zehn Prozentpunkte höher als bei den Ungelernten und denen mit einfachem Berufsabschluss.

Die gleiche Studie zeigt, dass Überstunden ein durchaus bedeutsames Hemmnis bei der Neubesetzung von Stellen darstellen können. Das gleiche Muster findet sich für den Belastungsfaktor „hoher Termin- und Zeitdruck". Dieser wird von 70 % der befragten Betriebe für die höher qualifizierten Positionen als häufig vorkommend benannt. Hoher Zeit- und Termindruck erweist sich zudem im Bereich der Arbeitsbedingungen als mit Abstand stärkster Prädiktor für Schwierigkeiten bei der Neubesetzung von Stellen. Insofern sollte es auch aus diesem Grund klar im Interesse der Arbeitgeber liegen, das Thema Gestaltung von Arbeit pro Zeit ernst zu nehmen. So kann nicht nur der Überlastung der Bestandsbelegschaft, sondern auch der abschreckenden Wirkung für potenzielle Nachwuchskräfte aktiv entgegengewirkt werden. In Zeiten, in denen Image und Außenwahrnehmung der Employer Brand, der Arbeitgebermarke, wesentlich auch über soziale Medien und Arbeitgeberbewertungsportale geprägt werden, ist dieser Faktor ebenfalls ein wirtschaftlicher im Wettbewerb der Unternehmen um qualifizierte Fach- und Führungskräfte.

Absenger et al. (2014) verweisen darauf, dass Arbeitszeiten infolge der Flexibilisierung und stärkeren Ergebnisorientierung gerade für höher qualifizierte Tätigkeiten immer schwerer messbar sind. Die Entgrenzung von Arbeit und Freizeit, die mal eben zwischendurch beantwortete E-Mail, der im Urlaub entgegengenommene Anruf zur schnellen strategischen Entscheidung, die am Wochenende gelesenen Fachartikel sind hierfür typische Beispiele. Ein hohes Maß an Autonomie in der Gestaltung von Arbeitszeit trägt maßgeblich zu einer positiven Work-Life-Balance, höherer Arbeitszufriedenheit und besserer Gesundheit bei (Gregory & Milner, 2009). Dies gilt jedoch nur, sofern nicht zugleich hohe Zielvorgaben und beispielsweise daran gekoppelte Bonuszahlungen im Spiel sind (Lott, 2015). Lott berichtet entsprechend, dass Arbeitszeitflexibilität insbesondere für Männer häufig mit Überstunden und Arbeitsintensivierung einhergeht, während sie für Frauen angemessene Arbeitszeiten ermöglicht. Dieser Geschlechtsunterschied fiel in Deutschland und Großbritannien deutlich höher aus als in den Niederlanden und Schweden, wo beide Geschlechter eher in vergleichbarem Maße von Arbeitszeitautonomie profitieren. Kroll, Müters, Rattay und Lampert (2016) haben an über 18.000 Männern zwischen 18 und 64 Jahren erhobene repräsentative Daten aus den Jahren 2009 2010 und 2012 analysiert. Sie fanden, dass Erwerbstätige mit einer Wochenarbeitszeit von über 48 Stunden (ebenso wie Arbeitslose) statistisch bedeutsam häufiger seelisch belastet sind, weniger auf ihre Gesundheit achten, weniger Sport treiben und häufiger rauchen.

Der Anteil der Beschäftigten mit Arbeitszeitkonten ist seit 1991 kontinuierlich angestiegen, ermöglichen sie eine hohe Beschäftigungsstabilität und weitgehend kostenneutrale Flexibilität auch bei Nachfrageschwankungen (Zapf, 2012).

Arbeitgeber billigen ihrer Belegschaft also insgesamt eine wachsende Zeitsouveränität zu, in Kombination mit der stetigen Arbeitszeitverkürzung von 6,8 % zwischen 1992 und 2012 zunächst zweifelsohne eine positive Entwicklung. Auf der anderen Seite stellen einige Autoren heraus, dass sich im Zuge dessen das sogenannte Gender Time Gap, also der Unterschied in der Wochenarbeitszeit zwischen Frauen und Männern von 7,8 auf 9,3 Stunden erhöht hat (Absenger et al., 2014). Im Wesentlichen geht diese Entwicklung darauf zurück, dass mehr Menschen in Teilzeit beschäftigt sind, die durchschnittliche Wochenarbeitszeit von Vollzeitbeschäftigten liegt weiterhin über 40 Stunden. Flexibilisierung beinhaltet zudem oft unausgesprochen den Kontrakt, dass Arbeitnehmer quasi permanent auf Zuruf erreichbar und verfügbar zu sein haben.

Explizite Arbeit auf Abruf ist in § 12 des Teilzeit-Befristungsgesetzes geregelt und liegt vor, wenn tatsächlich nur bei Bedarf des Arbeitgebers gearbeitet werden muss (vgl. Absenger et al., 2014). Nach Schult und Tobsch (2012; siehe auch Fietze, Matiaske, Schult & Tobsch, 2014) leisten immerhin 3,7 % der Vollzeitbeschäftigten und 7,5 % der Teilzeitbeschäftigten Arbeit auf Abruf, bei geringfügig Beschäftigten sind es 13 %. Mit unausgesprochenem Kontrakt ist jedoch gemeint, dass im Gegenzug für die „großzügige" Flexibilität der Arbeitszeitgestaltung durch den Arbeitgeber eben auch eine großzügige Erreichbarkeit und Verfügbarkeit des Arbeitnehmers außerhalb der üblichen Arbeitszeiten erwartet wird, die wiederum oft von beiden Seiten gar nicht explizit als Überstunden wahrgenommen werden.

Zur Arbeitsverdichtung trägt zusätzlich bei, dass früher übliche Kurzpausen, der informelle Austausch mit Kollegen, im eher natürlichen (noch nicht perfekt effizienzmaximierten) Ablauf entstehende Wartezeiten und andere kleine „Inseln" zusehends entfallen. Auch Fahrt- und Reisezeiten stellen längst keine Ruhephasen mehr dar, sondern gelten in vielen Bereichen dank Laptop, Smartphone und Freisprechanlage in jeder Hinsicht als nutzbare Arbeitszeiten. Dies mag gerechtfertigt und auch für die Arbeitnehmer vielleicht sogar von Vorteil sein, sofern sie auch als solche voll angerechnet werden. Die früher hierbei mögliche Erholung entfällt dennoch.

Nicht vergessen werden darf schließlich, dass auch Motive seitens der Arbeitnehmerschaft eine Rolle spielen, beispielsweise die Sicherung des eigenen Arbeitsplatzes in Zeiten von drohendem Stellenabbau, oder der Wille, sich im internen Wettbewerb mit den Kollegen konkurrenzfähig zu halten (Anger, 2006). Die Bereitschaft zu Mehrarbeit stellt einen wichtigen Faktor im Spiel um Beförderung und Karriere dar. Die Entscheidung, wie stark man sich über das vertraglich geregelte Maß hinaus engagieren möchte, ist damit nicht nur eine für den Moment, sondern auch eine Investition in die Zukunft. Sind in Krisenzeiten womöglich Rationalisierungen und Stellenabbau geplant, oder ist die Auftragslage insgesamt kritisch und von der erfolgreichen Abwicklung eines laufenden Projekts abhängig, sind die Beschäftigten auch ohne zusätzlichen expliziten Druck von oben oft bereit, sich weit über die vertraglich vorgesehene Arbeitszeit hinaus zu engagieren (vgl. auch Absenger et al., 2014). Inwiefern Überstunden unter solchen Umständen „freiwillig" erbracht werden, ist mehr als fraglich. Insofern können sie sowohl Ursache als auch Folge von psychischen Belastungen sein.

2.2.2 Verdichtung von Arbeitsanforderungen und Verantwortung

Unsere Art zu arbeiten hat sich jedoch nicht nur quantitativ verdichtet, sondern wie bereits angedeutet, auch qualitativ. Mit rapide fortschreitender Digitalisierung sowie dem allgemeinen technischen Fortschritt sind die Anforderungen an lebenslange Weiterbildung in fast allen Berufsfeldern exponentiell gestiegen. In der Medizin, den Naturwissenschaften, der Mikrotechnologie, und vielen anderen Bereichen hat sich das Wissen der Menschheit in den letzten Jahrzehnten regelrecht explosionsartig entwickelt. Diese Dynamik ist nicht zuletzt der stärkeren Vernetztheit und dem besseren globalen Austausch durch die zeit- und ortsunabhängige Zugänglichkeit von Forschungsergebnissen und anderen relevanten Informationen zu verdanken. Die Entwicklung neuer Apparate, Verfahren und Software bringt massive Veränderungen in praktische, alltägliche Arbeitsabläufe mit sich. Damit ist auch für die Angehörigen aller möglichen in anderen Branchen angesiedelten Berufe der regelmäßige Schulungs- und Weiterbildungsbedarf deutlich gestiegen.

Im Rahmen einer industriesoziologischen Untersuchung der österreichischen Forschungs- und Beratungsstelle Arbeitswelt (Holtgrewe, Riesenecker-Caba & Flecker, 2015) konstatieren die Autoren einen – wenn auch nicht unerwartet und vollkommen sprunghaft, so doch stetig – gestiegenen Komplexitätsgrad von Produktionssystemen. Hiermit gehen nicht nur Anforderungen an deren (informations-)technische Steuerung und fachübergreifende Qualifikationen einher, sondern beispielsweise auch neue Anforderungen an Arbeitssicherheit und Arbeitsorganisation, aus denen sich weiterer Schulungsbedarf ergibt.

Der Megatrend Industrie 4.0 hat, ebenso wie die Globalisierung, die wachsende Dynamik der Märkte und umfassende organisationale Change-Prozesse, einen starken Einfluss auf Berufsbiografien (Bundesministerium für Arbeit und Soziales, 2017; Wald, 2005). Traditionelle geradlinige Laufbahnkonzepte gehören in weiten Teilen der Vergangenheit an. Lebenslange Weiterbildung ist eher die Regel als die Ausnahme und erfordert neben dem Ausbau von Fachwissen und prozeduralen Fertigkeiten auch die Fähigkeit und Bereitschaft zur Selbstreflektion und zum selbstgesteuerten Lernen. Hier ist der Einzelne gefragt, aber selbstverständlich auch Arbeitgeber und Gesellschaft.

Erfreulicherweise konstatiert das Institut für Arbeitsmarkt- und Berufsforschung in einer Studie, dass das Weiterbildungsengagement der Betriebe deutlich gestiegen ist (Janssen & Leber, 2015). So ist der Anteil der Betriebe, die Weiterbildungskosten zumindest teilweise übernahmen oder Mitarbeiter zur Teilnahme freistellten, von 37 % im Jahr 2000 über 45 % im Jahr 2007 auf 54 % im Jahr 2014 angestiegen. Betrachtet man jedoch den Anteil nach Betriebsgröße wird deutlich, dass die Beteiligungsquoten um den Mittelwert von 54 % für das Jahr 2014 stark streuen und erwartungsgemäß umso höher ausfallen, je mehr Mitarbeiter das Unternehmen beschäftigt. Abbildung 2.2.2.1 veranschaulicht diese Unterschiede. Insbesondere mittelständische und große Betriebe geben dabei zum überwiegenden Teil an, kontinuierlich in Weiterbildung zu investieren, bei den kleinen Betrieben ist dies eher sporadisch der Fall (Janssen & Leber, 2015).

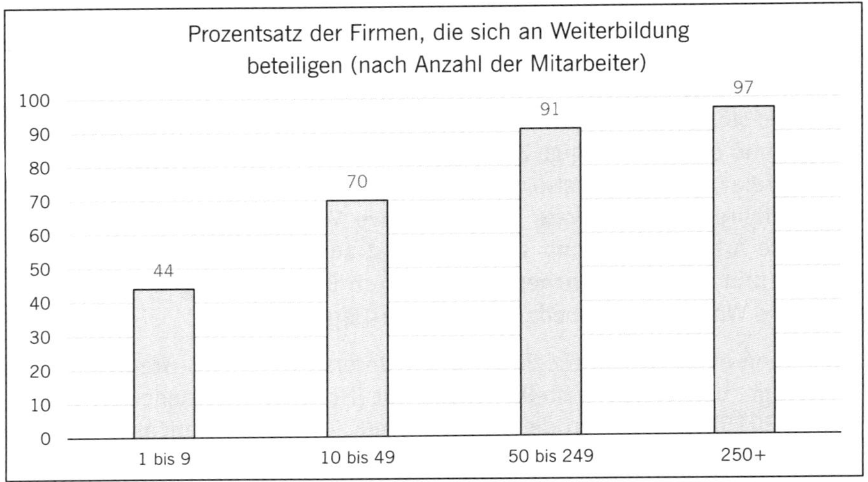

Abbildung 2.2.2.1 *Anteil der Firmen, die Weiterbildungskosten mindestens teilweise übernehmen oder Mitarbeiter für Weiterbildung freistellen nach Betriebsgröße (eigene Darstellung auf Basis der Daten von Janssen & Leber, 2015)*

Der Begriff der Weiterbildung ist dabei weit gefasst und bezeichnet sowohl gesetzlich vorgeschriebene wie freiwillige Maßnahmen, kurz- oder längerfristig angelegte Programme, durch die Beschäftigten ihre Fertigkeiten und Qualifikationen erweitern und an gewachsene oder veränderte Anforderungen anpassen können. Insbesondere zielen die im Rahmen der Studie befragten Betriebe nach eigenen Angaben darauf ab, durch Weiterbildung die bereits vorhandenen Mitarbeiterressourcen besser ausschöpfen zu können, sowie an Arbeitgeberattraktivität zu gewinnen. Weiterbildung gilt allgemein als wichtiges Instrument, hoch qualifizierte Mitarbeiter an das Unternehmen zu binden. Allerdings wird im Rahmen der Längsschnittanalysen deutlich, dass die Bereitschaft in Weiterbildung zu investieren insbesondere bei kleinen Betrieben maßgeblich von externen Faktoren mitbeeinflusst wird, und beispielsweise infolge der Krise 2009-2010 einen temporären Einbruch erlitt (Janssen & Leber, 2015).

Zusammenfassend lässt sich festhalten, dass die Betriebe offenbar dem steigenden Qualifizierungsbedarf zunehmend Rechnung tragen und in Fähigkeiten und Fertigkeiten ihrer Belegschaft investieren. Ausbaufähig sind diese Investitionen besonders für Beschäftigte mit einfachen Tätigkeiten, von denen dem

IAB-Panel zufolge im Jahr 2014 nur 16 % an Weiterbildungen teilnahmen, verglichen mit 40 % bei den Beschäftigten mit qualifizierten oder hoch qualifizierten Tätigkeiten (Janssen & Leber, 2015).

Eine nicht unwesentliche Rolle für das Thema Weiterbildung spielen in größeren Unternehmen die Betriebsräte, denen das Recht zusteht, die Ausgestaltung betrieblicher Weiterbildungsmaßnahmen zu beeinflussen. Betrieblich organisierte Weiterbildungen stellen mittlerweile einen wertvollen Bestandteil individueller Qualifikationsprofile dar. Sie sind auf die Anforderungen des Arbeitsalltags innerhalb der jeweiligen Branche in aller Regel besser zugeschnitten als die berufliche Erstausbildung und greifen veränderte Anforderungen deutlich schneller auf. Vor dem Hintergrund der wachsenden Bedeutung lebenslangen Lernens scheint es dringend geboten, die Koordination zwischen Bildungssystemen und allgemeiner sowie arbeitsplatzspezifischer Weiterbildung zu verbessern, um letztere anschlussfähig zu halten (Iller, Berger, George, Hauser-Ditz & Wiß, 2016).

Angesichts der hohen Geschwindigkeit in der Veränderung von Anforderungs- und Qualifikationsprofilen ist es einerseits sinnvoll, über Weiterbildung vor allem übergeordnete, zeitlose Schlüsselfähigkeiten wie Kreativität, Sozialkompetenz, Selbstorganisation und allgemeines technisches Verständnis zu fördern (vgl. Herrmann, Hirschle, Kowol, Raab, Resch & Rothmann, 2017). Andererseits bleibt es unabdingbar, kurzfristig unmittelbar relevante, arbeitsplatzbezogene Kompetenzen wie den Umgang mit neuer Software, neuen Verfahren oder technischen Geräten, sowie Evaluations- und Dokumentationssysteme zu schulen. Beide Arten von Kompetenzaufbau haben zum Ziel, den Teilnehmern problemorientierte Bewältigungsressourcen im erfolgreichen Umgang mit neuen Herausforderungen zur Verfügung zu stellen und somit auch Stress zu reduzieren (siehe Abschnitt 1.3). Allerdings kann die Notwendigkeit dieses Kompetenzaufbaus inklusive des damit verbundenen Zeitaufwandes durchaus selbst zum Belastungsfaktor werden.

Insgesamt assoziieren wir typischerweise hochgradig technologisierte Bereiche wie das Ingenieurswesen, die apparategestützte Medizin und die Informationstechnologie sowie komplexe Forschungsfelder mit den Anforderungen, die beschleunigter Wandel, Internationalisierung und steigende Managementkomplexität mit sich bringen. Aber auch in einem so vergleichsweise technikfernen Bereich wie der Kindertagesbetreuung fordern die aktuellen Entwicklungen eine enorme Anpassungsleistung der dort Beschäftigten. Teils sind diese systemimmanent, teils wirken sich arbeitsbezogene und gesellschaftliche Veränderungen in der Lebenswelt der Familien in die Kita-Arbeit hinein aus, wie das Interview in Infobox 2.2.2.1 veranschaulicht.

Infobox 2.2.2.1:
Praxisbeispiel zur Verdichtung von Arbeitsinhalten und gestiegener Verantwortung im Bereich Kindertagesbetreuung – Gespräch mit Frau L

Frau L., Sie verfügen über 20 Jahre Berufs- und Leitungserfahrung im Bereich der Kindertagesstättenbetreuung, als Fachberatung, Abteilungsleitung sowie als Dozentin formeller und informeller Bildungsträger im Bereich der frühkindlichen Bildung. Sie kennen den Bereich also von Grund auf, sowie aus recht unterschiedlichen Blickwinkeln der beteiligten Institutionen und Interessensvertreter. Hat sich aus Ihrer Sicht in den letzten Jahren hier etwas verändert, und wenn ja wie?

Das pädagogische Fachpersonal der vorschulischen Einrichtungen ist in zunehmenden Maße multikomplexen Belastungssituationen ausgesetzt. Die Lebenswelten der Kinder und Familien und die gesellschaftlichen Anforderungen ändern sich. Einrichtungen werden von Kindern immer früher und länger besucht. Es scheint als nimmt die Anzahl der Kinder mit besonderem Unterstützungsbedarf zu, Familiensysteme haben z. T. umfänglichen Beratungsbedarf und immer mehr Kinder kommen mit Migrationshintergrund, erwerben also Deutsch als Zweitsprache. Dies stellt die Pädagoginnen und Pädagogen vor die Herausforderung, sich auf neue Kulturen und Sprachen einzustellen, sich im Rahmen von Aus- und Fortbildung mit Themen wie Vielfalt, Inklusion, verändertem Bildungsverständnis und vielem mehr auseinandersetzen. Diese große Heterogenität und Vielfalt wird sehr begrüßt, hält aber nicht unbedingt den personellen und zeitlichen Ressourcen stand. Weiterhin sind die Anforderungen in der Umsetzung von Bildungsgrundsätzen gestiegen. Positiv ist anzumerken, dass das Thema vorschulische Bildung zu Recht stärker in den Blickpunkt gelangt. Allerdings verzeichnen wir eine Fülle von Programmen und Dokumentationsverfahren mit hohem zeitlichem Aufwand. Teils ist deren Nutzen in Frage zu stellen, vor allem aber muss die Frage berechtigt sein dürfen, wann und durch wen dieses geleistet werden soll. Dazu kommt immer etwas, gestrichen wird nichts. Hier wurden die Ressourcen nicht in ausreichendem Maße angepasst.

Die Entwicklung hin zu einem höheren Anspruch in der frühkindlichen Bildung wird ja auch von vielen Einrichtungen sehr begrüßt?

Grundsätzlich ist es gut, dass dieser Bereich eine klare Aufwertung erfährt. Jedoch sehe ich eine Aufwertung des Berufes, der Ausbildung bzw. einer Akademisierung des neu auszubildenden Fachpersonals verbunden mit entsprechender finanzieller Höhergruppierung oder auch der Reduzierung der Gruppenstärken derzeit nicht. So fehlen zum Beispiel oft explizite Verfügungszeiten für die Vor- und Nachbereitung, wie Grundschullehrkräfte sie selbstverständlich haben. Diese Zeiten werden benötigt für die Vorbereitung von regelmäßigen Entwicklungsgesprächen, Projekten, dem Erstellen der Bildungsdokumentation, der Besprechungen im Team. Krankenstand, der auch auf psychische Überlastungen zurück zu führen ist oder der zunehmende Mangel an Fachkräften erschweren die Situation. Beständig verzeichnen wir in NRW einen Fachkräftemangel bei den Erzieherinnen und Erziehern. Stellen können schlecht nachbesetzt werden. Das bedeutet dann noch mehr Belastung für die vorhandenen Pädagogen, inklusive eines ständigen Spagats zwischen der Zeit am Kind und den noch zu erledigenden Backgroundarbeiten. Erkrankung und/oder Kündigungen und erhöhte Fluktuation sind häufige Folgen. Das bedeutet wiederum auch wenig Stabilität für Kinder und damit noch eine Mehrbelastung für die bleibenden Kräfte.

Was würden Sie sich hier von der Gesellschaft, vom Gesetzgeber und von den Trägern wünschen?

Gute Bildung, Erziehung und Betreuung in den Kitas kann nur mit ausreichend Personal und Ressourcen, nicht mit einem strukturell unterfinanzierten Kita-Gesetz gewährleistet werden. Träger müssen durch den Gesetzgeber stärker in die Lage versetzt werden die Einrichtungen kostenadäquat zu führen zu können. Hier ist deutlich Luft nach oben. Ausreichend Personal bezieht sich hier nicht allein auf die Anzahl der Fachkräfte, sondern auch auf deren gute Ausbildung, angemessene Bezahlung und gesellschaftliche Wertschätzung. Dies fängt z. B. bereits bei den räumlichen Arbeitsbedingungen an. Oft gibt es keinen Raum, in dem sich das Team zusammensetzen kann, wenn man dabei nicht auf Kinderstühlchen sitzen und nach einer Stunde Rückenschmerzen haben möchte. Selbst bei neu erbauten Einrichtungen werden diese Aspekte nicht unbedingt berücksichtigt.

Wertschätzung von Arbeit hat auch mit Vergütung zu tun.

Genau, und das Vergütungsniveau ist weitgehend unverändert. Bezahlt wird die Tätigkeit, nicht die Ausbildung. Viele kommen mittlerweile mit einem Bachelor in der Tasche, was den Anforderungen auch viel eher entspricht, aber diese bessere Ausbildung wird nicht honoriert. Stattdessen werden immer wieder nach dem Gießkannenprinzip Fördergelder auf bestimmte Projekte oder zusätzliche Personalia für Sprachförderung oder Inklusion verteilt und so zwar schon auch Stunden geschaffen, die dann aber – Fachkräftemangel – oft nicht qualifiziert besetzt werden können. Wirklich nachhaltig sinnvoll wäre es, den Beruf ganz entschlossen aufwerten, z. B. auf FH-Niveau zu heben, und dann auch zu bezahlen wie Grundschullehrer. Das würde angemessen widerspiegeln, was seit Jahren vor Ort von den Kolleginnen und Kollegen fachlich geleistet wird, und würde auch dem Fachkräftemangel entgegenwirken, weil der Beruf insgesamt wieder attraktiver wird.

Wie viele andere der in diesem Buch thematisierten „neuen" psychischen Belastungen am Arbeitsplatz stellt das Thema Weiterbildung generell eine Gratwanderung aus Chance und Risiko dar. Dass höhere Anforderungen mit einer Aufwertung von Berufsbildern und einer angemessenen Vergütung einhergehen sollte, wie von Frau L. im Interview gefordert, halten Viele für selbstverständlich. Immer mehr einfache Routineaufgaben bis hin zu komplexen Produktionssystemen werden von Maschinen übernommen. Weiterbildung gibt immer mehr Menschen die Chance, an diesem Trend mit zu wachsen, sich weiter zu qualifizieren, anspruchsvollere Aufgaben auszuüben. Damit haben sie nicht nur den persönlichen Zuwachs an Qualifikation, Wissen und Können sowie einen Vorteil für ihren weiteren beruflichen Werdegang. Höhere Qualifikation ermöglicht es auch, den Arbeitsplatz als Raum für persönliche Entwicklung, Kreativität und Innovation zu nutzen – und diese Impulse im Fall von erzieherischer oder anderer sozialer Arbeit auch vorzuleben und an andere weiterzugeben. Darüber hinaus liefert arbeitsplatznahe Weiterbildung das nötige praktische Handwerkszeug, andernfalls belastende und herausfordernde Situationen in der aktuellen Funktion besser zu bewältigen. Job Enrichment und Job Enlargement, also die inhaltliche Anreicherung von Aufgabengebieten wie auch deren Erweiterung durch Abwechslung bleiben aus Sicht humaner Arbeitsgestaltung zweifellos erstrebenswert (siehe auch Abschnitt 2.3.2).

Auf der anderen Seite kann der Druck, sich kontinuierlich fachlich weiterzubilden, sich mit ständig neuen Arbeitsmitteln und Prozessen vertraut zu machen, sowie die damit einhergehende Entwertung der eigenen Einstiegsqualifikation belastend wirken. Finden die Beschäftigten die angebotenen oder auch auferlegten Weiterbildungen vorrangig als unterstützend und gut bewältigbar, so wird ihr Kompetenzerleben gestärkt und Stress reduziert. Nehmen sie jedoch die damit einhergehenden zeitlichen und kognitiven Anforderungen als Überforderung war, verursachen Weiterbildungen noch mehr Stress (siehe Abschnitt 1.3, vgl. auch Bamberg & Vahle-Hinz, 2014).

Besondere Maßnahmen wie Mentoring oder Tandembildung bzw. altersgemischte Teams können dazu beitragen, im Sinne einer wechselseitigen Qualifizierung der Arbeitnehmer „on the job" verteiltes und praxisnahes Lernen zu ermöglichen. Die gezielte Weitergabe von Wissen und technischen Kompetenzen zum Beispiel von jüngeren, frisch entsprechend ausgebildeten Mitarbeitern an ältere Kollegen kann effektiv der sogenannten technischen Obsoleszenz vorbeugen (vgl. Moser, Soucek & Hassel, 2014). Diese tritt auf, wenn Beschäftigte tatsächlich beispielsweise altersbedingt in ihrer Leistungsfähigkeit nachlassen, oder sich nicht in ausreichendem Maße nachqualifiziert haben und damit – gefühlt oder tatsächlich – einen geringeren Beitrag zur erfolgreichen Aufgabenbewältigung leisten können. Dass sie allerdings im Vergleich zu jüngeren Kollegen hierzu von Unternehmen oft weniger Unterstützung und Förderung erhalten, deutet sich auch in der oben bereits zitierten Studie von Janssen und Leber (2015) als fortbestehende Tendenz an. Umgekehrt können sie den Jüngeren jahrzehntelange Erfahrung in anderen Bereichen weitergeben.

Es sollte deutlich geworden sein, dass mit der quantitativen und qualitativen Verdichtung von Arbeit auch die Verantwortung des Einzelnen substanziell steigt. Verteilten sich früher die Aufgaben auf mehr Schultern, und waren Tätigkeiten und beteiligte Technik weniger komplex, waren auch eventuelle Fehler oft weniger gravierend oder konnten leichter und schneller nachgebessert werden. In vielen hochgradig technisierten Anlagen kostet heute bereits eine halbe Stunde Stillstand oft beträchtliche Summen. Um trotz der allgemein gewachsenen Aufgabenvielfalt und -dichte noch Transparenz und Nachvollziehbarkeit zu gewährleisten, sind die Auflagen für Qualitätssicherung und Dokumentation in den letzten Jahren massiv gestiegen, wie auch im Interview mit Frau L. thematisiert wurde und im nächsten Kapitel weiter ausgeführt wird.

2.3 Arbeitsorganisation

Ein großer, in der Vergangenheit weitgehend unbeachtet gebliebener psychischer Belastungsfaktor scheint über Branchen und Berufsgruppen hinweg die Zunahme der Berücksichtigung von gesetzlichen, betriebswirtschaftlichen, betriebsinternen und -externen Vorschriften, Qualitätsanforderungen und Dokumentationsverpflichtungen im Arbeitsalltag zu sein. In vielen Befragungen oder Coachinggesprächen wird dieses Thema zwar benannt, es findet sich aber nur selten in den offiziellen Aufstellungen, was unter psychische Belastungen am Arbeitsplatz zu fassen ist. So erwähnt das weit verbreitete Instrument zur Erfassung psychischer Belastungen am Arbeitsplatz der Gemeinsamen Deutschen Arbeitsschutzstrategie (GDA) (2016) Dokumentationsverpflichtungen nicht explizit, sondern allenfalls die daraus erwachsenden Probleme wie zunehmende Verantwortung oder einfach auch nur Überstunden. Ebenso thematisiert auch der „DGB-Index Gute Arbeit 2016“ die Belastungen aus Dokumentationsverpflichtungen und zunehmender Regelungskomplexität nicht explizit.

Weitere sich aus der Arbeitsorganisation ergebende Belastungsfaktoren sind die Zunahme von Aufgaben oder Zuständigkeiten, die für die Arbeitsplatzinhaber entweder neu sind, oder aber die sie bislang nicht verantworten mussten. Es kann somit zu quantitativen, aber auch qualitativen Überforderungen kommen. Die Tatsache, dass sich Organisationen inzwischen in einem mehr oder weniger permanenten Veränderungs- und Anpassungsprozess befinden, hat erhebliche Auswirkungen auf die Arbeitsorganisation. Für den einzelnen Mitarbeitenden bedeutet dies mitunter, sich immer wieder auf neue Abläufe, Ansprechpartner, Vorgesetzte, Kolleginnen und Kollegen einstellen zu müssen. Perspektivisch ist zu erwarten, dass diese Form der Arbeit – temporäre Aufgaben, wechselnde Teamkonstellationen mit wechselnden Teammitgliedern, agiles projektbezogenes Arbeiten, wie auch räumliche Mobilitätsanforderungen und zeitliche Flexibilisierung – weiter zunehmen wird. Daher soll im Folgenden den sich daraus ergebenden Belastungsfaktoren Aufmerksamkeit geschenkt werden.

2.3.1 Dokumentation, Controlling, QM und Co.

Die Zunahme an Gesetzen, Vorschriften, Verordnungen und Vorgaben stellt aus sich heraus einen psychischen Belastungsfaktor dar. Verschärft wird dieses Problem zusätzlich durch innerbetriebliche Regelungen, beispielsweise im Hinblick auf das Qualitätsmanagement oder die Kontrolle betriebswirtschaftlicher Kennzahlen. Wie das zum Beispiel in der Gastronomie aussehen kann, schildert ein Wirt in der lokalen Tageszeitung (Infobox 2.3.1.1).

Infobox 2.3.1.1:
Gesetzesflut und Regelungswut als (nicht nur) psychischer Belastungsfaktor (Kreiszeitung, 2015)

„Das ist für Gastwirte völlig realitätsfremd"

Bassum – Von Frauke Albrecht. In der Küche und den Lagerräumen von Martin Freye vom gleichnamigen Gasthaus hängen überall Listen. Das ist nicht etwa, weil Martin Freye so vergesslich ist. Die tägliche Dokumentation sämtlicher Arbeiten gehört für ihn zum Geschäft – „und das nervt unglaublich", sagt der Gastwirt. Denn vieles von dem, was der Gesetzgeber fordert, hält Freye für unsinnig und Geldschneiderei. „Und der Papierkram wird immer mehr", ärgert er sich über die zunehmende Bürokratisierung.

Seit kurzem müssen sämtliche Arbeitszeiten von Arbeitnehmern für jeden Tag mit Pausen aufgeschrieben werden. „Früher reichte ein Stundenzettel", erinnert sich Freye, der zugleich Ansprechpartner im Dehoga-Ortsverband Bassum ist.

Das größte Problem stelle das Arbeitszeitgesetz dar. Dieses lege eine Höchstarbeitszeit von acht Stunden pro Tag fest. „Diese kann zwar auf maximal zehn Stunden verlängert werden, muss dann aber innerhalb eines halben Jahres ausgeglichen werden. Das ist für einen Gastwirt völlig realitätsfremd", sagt Freye.

Besonders bei den Nebenbeschäftigten, die sich in seinem Betrieb etwas dazu verdienen möchten, könne er nicht sicher sein, wie lange sie an dem Tag vorher gearbeitet haben. „Außerdem haben sie einen Zweitjob, weil sie sich etwas dazuverdienen müssen oder wollen", gibt er zu bedenken.

Er wünscht sich eine praxisorientierte Lösung: Unter klar definierten Voraussetzungen müsse eine Verlängerung auf 12 Stunden für volljährige Arbeitsnehmer möglich sein. „Ich kann mir bei einer Feier nicht eine zweite Schicht leisten. Vor allem weiß ich gar nicht, wo ich die ganzen Leute hernehmen soll." Konsequent umgesetzt würde die Änderung bedeuten, dass die Familienfeier demnächst um Mitternacht enden muss, egal wie gut die Stimmung ist.

Der Dehoga-Landesverband fordert eine Ausnahmeregelung für das Gastgewerbe. Ähnliches gilt bereits für die Landwirtschaft, Schausteller und Pflegeberufe. Auch Freye hat unterschrieben, bisher aber noch keine Rückmeldung erhalten.

Damit endet die „Dokumentationswut der Behörden", wie Freye sagt, noch lange nicht: „Ich darf nicht mal einen Fliegenfänger aufhängen, ohne das zu notieren." Arbeitsplatte abgewischt? Wer hat's wann gemacht? Angaben zu Hygiene, Arbeitsschutzunterweisungen, Speisentemperaturen, Kühlhaustemperaturen und weiteres müssen aufgelistet werden – täglich.

Auch Allergene müssen auf der Speisekarte notiert sein. Für jedes Gericht, für jede Zutat. Freye schimpft: „Was für ein Schwachsinn. Allergiker fragen nach."

Was den Bassumer Gastwirt regelmäßig auf die Palme bringt, sind die Forderungen der Gema. Das ist die Gesellschaft, die die Urheberrechte für Musiker und Künstler vertritt. „Das ist der größte Kostenfaktor für jedes Haus."

Im März hatte Martin Freye Kohl-Partys veranstaltet und diese bei der Gema gemeldet. Seine Kalkulation: „Ich nehme 41 Euro Pauschale pro Person. 15 Euro sind fürs Essen, 24,10 für Getränke und 1,90 für Musik." Die Gema fordert 9,94 Euro pro Person für die Musik. „Um dann noch zu verdienen, müsste ich die Preise anheben. Das würde aber keiner bezahlen wollen", erklärt der Bassumer das Dilemma.

Ebenfalls neu: Seit Januar müssen Gastwirte in Niedersachsen für die Routinekontrollen der amtlichen Lebensmittelüberwachung Gebühren zahlen. „Das gibt es in keinem anderen Bundesland."

Bereits seit drei Jahren Pflicht: Überwachung der Hausinstallation laut Trinkwasserverordnung. „Das sind mal eben rund 200 Euro", lässt sich Freye in die Bücher gucken. „Da kommt einer vom Landkreis, dreht den Wasserhahn auf und nimmt eine Probe." Freye hat nicht etwa eine eigene Wasserversorgung. Er ist, wie alle, an das öffentliche Netz angeschlossen, bekommt das Trinkwasser von den Wasserwerken.

Schon im Jahr 2003 wiesen Müller und Blum auf die ständig steigenden Aufwände durch Dokumentationsverpflichtungen in Krankenhäuser hin. Dabei beziehen sie sich auf Daten einer repräsentativen Befragung des Deutschen Krankenhausinstitut e. V. (DKI) im Auftrag der Deutschen Krankenhausgesellschaft e. V. (DKG). Ziel war es, den Dokumentationsaufwand deutscher Krankenhausärzte zu ermitteln. An der Repräsentativerhebung beteiligten sich 1.010 Ärzte der Fachgebiete Chirurgie und Innere Medizin.

Mit Blick auf die ärztliche Dokumentation ist zwischen der patientenbezogenen Dokumentation und der administrativen Dokumentation zu unterscheiden. Die patientenbezogene Dokumentation erfasst den Behandlungsverlauf des Patienten von seiner Aufnahme bis zur Entlassung (zum Beispiel Patientenakte, OP- oder Entlassungsbericht und anderes). Die administrative Dokumentation erfolgt primär zu Verwaltungszwecken (zum Beispiel Anfragen von Kostenträgern/MDK, Ausfüllen von Anträgen, Bescheinigungen, Formularen und anderes).

Der ärztliche Dokumentationsaufwand beläuft sich in der Chirurgie auf circa 2 Stunden 42 Minuten je Arzt und Arbeitstag. Davon entfallen etwa zwei Stunden auf die patientenbezogene Dokumentation. In der Inneren Medizin beträgt der durchschnittliche Dokumentationsaufwand je Arzt und Arbeitstag rund 3 Stunden 15 Minuten, davon gut zweieinhalb Stunden für die patientenbezogene Dokumentation. Die Aufwandswerte streuen sehr stark zwischen den einzelnen Ärzten. Dies dürfte unter anderem auf große Unterschiede in der Organisation der Krankenhäuser beziehungsweise der Arbeit des ärztlichen Dienstes zurückzuführen sein. Deshalb liegt die Hypothese nahe, dass es mit Blick auf die ärztliche Dokumentation Rationalisierungs- beziehungsweise Entlastungspotenziale in vielen Krankenhäusern gibt.

Delegation, verbesserte Hard- und Software sowie Standardisierungen können hier zu einer Reduktion des Dokumentationsaufwands beitragen. Nennenswerte Vorteile für Ärzte aus Fachabteilungen mit einer besonderen personellen oder technischen Ausstattung beziehungsweise spezifischen organisatorischen Vorkehrungen konnten jedoch kaum nachgewiesen werden. Primär besteht das Problem bislang in einem unzureichenden Einsatz des vorhandenen Unterstützungspersonals beziehungsweise der gegebenen technischen Ausstattung.

Insgesamt lässt sich feststellen, dass Dokumentationstätigkeiten einen erheblichen Anteil an der ärztlichen Arbeitszeit ausmachen, welcher nicht mehr unmittelbar für patientennahe Arbeiten zur Verfügung steht.

Letztlich lassen die sich hier beschriebenen Vorgänge unter dem Begriff Bürokratisierung zusammenfassen. Dass diese einen Belastungsfaktor darstellt, lässt sich schon in Meyers Konversationslexikon von 1894 nachlesen (Meyers Lexikon, 1894). Dort wird Bürokratie folgendermaßen definiert: „Büreaukratie (franz.-griech., „Schreibstubenherrschaft“), Bezeichnung für eine kurzsichtige und engherzige Beamtenwirtschaft, welcher das Verständnis für die praktischen Bedürfnisse des Volkes gebricht. Auch eine solche Beamtenschaft und ihre Angehörigen nennt man Büreaukratie".

Die Belastung durch die Bürokratisierung ist aber kein Relikt des letzten Jahrtausends. Eine Befragung der Vereinigung der bayerischen Wirtschaft (vbw, 2016) erfasste vor allem die betriebswirtschaftlichen Kosten einer zunehmenden (Über-)Bürokratisierung. Demnach behindert und belastet die Bürokratisierung fast die Hälfte aller befragten Unternehmen, über 70 % der Unternehmen geben an, dass effizientes Verwaltungshandeln für sie hohe Priorität besitzt. Besonders kritisiert werden die zeitaufwändige Bearbeitung von Papieren und oftmals unverständliche Informationen seitens der Verwaltung. Speziell dauerhafte Verpflichtungen im Bereich der Dokumentation und Aufbewahrung von Unterlagen werden kritisiert. Gefordert werden eine Reduktion der Anzahl an auszufüllenden Papieren und Dokumenten, eine bessere Verständlichkeit von Informationen sowie verständlichere, weniger komplexe und weniger widersprüchliche Vorgaben

2.3.2 Job Enrichment, Job Enlargement, Zielvereinbarungen und vermehrter Gesprächs- und Meetingbedarf

War es in den 1970er-Jahren primäres Bestreben der Arbeitswissenschaften, durch neu gestaltete Arbeitsinhalte und zusätzliche Verantwortungsübernahme durch die Mitarbeiter Arbeitsplätze humaner zu gestalten, so leidet die Arbeitswelt im 21. Jahrhundert zunehmend unter genau diesen Entwicklungen: Arbeitnehmer klagen über eine viel zu hohe Arbeitsbelastung und über ein Zuviel an Verantwortung.

In den 1970er-Jahren wurde die Humanisierung der Arbeitswelt ganz großgeschrieben (s. hierzu und dem folgenden Poppelreuter, 2016a). Man hatte erkannt, dass die alten Konzepte der Arbeitszergliederung und des „one best way" nicht länger von Nutzen waren, die der Nestor der wissenschaftlich fundierten Arbeitsgestaltung – Fredrick Winslow Taylor – mit großem Erfolg und ingenieurwissenschaftlicher Präzision in das Zeitalter der Industrialisierung eingeführt hatte. Humanisierung hieß auch, den Menschen nicht wie einen maschinenähnlichen Produktionsfaktor zu sehen, sondern seine Fähigkeiten und Fertigkeiten ganzheitlicher anzusprechen und zu nutzen. Die vordergründig proklamierte Humanisierung diente – wie sollte es anders sein – auch betriebswirtschaftlichen Zielen, hatte man doch erkannt, dass der mitdenkende Mitarbeiter nicht nur zufriedener ist, sondern auch weniger Fehler macht und nützliche Ideen einbringt. Ist eine Arbeitsaufgabe so gestaltet – so die neue Philosophie –, dass aus ihr selbst heraus Interesse, Engagement und die Motivation zum Weiterhandeln entsteht, dann sind optimale Voraussetzungen für die Erbringung der Arbeitsleistung vorhanden. Das ist immer dann der Fall, wenn ein angemessenes Maß an Kontrolle bzw. Handlungsspielraum über die Arbeitsabläufe und den Einsatz der Arbeitsmittel möglich ist und die Aufgabe selbst eine Herausforderung mit realistischen Anforderungen darstellt. Dies löst beim Mitarbeiter Aufgabenorientierung und damit intrinsische (von innen aus der Aufgabe kommende) Motivation aus. Humane oder menschengerecht gestaltete Arbeit sorgt dafür, dass der Mensch auf Dauer weder unterfordert noch überfordert ist.

Menschengerechte Arbeit ist ausführbar, schädigt nicht, ist erträglich, zumutbar und persönlichkeitsförderlich. Die Belastungen sind optimal ausgewogen und es besteht in der Regel keine arbeitsbedingte Gefahr für die Gesundheit. Menschengerechte Arbeitsgestaltung ist die Zielsetzung des Arbeitsschutzgesetzes, wenn es die Berücksichtigung der gesicherten arbeitswissenschaftlichen Erkenntnisse fordert.

Soweit die theoretische Idee. Nicht mehr die Partikularisierung der Arbeit war der Königsweg, sondern es sollten im Gegenteil Arbeitsplätze geschaffen werden, die mehr Breite und Tiefe aufweisen, bei denen der Mitarbeiter nicht kleine Ausschnitte des Endprodukts oder der Dienstleistung bearbeitet, sondern im Idealfall das gesamte Produkt bzw. die gesamte Dienstleistung von ihm erbracht – oder zumindest im Blick behalten – wird. Gerne wurde zudem argumentiert, dass durch Job Enrichment und Job Enlargement auch dem von Karl Marx beschriebenen Prozess der Entfremdung der Arbeit entgegengewirkt wird. Dass dies viel zu weit gegriffen ist und Marx' Konzept der Entfremdung fehlinterpretiert, sei an dieser Stelle nur erwähnt. Marx ging es vor allem um die Frage, wem das Ergebnis der Arbeit gehört – dem Arbeiter oder dem Unternehmer (Marx & Engels, 1845/46). Eine Antwort auf diese Frage lieferten auch Job Enrichment und Job Enlargement nicht.

Job Enrichment und Job Enlargement waren Anfang der 1970er-Jahre also die Konzepte der Stunde. Job Enlargement meint eine quantitative Erweiterung der Arbeitsaufgaben durch Einbeziehung vor- und nachgelagerter (spezialisierter) Aufgabenbereiche. Job Enrichment meint die qualitative Arbeitsbereicherung durch die Vergrößerung der Entscheidungs- und Kontrollspielräume des Mitarbeiters über den Einbezug planender, vorbereitender, ausführender oder kontrollierender Tätigkeiten (Schaper, 2011).

Was anfangs wie eine schöne neue Arbeitswelt klang – charakterisiert durch Selbstbestimmung, Entscheidungsspielraum, Verantwortungsübernahme –, hat sich im Zeitalter der Globalisierung, des Lean Managements und der Arbeitsverdichtung für manchen Mitarbeiter zum Risikofaktor Nr. 1 für die persönliche Gesundheit entpuppt (DGB-Index Gute Arbeit, 2012). War es einst ein Zuwenig an Verantwortung, Gestaltungsspielraum und Teilhabe am Arbeitsplatz, was den Mitarbeiter belastete, frustrierte, entfremdete und letztlich krank machte, so ist es heute ein Zuviel an Arbeit, an Verantwortung, an Verfügbarkeit. Und das macht genauso krank wie das Zuwenig.

Ein Beispiel für eine zusätzliche innerbetriebliche Bürokratisierungsmaßnahme stellen Zielvereinbarungen dar. Die grundlegende Idee des Management by Objectives, des Führens durch Zielvereinbarungen, war die strategischen Ziele des Unternehmens und der Mitarbeitenden gemeinsam festzulegen (Drucker, 1954). Aus der Summe der Einzelziele sollen sich dann die Unternehmensziele zusammensetzen. Die Mitarbeiter sollen ihre tägliche operative Arbeit an ihren Zielen ausrichten und so im Sinne der Strategie der Gesamtorganisation arbeiten. Wenn die Vorgesetzten die Leistung ihrer Mitarbeiter beurteilen, prüfen sie, inwieweit die Mitarbeiter ihre vereinbarten Ziele erreicht haben.

Die unbestreitbaren Vorteile von Zielvereinbarungen liegen in ihrer Strukturierungs- und Motivationsfunktion, aber sie können auch – bei falscher Handhabung – zum psychischen Belastungsfaktor werden, sowohl für Mitarbeitende als auch für Führungskräfte. Watzka (2012) betont, dass bei regelgerechtem und verantwortungsvollem Einsatz von Zielvereinbarungssystemen durch die Führungskräfte für Organisationen beträchtliche Effizienzgewinne über verbesserte Leistung und Motivation der Mitarbeiter möglich sind. Andererseits sind bei diesem Managementinstrument die Gefahr und der Anreiz für die Führungskräfte aber auch besonders groß, bei der Zielfestlegung über das Ziel ‚hinauszuschießen'. Frustration, Demotivation oder im schlimmsten Fall psychische Erkrankungen der Mitarbeiter aufgrund von dauerhafter Überforderung können dann die Folge sein. Daher, so Watzka (2012), sollte die Anzahl der vereinbarten Ziele überschaubar sein, die Ziele sollten realistisch sein, es sollte eine gewisse Zielflexibilität vorliegen. Nur so kann der motivierende Effekt der Ziele tatsächlich zur Geltung kommen und ein zu massiver Leistungsdruck durch die Zielvereinbarung vermieden werden. Gerade der Aspekt der Zielflexibilität scheint uns in Zeiten permanenten schnellen Wandels von Märkten sowie Unternehmensstrukturen wichtiger denn je, da diese Veränderungen oft unterjährig mit sich bringen, dass vereinbarte Ziele nicht mehr erreichbar oder auch strategisch gar nicht mehr sinnvoll sind.

Watzka (2012) betont aber auch den Aspekt, dass Zielvereinbarungssysteme in ihrem Aufbau und ihrer Pflege nicht zum Nulltarif zu haben sind. Sie stellen insbesondere an die Führungskräfte quantitative und auch qualitative Anforderungen, auf die diese vorbereitet werden müssen und für die sie entsprechende Ressourcen zeitlicher und inhaltlicher Art zur Verfügung gestellt bekommen müssen. Schwarzenthal und Poppelreuter (2014) haben hierfür zentrale Vorgehensweisen beschrieben (Infobox 2.3.2.1).

Infobox 2.3.2.1:
Voraussetzungen und Vorgehensweisen bei der Implementierung von Mitarbeiter- und Zielvereinbarungsgesprächen

Schwarzenthal und Poppelreuter (2014) beschrieben die notwendigen Voraussetzungen und Vorgehensweisen zur erfolgreichen Implementierung von Mitarbeiter- und Zielvereinbarungsgesprächen in Unternehmen. Grundvoraussetzung ist dabei die Passung der Instrumente zur vorhandenen Führungskultur. Nur bei einer kooperativen, auch mitarbeiterorientierten Führungskultur machen Mitarbeiter- und Zielvereinbarungsgespräche Sinn. Werden Mitarbeiter ohnehin nicht in Entscheidungen einbezogen, besteht kein wirkliches Interesse an den Mitarbeiterinnen und Mitarbeitern und ihren Kompetenzen, Ideen, kreativen Vorschlägen und Bedürfnissen, sind solche Gespräche nicht angezeigt.

Essenziell für die Einführung des Instruments Mitarbeitergespräche ist die Unterstützung sowohl der Führungskräfte als auch der Mitarbeiter im Einführungsprozess. Von Beginn an sollte daher die oberste Führungsebene in enger Abstimmung mit der Arbeitnehmervertretung die Zielsetzung und die Rahmenbedingungen der Einführung des Instruments definieren. In diesem Schritt sollte zudem festgelegt werden, wie der zeitliche Ablauf der Instrumenteneinführung aussehen wird, welche Personen beteiligt sein werden etc.

Anschließend konzipiert idealerweise ein Projektteam aus Vertretern der Führungskräfte, der Arbeitnehmer, der Personalabteilung und ggf. externer Beratung das Mitarbeiter- bzw. das Zielvereinbarungsgespräch (Es sollte deutlich sein, dass es sich hierbei immer um zwei unterschiedliche Gespräche mit unterschiedlichen Zielsetzungen und Rollenverteilungen handelt.) und entwickelt die dazugehörigen Unterlagen, z. B. Gesprächsleitfäden. Es sollte zudem umfassendes Informationsmaterial für alle Beteiligten erstellt werden.

Schließlich wird das Konzept der Organisationsleitung und der Arbeitnehmervertretung vorgestellt und freigegeben. Es ist empfehlenswert, die Führungskräfte hinsichtlich der Vorbereitung, Durchführung und Auswertung der Gespräche zu schulen. In diesen Trainings werden Regeln und Tipps zur Kommunikation vermittelt. In Rollenspielen oder durch Videofeedback wird an der Gesprächstechnik jeder einzelnen Führungskraft gearbeitet.

Die erste Phase der Durchführung von Gesprächen in ausgewählten Unternehmensbereichen sollte von einem ständigen Erfahrungsaustausch begleitet werden. Im Anschluss wird die Qualität der Gespräche evaluiert.

Evaluation ist jedoch nicht nur in der Einführungsphase von Bedeutung, sondern sollte regelmäßig stattfinden. Unterschiedliche Maße können verwendet werden um festzustellen, ob die Mitarbeitergespräche formal wie inhaltlich ihre Ziele erreichen. Objektive Maße der Evaluation wären z. B. die allgemeine Beteiligungsrate oder die prozentuale Teilnahme der Führungskräfte an Schulungen zum Thema, ggf. sogar harte Daten wie eine verringerte Fluktuation. Subjektive Maße erfassen die Einschätzungen beider Gruppen hinsichtlich des Instruments, beispielsweise durch Fragebögen und Interviews. So könnte erhoben werden, ob der Mitarbeiter in den Gesprächen regelmäßig Informationen über den aktuellen Stand seiner Leistungen erhält, ob die Gespräche dazu beitragen, dass er über die notwendigen Fähigkeiten zur erfolgreichen Leistungserbringung verfügt oder ihm alle notwendigen Ressourcen zur Erreichung seiner Ziele zur Verfügung stehen.

Sind die gewünschten Effekte des Mitarbeitergesprächs nicht eingetreten, müssen Interventionen geplant werden um die Qualität des Prozesses zu optimieren. So können einzelne Führungskräfte intensiver geschult und/oder gecoacht werden, es können Optimierungen an den Gesprächsleitfäden vorgenommen werden oder es kann auch zu einer Ausweitung der Weiterbildungsangebote für Mitarbeiterinnen und Mitarbeiter kommen.

Ein letzter hier betrachteter Belastungsfaktor im Bereich der Arbeitsorganisation ist die zunehmende Menge an Einzel- und Teamgesprächen und deren Form, neudeutsch in Unternehmen auch die sogenannte „Meetingkultur“ genannt. Die zunehmende Klage lautet dabei, dass Besprechungen zu häufig, zu wenig vorbereitet und zu unproduktiv sind.

Quittschau, Tabernig und Pfister (2017) berichten, dass weltweit Beschäftigte im Schnitt pro Woche 4,5 Stunden ihrer Arbeitszeit verlieren, weil sie in Gesprächen, Konferenzen oder Besprechungen sitzen, bei denen sie zwar physisch präsent sein müssen, die aber keinerlei Relevanz für ihre eigentliche Arbeit haben. Zudem wird häufig Optimierungspotenzial bei der Vorbereitung von Besprechungen, der Aufarbeitung/Aufbereitung von Besprechungsergebnissen und der Besprechungsmoderation gesehen.

Dabei schaffen Besprechungen prinzipiell zunächst einmal Gesprächssituationen. Sie stellen somit ein Instrument zur Strukturierung von Kommunikation und Information dar und sorgen bei entsprechender Gestaltung für Transparenz und Lösungen. Schließlich, und das ist ganz wesentlich, schaffen Besprechungen auch Raum für Emotionen. Ebenso werden durch die Art und Weise, wie Besprechungen oder Sitzungen geführt werden, Werte vermittelt: durch Vorbildverhalten, aber auch durch die Inhalte der Kommunikation selbst.

Wie kann eine Besprechungsvorbereitung, Durchführung und Nachbereitung aussehen, die die Teilnehmerinnen und Teilnehmer psychisch fordert und belastet, aber nicht negativ beansprucht? Nachfolgend werden die wesentlichen Schritte in der jeweiligen Phase der Besprechung dargestellt:

Vor der Besprechung:

1. Besprechung systematisch anlegen
   - Erstellung der Agenda mit Hilfe folgender Fragen
   - Was ist das übergreifende Ziel der Sitzung?
   - Welche Tagesordnungspunkte (TOPs)/Themen sollen besprochen werden?
   - Wie viel Zeit wird für die jeweiligen Themen benötigt?
   - Welcher zeitliche Umfang ergibt sich daraus für die gesamte Besprechung?
   - Erstellung einer Teilnehmerliste, Einladung der Teilnehmerinnen und Teilnehmer
   - Welche Informationen sollen die Teilnehmer vorab erhalten?
   - In welcher Weise sollen sich die Teilnehmer auf die zu besprechenden Themen vorbereiten?
   - Welche Dokumente müssen hierfür im Vorfeld zur Verfügung gestellt werden?
   - Rechtzeitige Versendung der Agenda an die Teilnehmerinnen und Teilnehmer mit der Bitte um Rückmeldung

Während der Besprechung:

2. Strukturierte Moderation und Diskussion
   - Begrüßung der Mitarbeiter
   - Vorstellung der Tagesordnungspunkte, Ergänzungen erfragen
   - Weitere Themen können falls passend und möglich mit aufgenommen werden oder auf einen späteren Zeitpunkt/eine zukünftige Besprechung vertagt werden.
   - Die Tagesordnungspunkte werden nacheinander ange-/besprochen, z. B. unter Verwendung von Kreativitäts- und Moderationstechniken
   - Nach der Besprechung eines jeden Tagesordnungspunktes sollte das Ergebnis noch einmal kurz zusammengefasst werden. Dies erleichtert auch die Protokollführung.

  - Wichtig ist hierbei eine Rückversicherung, dass ein einheitliches Verständnis vom erzielten Ergebnis bei den Teilnehmerinnen und Teilnehmern herrscht.
  - Werden Maßnahmen aus den Ergebnissen abgeleitet, sollten diese in einem Maßnahmenplan festgehalten werden (s. Punkt 4)
3. Positive Gesprächsatmosphäre schaffen
  - Der Besprechungsleiter ist v. a. auch für die Gesprächsatmosphäre zuständig. Hierbei kommt ihm/ihr eine besondere Vorbildfunktion zu.
  - Der Besprechungsleiter sorgt dafür, dass
    - Die Teilnehmerinnen und Teilnehmer sich gegenseitig ausreden lassen
    - Wertschätzend kommuniziert wird
    - Einander aufmerksam zugehört wird
    - Alle Teilnehmerinnen und Teilnehmer eingebunden werden
    - Alle ihre Meinung frei äußern können und jeder zu Wort kommt
    - Feedbackregeln eingehalten werden
  - Am Ende der Besprechung sollte auch ein Feedback über den Verlauf der Besprechung eingeholt werden um zukünftigen Optimierungsbedarf ableiten zu können.
4. Verbindlichkeiten schaffen: Festhalten von Besprechungsergebnissen und Maßnahmen
  - Auflistung konkreter Maßnahmen und Aufgaben, die sich aus den TOPs ergeben haben: Was muss getan werden?
  - Wer ist verantwortlich für die Erledigung dieser Maßnahmen/Aufgaben? Sind weitere Personen zu involvieren (zur Mitarbeit oder Information)
  - Bis wann sollen die Aufgaben/Maßnahmen erledigt werden?
  - Der Maßnahmenplan wird Bestandteil des Protokolls
5. Protokoll
  - Das Protokoll stellt eine knappe und übersichtliche Zusammenfassung des Besprochenen je Tagesordnungspunkt dar.
  - Der Protokollführer wird vor Beginn der Besprechung bestimmt. Die Protokollführung kann zwischen den Besprechungsteilnehmern rotieren oder immer von der gleichen Person übernommen werden (koordiniert durch die Leitung)
  - Inhalt
    - Teilnehmer und Protokollführer der Besprechung, Dauer, Ort
    - Was wurde besprochen?

  - Welche Ergebnisse und Vorschläge wurden erarbeitet?
  - Termin der nächsten Sitzung
- Das Protokoll wird im Anschluss an die Besprechung finalisiert und zusammen mit dem Maßnahmenplan zeitnah an alle Teilnehmerinnen und Teilnehmer versendet.

Nach der Besprechung:

- Sicherstellen, dass das Protokoll finalisiert und an die Teilnehmerinnen und Teilnehmer sowie eventuell verhinderte Mitglieder der Runde versendet wird
- Nachverfolgung der Maßnahmenumsetzung:
  - Kontrolle der Zwischenziele
  - Unterstützung anbieten
- Zu Beginn der nächsten Besprechung:
  - Rückblick auf die Maßnahmenumsetzung
  - Feedback einholen
  - Falls notwendig: Optimierungsmaßnahmen vereinbaren und einleiten

Infobox 2.3.2.2 zeigt eine Checkliste, anhand derer man die Qualität der Besprechungen in Organisationen überprüfen kann. Auskunft geben die Teilnehmerinnen und Teilnehmer an den Besprechungen. Ihr subjektives Empfinden bestimmt schließlich auch, ob es sich bei den Besprechungen um (psychische) Belastungen oder eben doch Beanspruchungen handelt.

Infobox 2.3.2.2:
Checkliste für die Qualität von Besprechungen (eigene Entwicklung)

„Kommunikation verbessern“

1. Positive Gesprächsatmosphäre/Besprechungskultur

Positive Gesprächsatmosphäre/Besprechungskultur	**Trifft überhaupt nicht zu**	**Trifft eher nicht zu**	**Trifft eher zu**	**Trifft voll zu**
Die Besprechung wurde sorgfältig vorbereitet.	O	O	O	O
Es wurde aktiv zugehört und es wurden Fragen gestellt.	O	O	O	O
Es wurden günstige Rahmenbedingungen geschaffen (z. B. hinsichtlich Klima, Getränke, Pausen, Sitzordnung).	O	O	O	O
Es wurde auf Pünktlichkeit/die Einhaltung des Zeitplans geachtet.	O	O	O	O

Alle Teilnehmerinnen und Teilnehmer haben sich persönlich begrüßt.	O	O	O	O
Es wurde wertschätzend kommuniziert.	O	O	O	O
Die Kommunikation während der Besprechung war verständlich und freundlich.	O	O	O	O
Es wurde auf die eigene und die Körpersprache der Gesprächsteilnehmer geachtet.	O	O	O	O
Was wir in Bezug auf die Gesprächsatmosphäre in der Zukunft noch verbessern können:				

2. Systematisches Anlegen von Besprechungen

Systematisches Anlegen von Besprechungen	**Trifft überhaupt nicht zu**	**Trifft eher nicht zu**	**Trifft eher zu**	**Trifft voll zu**
Es gab vorab eine Einladung zu der Besprechung.	O	O	O	O
Es wurde eine Tagesordnung vorbereitet und vorab mitgeteilt.	O	O	O	O
Es wurde ein Protokoll der Besprechung erstellt.	O	O	O	O
Das Protokoll der vorherigen Sitzung wurde besprochen und eventuelle offene Fragen geklärt.	O	O	O	O
Diskussionsthemen wurden strukturiert abgearbeitet (Phasenmodell).	O	O	O	O
Nur nach Quartalssitzungen mit dem Vorstand: Es gab einen festen Themenplan, nach dem die Inhalte der Quartalssitzung abgehandelt wurden.	O	O	O	O
Nur nach Quartalssitzungen: Die Informationen wurden auf den eigenen Bereich heruntergebrochen („Was bedeutet das für uns?“).	O	O	O	O
Was wir beim systematischen Anlegen von Besprechungen in der Zukunft noch verbessern können:				

3. Moderation

Moderation	**Trifft überhaupt nicht zu**	**Trifft eher nicht zu**	**Trifft eher zu**	**Trifft voll zu**
Die Besprechung wurde moderiert, es gab keine Monologisierung.	O	O	O	O
In der Besprechung wurde offen mit allen diskutiert (keine Aneinanderreihung von Zwiegesprächen).	O	O	O	O
Die Moderation wurde wo möglich gewechselt.	O	O	O	O
Es wurde möglichst viel visualisiert (bspw. durch Beamer, Flipchart, Präsentation etc.).	O	O	O	O
Die Besprechungsleitung stellte die eigenen Wertungen, Meinungen und Ziele (zunächst) zurück.	O	O	O	O

Die Besprechungsleitung nahm sich selbst bei Diskussionen zurück und hörte zu, statt selber zu reden.	O	O	O	O
Die Teilnehmerinnen und Teilnehmer der Besprechung nahmen sich gegenseitig ernst, alle wurden eingebunden.	O	O	O	O
Das Gespräch wurde durch Fragen geführt.	O	O	O	O
Die Besprechungsleitung fasste die wichtigsten Punkte zusammen, dokumentierte Zwischenziele und arbeitete die nächsten Schritte heraus.	O	O	O	O
Die Besprechungsleitung stellte verbindliche Absprachen sicher.	O	O	O	O
Was wir in Bezug auf das die Moderation von Besprechungen in der Zukunft noch verbessern können:				

4. Rückmeldungen geben und empfangen

Rückmeldungen	**Trifft überhaupt nicht zu**	**Trifft eher nicht zu**	**Trifft eher zu**	**Trifft voll zu**
Es wurden gute Rückmeldungen gegeben (kurz, konkret, konstruktiv).	O	O	O	O
Bei Rückmeldungen gab es keine Rechtfertigungen („ja, aber", „Sie müssen auch mich verstehen" etc.)				
Was wir in Bezug auf die Rückmeldungen in unseren Besprechungen in der Zukunft noch verbessern können:				

5. Verbindlichkeit schaffen

Verbindlichkeit schaffen	**Trifft überhaupt nicht zu**	**Trifft eher nicht zu**	**Trifft eher zu**	**Trifft voll zu**
Es wurden klare Botschaften gesendet.	O	O	O	O
Themen und Inhalte wurden ausführlich erläutert, so dass sie nachvollzogen werden können (Sinn stiften).	O	O	O	O
Durch konkrete Fragen wurde sichergestellt, dass die Themen und Inhalte verstanden wurden.	O	O	O	O
Es wurde auch der Weg zum Ziel besprochen.	O	O	O	O
Verantwortlichkeiten und Zuständigkeiten wurden transparent besprochen und kommuniziert.	O	O	O	O
Die gemeinsam getroffenen Vereinbarungen wurden schriftlich im Protokoll festgehalten.	O	O	O	O
Was wir in Bezug auf Verbindlichkeiten in unseren Besprechungen in der Zukunft noch verbessern können:				

Insgesamt gilt es, bei allen Interventionen, die die Arbeitsorganisation betreffen, ein ausgewogenes Verhältnis zwischen notwendigen, aber auch hinreichenden Bürokratisierungsmaßnahmen einerseits, und agilen, flexiblen und letztlich eigenverantwortlich-selbstbestimmten Handlungsspielräumen andererseits herzustellen. Hier gilt – im übertragenden Sinne – der alte Paracelsus-Satz: „Alle Dinge sind Gift, und nichts ist ohne Gift; allein die Dosis macht's, dass ein Ding kein Gift sei." Dies gilt insbesondere im Bereich der psychischen Belastungen am Arbeitsplatz. Ob daraus im Einzelfall eine Beanspruchung wird hängt alleine von der Dosis ab, und von der intraindividuell und interindividuell durchaus unterschiedlichen „Giftfestigkeit". Dies gilt gleichermaßen für die steigenden Mobilitätsanforderungen und die wachsende Flexibilisierung von Arbeitszeiten, denen wir uns im folgenden Unterkapitel zuwenden.

2.3.3 Mobilitätsanforderungen, Flexibilisierung von Arbeitszeiten und Entgrenzung von Arbeit und Freizeit

Lange herbeigesehnt gilt sie als modern, arbeitnehmer- und familienfreundlich, die Möglichkeit nicht zwingend vor Ort, sondern im „Home Office" oder letztlich von überall, „remote" zu arbeiten (früher auch Telearbeit genannt). Flexibilität ist ein hohes Gut, und kommt dem Grundbedürfnis vieler, gerade auch jüngerer Menschen nach selbstbestimmter Lebensgestaltung entgegen. Tatsächlich hat es aus der Perspektive von subjektiver Belastungsreduktion und Lebensqualität zahlreiche Vorteile, nicht zu festgelegten Zeiten an festgelegten Orten sein zu müssen: Es ist leichter möglich die eigene Arbeitszeit um sonstige Eckpfeiler des eigenen Lebens herum zu organisieren, und so beispielsweise einen Arztbesuch mit dem Kind, die Versorgung pflegebedürftiger Angehöriger, und andere Pflichten in den Tagesablauf zu integrieren. Jungen Eltern ist es möglich, nachmittags Zeit mit ihren Kindern zu verbringen und sich dafür abends noch einmal an den Computer zu setzen, wenn diese im Bett sind. Rüst- und Wegzeiten entfallen, damit kann die Zeit effektiv zum tatsächlichen Arbeiten genutzt werden. Je nach Anfahrt und Verkehrslage kann es einen substanziellen Unterschied ausmachen, von zu Hause aus zu arbeiten – und man kann sogar zwischendurch noch eine Maschine mit Wäsche anwerfen. Die Vorteile sind also in Summe enorm, insbesondere für Menschen, die sich neben ihrer Erwerbsarbeit auch um Familie, Haushalt, Ehrenamt, oder ähnliches kümmern möchten oder müssen. Offensichtlich beschränkt sich die Umsetzbarkeit solcher Modelle auf Berufe, die keine unmittelbare körperliche Anwesenheit fordern. Im Handwerk, im produzierenden Gewerbe, in vielen sozialen Berufen etc. ist der überwiegende Teil der Aufgaben weiterhin zwangsläufig vor Ort zu erledigen. Dennoch, mehr und mehr Berufsfelder umfassen zumindest *auch* Tätigkeiten, die die Arbeitnehmer auf Wunsch räumlich und zeitlich flexibel erledigen können.

Möglich geworden ist dies ebenso offensichtlich vor allem durch die fortschreitende Digitalisierung und Diversifizierung der Möglichkeiten zur Telekommunikation. Dokumente und andere Arbeitsmaterialien lassen sich ohne Zeitverlust hin und her schicken und bearbeiten, Videokonferenzen ermöglichen einen direkten, quasi persönlichen Austausch über Kontinente hinweg, VPN-Tunnel gewährleisten Sicherheit und Datenschutz, Cloud-Speichersysteme Transparenz, selbst wenn mehrere Menschen von verschiedenen Orten auf die gleichen Arbeitsmaterialien zugreifen.

Zweifelsohne ließe sich die Liste der Vorteile fortsetzen. Allerdings treten mittlerweile auch die Nachteile dieser enormen Flexibilisierung zutage. Mit der Möglichkeit letztlich fast immer und von fast überall arbeiten zu können geht implizit auch die Verpflichtung einher, dies auch zu tun. Längere Zugfahrten, freie Abende, ein Teil des Wochenendes, auch Autofahrten können dank Freisprechanlage (und künftig wohl auch selbstfahrender Autos) zum Arbeiten genutzt werden. Dank mobiler Endgeräte und in aller Regel stets verfügbarem Internetzugang kann man am Bahnsteig eben noch eine E-Mail beantworten, im Wartezimmer ein Dokument gegenlesen, vom Waldspaziergang aus einen Termin bestätigen. Zeiten, die früher Pausencharakter hatten, in denen man abschalten konnte, entsprechen nun eher einem Stand-by-Modus. Es gibt kaum eine Situation mehr, in der man nicht eigentlich verfügbar ist.

Neben dieser zeitlichen spielt auch die räumliche Entgrenzung eine große Rolle. Niederlassungen, Zulieferer, und Kunden in der ganzen Republik, oder je nach Branche auch in der ganzen Welt zu haben, ist längst auch für kleine und mittelständische Unternehmen eher die Regel als die Ausnahme. Die Anzahl von Stellen, in denen eine hohe Reisebereitschaft gefordert ist, ist entsprechend gestiegen (Bathmann, Cornelißen & Müller, 2013) und längst nicht mehr Privileg der Führungskräfte (Roller & Vogl, 2013). Das Interview in Infobox 2.3.3.1 veranschaulicht das Zusammenspiel von Mobilitätsanforderungen und globalen Prozessketten und deren Auswirkungen an einem Praxisbeispiel.

Infobox 2.3.3.1:
Praxisbeispiel Globalisierung und Mobilitätsanforderungen am Beispiel Sondermaschinenbau – Gespräch mit Herrn K., Anfang 30, Physiker in der Mikrotechnologiebranche

Herr K., Sie sind in der Mikrotechnologiebranche tätig. Was darf ich mir dazu vorstellen?
Wir bauen intelligente Fertigungssysteme. Dabei ist jede Maschine individuell auf die Anforderungen des Kunden zugeschnitten. Das, was die Maschinen dann später im Fertigungsprozess leisten, wird in China und Thailand teils noch manuell gemacht, dort hat man die Expertise, und dort ist das noch billig. Es gibt mittlerweile zwar auch Anlagenbauer aus dem

Raum, die das so machen wie wir, aber eben in viel schlechterer Qualität. Unsere Konkurrenz kommt überwiegend aus Europa. Unsere Kunden wollen also ihre Bauteile auf unseren Anlagen produzieren. Manuell können die Asiaten vielleicht vier Stück pro Stunde produzieren, unsere Maschine zehn. Diese höhere Menge wird vom Kunden vorab mit in die Kalkulation genommen und schon an seine Kunden verkauft. Das bringt dann oft einen enormen Zeitdruck in unsere Prozesse.

Was heißt das für Sie konkret?

Wir sind am Ende der Kette. Wenn eine Anlage fertig ist, führen wir sie dem Kunden vor und zeigen, dass sie kann was sie soll, einmal hier und einmal vor Ort. Erst wenn beide Abnahmen erfolgt sind, kriegen wir als Firma unser Geld. Wenn irgendwo Verzögerungen reinkommen, z. B. weil ein Zulieferer nicht liefert, müssen wir das wieder rausholen, damit wir den Termin halten können. Dabei muss man immer eng mit den Kunden kommunizieren, also auch bisschen Projektleitung, das ist das interessanteste an dem Job.

Wenn Sie vor Ort die Endabnahmen durchführen, reisen Sie auch regelmäßig?

Letztes Jahr war ich vier Mal in Asien, einmal vier Wochen am Stück. Das ist dann auch spontan verlängert worden, das kann sich schon mal ergeben, weil eben irgendwas noch nicht ganz korrekt funktioniert. Da wird von uns schon eine extreme Flexibilität erwartet. Also natürlich wird man gefragt und es ist ja auch jedem von vorneherein klar, dass das dazu gehört, wir sind eben eine kleine Firma. Dadurch, dass ich derzeit keine Freundin habe ist das für mich leichter. Ein Kollege hat neulich ziemlich Überstunden machen müssen, weil wir Kunden versprochen hatten, in der halben Zeit fertig zu werden. Der hat seinen kleinen Sohn dann kaum mehr gesehen in der Zeit.

Das heißt, Ihr Job ist mit Familie kaum vereinbar?

Die enge Taktung bedeutet schon extrem wenig Planbarkeit. Ich habe bei meiner ersten Reise am Donnerstag erfahren, dass ich am Samstag nach Asien fliege. Wie gesagt, das weiß bei uns jeder, das wird im Bewerbungsgespräch klar gesagt, wer das nicht kann oder will, der wechselt auf andere Posten ohne Reisetätigkeit. Man muss schon manchmal sehr spontan sein, und eine Reise kann sich dann eben auch verlängern.

Wie wird in der Firma mit der Situation umgegangen?

Also bei uns gab es noch keinen mit Burnout, aber tatsächlich hatte jetzt jemand mehrere Hundert Überstunden. Wir alle sind gewohnt viel zu arbeiten, die meisten kommen direkt von der Uni, sind frisch promoviert, zehn Stunden pro Tag kennt man dann eben und ist auch bereit dazu. Wenn eine Anlage verschoben und daher verspätet fertiggestellt wird, wartet direkt schon die nächste. Da kann man dann auch keine Urlaubstage dranhängen an so eine Auslandsreise. Immerhin zählt der Sonntag dabei als Überstunden, und bei uns werden die sogar ausbezahlt. Aber inzwischen bin ich soweit, dass ich sie lieber abfeiere – ich habe lieber einen Tag Zeit als einen Tag Geld. Mit dem Abfeiern muss man sich natürlich auch wieder in die Zyklen der Projekte einfügen.

Was Sie beschreiben ist ja gewissermaßen der Inbegriff von Industry 4.0. Ihre Anlagen ersetzen Arbeitsplätze, Ihr Arbeitsplatz ist hingegen ziemlich zukunftssicher. Was gibt es noch, was die besonderen Anforderungen aufwiegt, was macht den Job für Sie attraktiv?

Insgesamt die enorme Abwechslung, man muss programmieren, man muss handwerklich anpacken können, und vieles steht und fällt mit der Kundenkommunikation. Es sind immer wieder andere Produkte, immer wieder andere Kunden, auf die man sich einstellen muss, man lernt jedes Mal dazu und kann sein wissenschaftliches Know-how einbringen. Manchmal ist auch etwas repetitiv, aber das kommt selten vor. Es gibt einfach immer wieder spannende neue Herausforderungen, und dann macht es halt wirklich Spaß.

Für Berufseinsteiger wie Herrn K., die am Beginn ihrer Karriere stehen, sind die geschilderten Anforderungen an Flexibilität und Reisebereitschaft kein großes Problem. Im Gegenteil: Die Möglichkeit, internationale Berufserfahrung zu sammeln, Sprachkenntnisse zu verbessern, und etwas von der Welt zu sehen, stellt oft einen sehr attraktiven Anreiz dar. Wer allerdings Familie hat, oder gar Angehörige zu pflegen oder kleine Kinder zu versorgen, für den sind die Mobilitätsanforderungen eine kaum zu nehmende Hürde und damit oft ein Karrierehemmnis. Je nach wirtschaftlicher Situation der Familie ergeben sich hieraus häufig psychische Belastungen, die nicht nur den Arbeitnehmer selbst, sondern eben auch Partner oder Partnerin, Kinder und das weitere soziale Umfeld betreffen. Wer nicht gerade ein Au-Pair-Mädchen beschäftigt, rüstige Großeltern oder fantastische Nachbarn im sozialen Netz hat, für den bedeutet Mobilität im Job in der Regel, dass der Partner seine oder – nach wie vor viel häufiger – die Partnerin ihre Karriere deutlich hintenanstellen muss (Bathmann et al., 2013). Während sich bei Alleinstehenden kein Geschlechtsunterschied in der Mobilität zeigt, sinkt mit der Familiengründung die Mobilität von Frauen drastisch, die von Männern bleibt demgegenüber weitgehend unbeeinflusst (für einen Überblick zur Befundlage s. Bathmann et al., 2013).

Schier (2010) zufolge ergeben sich aus den gestiegenen Mobilitätsanforderungen diverse Belastungen für das Alltags- und Familienleben. Selbstverständlich ist hier zunächst die Zeit für Arbeitswege zu nennen, die ebenso von der frei verfügbaren Freizeit abgeht wie der Aufwand für Dienstreisen. Sind die Entfernungen nicht mehr durch tägliches Pendeln zu bewältigen, entsteht eine sogenannte Multilokalität von Familie, dann nämlich, wenn häufig auch woanders übernachtet werden muss. Diese Lebensform verlangt von den Beteiligten eine Menge organisatorischer Umgestaltung. Diese betrifft nicht nur praktische Seiten, wie die mehrfache Haushaltsführung und die Überbrückung unterschiedlicher Sozial- und Handlungsräume, sondern auch die Frage, wie Nähe und Beziehung zwischen den Familienmitgliedern gestaltet und gelebt werden kann. Gemeinsamkeit zu wahren, wenn es wenig räumliche oder zeitliche Überlappung im Alltag gibt, ist sowohl für die Partner als auch für die Beziehung zwischen Eltern und Kindern eine besondere Herausforderung.

Dabei macht es für die Qualität der Beziehung einen großen Unterschied, ob die berufliche Tätigkeit von vorübergehenden längeren Abwesenheiten geprägt ist, auf die aber auch wieder längere Zeiten zu Hause folgen (sog. Varimobilität), oder vom sogenannten Wochenpendeln. Am vom Wohnort für tägliches Pendeln zu weit entfernten Arbeitsort einen zweiten Wohnsitz einzurichten, ist häufig die Alternative zum Umzug für die gesamte Familie, über den zum Beispiel ein Schulwechsel der Kinder und andere Brüche in Sozialstrukturen vermieden werden können. In diesen Fällen ist für alle transparent und planbar, wann gemeinsame Zeit möglich ist (typischerweise am Wochenende), und diese kann so besonders bewusst und mit besonders schönen Aktivitäten gemeinsam verbracht werden. Andererseits fehlen damit unter Umständen Ruhephasen. Auch stellt sich sicher in einigen Fällen die Frage, wie sehr diese Qualitätszeit nach einer anstrengenden Arbeitswoche und angesichts möglicherweise unrealistisch hoher Erwartungen, einem schlechten Gewissen etc. wirklich genossen werden kann. Oft ist die Zeit zu kurz, und die Alltagserfahrungen der Familienmitglieder sind immer weniger anschlussfähig. Hier bietet die Varimobilität insofern Vorteile, als immer wieder für längere Zeiträume am Stück ein intensives gemeinsames Erleben auch von Alltag möglich ist, wovon die Beziehung zwischen Eltern und Kindern in der Regel sehr profitiert (Schier, 2009). Auch berichten einige Eltern, dass die eigene Beziehung zu den Kindern in den Phasen, in denen der Partner oder die Partnerin abwesend ist, intensiv ist und damit ebenfalls profitiert (Schier, 2010).

Noch hat es sich hierzulande nicht durchgesetzt, dass die Firma quasi auch die Freizeitgestaltung unter ihre Schirmherrschaft nimmt. Was in Japan und Südostasien längst üblich ist, stellt bei uns bislang eher noch die Ausnahme dar: firmeneigene Sport und Freizeitangebote inklusive Abend- und Wochenendveranstaltungen, teils mit, teils ohne Familienangehörige. Was zunächst als angenehmes Zusatzangebot, oder gar Maßnahme der Förderung von Work-Life-Balance erscheint, kann gerade vor dem Hintergrund der oben ausgeführten Aspekte auch enormen Druck auf die Arbeitnehmerschaft ausüben. Wie begründet man, dass man nicht zweimal pro Woche mit den Kollegen Badminton spielen möchte, sondern vielleicht einmal andere Leute sehen, dass man das Wochenende mit der Familie alleine genießen möchte? Angebote kommunizieren immer auch eine Erwartungshaltung, nämlich, dass das Angebot angenommen wird. Eine Ablehnung kann schnell als geringe Identifikation mit dem Arbeitgeber interpretiert werden.

Eine weitere massive Entgrenzung zwischen Beruf und Privatleben entsteht, wenn Arbeitgeber ihren Angestellten Wohnraum schaffen oder günstig vermitteln. Dies ist zweifelsohne gut gemeint, zumal in Ballungsräumen. Allerdings entstehen so schnell ganze Siedlungen, in denen die Nachbarschaft quasi ausschließlich aus Kolleginnen und Kollegen mit ihren Familien besteht (z. B. das geplante Facebook-Dorf im US-amerikanischen Silicon Valley oder die auch „T-Mobile-Land" genannten rechtsrheinischen Stadtteile von Bonn). Hier werden die Kinder mit hoher Wahrscheinlichkeit überwiegend zusammen mit den Kindern von Kollegen in die Kita, die Musikschule oder den Sportverein gehen, und man selbst ebenso wie Partnerin oder Partner bei der Nutzung wohnortnaher Freizeitangebote überwiegend die Kollegen und deren Partnerinnen und Partner treffen. Dies kann mit sich bringen, dass sich andere Kontakte reduzieren und man seine Freizeit in einer zunehmend selektiven „Blase" verbringt, und unter dem fast allgegenwärtigen Blick der Kollegen auch im eigenen Garten, beim Sport oder in der Kneipe kaum mehr wirklich „privat" unterwegs ist (vgl. von Kittlitz, 2017). Ob dies eine Beanspruchung darstellt oder nicht, ist sicher interindividuell sehr unterschiedlich.

2.3.4 Umgang mit permanentem Change und wachsender Unsicherheit

Früher waren Veränderungsprozesse in Unternehmen etwas, für das man einen bestimmten Zeitraum angesetzt und das man dann als abgeschlossen betrachtet hat. Diese Perspektive spiegelt sich nach Auffassung vieler im seit seiner Publikation 1947 bis heute häufig zitierten Modell des Sozial- und Organisationspsychologen Kurt Lewin wider (für eine besondere Würdigung von Lewins Beitrag siehe Burnes, 2004). Lewins Modell postuliert drei Stadien geplanten Wandels und ist in Abbildung 2.3.4.1 dargestellt.

Abbildung 2.3.4.1 *Drei Stufen geplanten Wandels nach Lewin (1947)*

Im ersten Stadium des Auftauens bedarf es Informationen und Feedback, um überhaupt die Bereitschaft zum Wandel herzustellen und eine Vision von einer besseren Zukunft zu entwickeln. Der eigentliche Veränderungsprozess findet in Phase Zwei statt, hier werden Ziele und mögliche Wege dorthin ausgearbeitet und in kurzen iterativen Versuch- und -Irrtums-Schleifen ausprobiert, im

Ergebnis entstehen neue Einstellungen oder Verhaltensmuster. In der dritten Phase sollen sich die Veränderungen etablieren und stabilisieren, sodass erneut ein Gleichgewichtszustand zwischen den wirkenden Kräften erreicht wird, allerdings auf höherem Niveau als vorher (vgl. auch Werther & Jacobs, 2014). In der Kürze dieser Darstellung deutet sich lediglich an, dass Lewins Changemodell unter anderem von seiner Feldtheorie, der Aktionsforschung und anderen seiner umfangreichen Arbeiten beeinflusst war und der dynamischen Komplexität von Veränderungsprozessen weit besser Rechnung trug als häufig kritisiert wird. Heute wird Wandel mehr denn je als Dauerzustand von Systemen verstanden.

Eines der bekanntesten neueren Prozessmodelle stammt von Kotter (1996; s. a. Rathgeber & Kotter, 2017), und propagiert – vor dem Hintergrund einer umfassenden Analyse häufiger Scheiternsgründe – acht Schritte für die proaktive Gestaltung eines erfolgreichen Change-Prozesses.

Infobox 2.3.4.1:
Acht Schritte zur gelungenen Implementierung von Wandel (nach Kotter, 1996)

1. Gefühl von Dringlichkeit erzeugen: Situationsanalyse, frühzeitiges Erkennen von Krisen und Chancen.
2. Aufbau einer Führungskoalition: Bildung eines kompetenten Teams zur Steuerung des Wandels.
3. Entwicklung einer richtungsweisenden Vision und Strategie zu deren Umsetzung.
4. Umfassende Kommunikation von Vision und Strategie, Vorleben der Vision.
5. Befähigung der Mitarbeiter: Systeme und Strukturen anpassen, Ermutigung zu Risikobereitschaft und neuen Ansätzen.
6. Erzielen schneller Erfolge: sichtbare Verbesserungen planen und konsequent aufzeigen.
7. Konsolidierung der Erfolge und Einleitung weiterer Veränderungen: weitergehende Anpassung aller Systeme und Strukturen an die neue Situation, Menschen, die die Vision tragen, fördern.
8. Verankerung des erreichten Wandels in der Kultur: Maßnahmen, die Erfolge mit Wandel in Verbindung bringen und nachhaltig sichern, zum Beispiel durch Personalentwicklung.

Betont sei, dass stets eine professionelle Begleitung von Veränderungsprozessen empfohlen wird, um die psychischen Beanspruchungen für die Beschäftigten angemessen abzufedern und die Chancen, die Veränderungsprozesse bieten, für alle gut nutzbar zu machen. Dies gilt umso mehr, als Umstrukturierungen und organisationaler Wandel in fast allen Unternehmen eben mittlerweile weniger einen Ausnahmezustand als die Regel darstellen, es gibt keinen Lewin'schen „Refreeze" mehr. Für die Betroffenen stellen Change-Prozesse nicht selten ein hochgradig emotionales und phasenweise deutlich beanspruchendes Geschehen dar. Hierzu unterscheidet Streich (2016) die folgenden sieben Stufen

- Schock
- Verneinung, Ablehnung
- Rationale Einsicht
- Emotionale Akzeptanz
- Ausprobieren
- Erkenntnis und schließlich
- Integration.

Vielfach ist es bereits hilfreich für Personen außerhalb des Steuerungsteams, diese typischen Phasen der Reaktion auf Veränderungen transparent zu machen, das eigene Erleben offen zu thematisieren und schneller in die Bereitschaft zur Akzeptanz und zum Ausprobieren zu kommen. In diesem „Perma-Change" gut zu überleben, stellt sowohl die Mitarbeiterschaft wie die Führungskräfte vor einige Herausforderungen.

Im Wandel führen

Was die Führungskräfte im Umgang mit Verunsicherung durch Veränderungen vor allem tun sollten, ist möglichst umfassend zu informieren, in ständigem Austausch zu bleiben, und die Anstrengungen aller zu würdigen. Dazu gehört auch, immer wieder die Erwartungen der Mitarbeiter zu erfragen, regelmäßig und strukturiert die Möglichkeit anzubieten sich einzubringen, individuelle Ressourcen zu stärken und Unterstützung zu geben, sowie – ganz wichtig – mit Kotter (1996) kleine Erfolge sichtbar zu machen und zu feiern (vgl. Stegmeier, 2016). Unter dem Stichwort Transformationale Führung ist es wesentlich für das Gelingen von Veränderungsprozessen, Visionen zu entwickeln und diese anschaulich zu kommunizieren, sich glaubwürdig für die Sache zu engagieren und somit Vorbild zu sein, zu neuen Perspektiven und Lösungen zu ermutigen. Nur wer so selbst eine hohe Offenheit für Neues lebt, kann dafür sorgen, dass sich diese in der Folge auch auf die Einstellungen und Werte der Mitarbeiter auswirkt (Stegmeier, 2016). Ein weiterer zentraler Wert ist das Bedürfnis nach Autonomie und Selbstkontrolle. Dieser kann beispielsweise durch eine veränderungsbedingt stärkere Standardisierung von Abläufen bedroht sein. Hier neue Handlungsspielräume aufzuzeigen, kann ebenfalls Belastungen und erlebten Stress maßgeblich reduzieren und Sicherheit vermitteln.

Grannemann und Seele (2016) unterscheiden hier drei Formen der Kontrolle:

- Handlungskontrolle: man kann aktiv Einfluss nehmen und Entscheidungen treffen,
- kognitive Kontrolle: man kann zwar nicht entscheiden, aber nachvollziehen was warum wie passiert,
- emotionale Kontrolle: auch wenn man nicht entscheiden oder nachvollziehen kann, was passiert, ist man ausreichend stabil, mit den Einflüssen umzugehen.

Weiterhin benennen die Autoren in diesem Zusammenhang zwei typische und häufige Fehler von Führungskräften im Umgang mit der Angst der Mitarbeiter vor Unsicherheit und Kontrollverlust. Zum einen greifen einige Führungskräfte auf ein Muster der Paternisierung zurück, sie signalisieren quasi als starke Vater- bzw. Mutterfigur, alles im Griff zu haben, beruhigen und trösten. Übernimmt eine Führungskraft diese Rolle, übernimmt sie zugleich eine unmögliche Aufgabe und verspricht letztlich zu viel. Aus Gesamtsicht verbleibt zu viel Verantwortung bei der Führungskraft, zu wenig bei den Mitarbeitern. Das zweite Verhaltensmuster nennen Grannemann und Seele (2016) Fraternisierung und es umfasst in verschiedener Hinsicht das Gegenteil: Die Führungskraft verbrüdert bzw. verschwestert sich mit den Mitarbeitern frei nach dem Motto „ich weiß auch nicht, was die da oben sich dabei denken". In dieser Rolle übernimmt sie nicht nur keinerlei Verantwortung für das Gelingen des Prozesses, sondern vermittelt auch keinerlei Sicherheit oder Orientierung

Empfehlenswert wäre demgegenüber ein Führungsstil, der geprägt ist von Offenheit und Realitätsbezug, der Handlungsfähigkeit stärkt und weder falschen Optimismus, noch falschen Pessimismus vermittelt. Sofern es gelingt, stets transparent zu machen, was schon feststeht und was noch gestaltbar ist, beugt man nicht nur Ängsten und Gerüchten vor, sondern holt die Leute aktiv ins Boot. Entgegen der klassischen partizipativen Forderung, man möge Betroffene zu „Beteiligten" machen, werden die Mitarbeiter so zu „Besitzern" der Veränderung (Grannemann & Seele, 2016): sie dürfen sich nicht nur beteiligen und irgendwie mitmachen, sondern übernehmen Verantwortung und gestalten den Wandel aktiv aus. Entscheidend ist dabei den Autoren zufolge eine grundsätzlich andere Haltung und Perspektive. Im Idealfall erleben sich die Mitarbeiter nicht mehr als der Veränderung gegenüberstehend (so dass etwas – im Zweifel Bedrohliches – auf sie zukommt), sondern als in der gleichen Perspektive ausgerichtet, also parallel in der Vorwärtsbewegung, mit Blick auf das Ziel agierend.

Mit dem veränderten Stellenwert von organisationalem Wandel einher geht auch, dass sich klassische Vorstellungen von langfristiger strategischer Führung zumindest teilweise überlebt haben. Strategische Führung bedeutet nicht mehr, eine feste Richtung oder gar fertige Antworten im Sinne eines Fünf-Jahres-Plans vorzugeben. In einer dynamischen Umwelt, die ständig neue Herausforderungen mit sich bringt, muss strategische Führung in erster Linie den Spielraum sicherstellen, diesen agil begegnen zu können. Folgt man dem stellvertretenden Springer-Chefredakteur und Digitalisierungsexperten Christoph Keese (im Interview mit dem Deutschlandfunk anlässlich des EU-Digitalgipfels 2017 in Tallinn) „ist es die Aufgabe von Firmenleitungen heute, geradezu gar nicht mehr aus meiner Sicht inhaltliche Antworten zu geben, sondern die Suche nach diesen Antworten zu organisieren, vielleicht sogar die Suche nach der Frage zu organisieren. Das scheint mir die wichtigste Führungsaufgabe heutzutage zu sein." (Deutschlandfunk, 2017). Entsprechend empfiehlt er netzwerkartige Organisationsstrukturen, da diese – nach dem Vorbild natürlicher komplexer Systeme – durch ihre höhere Konnektivität und Flexibilität eine weitaus schnellere Anpassung an veränderte Umweltbedingungen ermöglichen.

Veränderte Erwerbsbiografien

Die Veränderungen am Arbeitsmarkt bringen für den Einzelnen viele Möglichkeiten mit sich, sich zu entfalten, Verantwortung zu übernehmen, räumlich wie zeitlich selbstbestimmter zu arbeiten. Der Preis für die Freiheit ist jedoch eine teils recht radikale Einbuße an Sicherheit. Erwerbsbiografien verlaufen nur noch in absoluten Ausnahmefällen linear und vorhersagbar. War es früher der Regelfall, vom Ausbildungsbetrieb übernommen zu werden und dort die nächsten 35 oder 40 Jahre zu verbringen, so ist dies heute kaum denkbar und auch selten attraktiv.

Es ist offenkundig, dass der extreme Rückgang unbefristeter Arbeitsverhältnisse und die Zunahme kurzfristiger oder sogar prekärer Beschäftigungsverhältnisse im Rahmen der Flexibilisierung des Arbeitsmarktes für den Einzelnen eine hohe Belastung darstellt. Spätestens wer Familie gründen und möglicherweise Wohneigentum erwerben möchte, ist auf ein Minimum an Planbarkeit der Existenzsicherung angewiesen. Häufige Umstrukturierungen, Verlagerung von Produktions- und teils auch Dienstleistungselementen ins Ausland, und insbesondere natürlich der Personalabbau stellen ohne jeden Zweifel eine Belastung, um nicht zu sagen eine Bedrohung für den einzelnen Arbeitnehmer dar. Mit der Flexibilisierung von Erwerbsbiografien geht also eine extreme Arbeitsplatzunsicherheit einher.

Eine Möglichkeit, mit Arbeitsplatzunsicherheit umzugehen ist, selbst zu gründen und sein eigener Chef zu werden. Gründungen werden durch zahlreiche Initiativen von Bund und Ländern unterstützt, durch Infrastruktur wie Inkubatoren ebenso wie durch die Ausschreibung von Preisen für innovative Konzepte und Businesspläne, finanzielle Starthilfen, günstige Kredite, etc. Eine

Zunahme von Gründungen gilt oft als Signal für Ideenreichtum, Unternehmergeist, einen guten Geschäftsklimaindex und die Innovationskraft einer Stadt oder eines Landes. Es gibt allerdings wenig verlässliche Untersuchungen dazu, wie hoch der Prozentsatz derer ist, die eher unfreiwillig, nämlich aus der (drohenden) Arbeitslosigkeit heraus, in die Selbstständigkeit gehen, die bei allem Risiko dennoch mehr Kontrolle und Gestaltungsmöglichkeiten verspricht als viele abhängige Beschäftigungsverhältnisse.

Auch und besonders kleine Unternehmen erleben Veränderungen, hier oft weniger durch „Umstrukturierung von oben" oder Mergers and Acquisitions, als ganz unmittelbar durch ein immer schnelllebigeres Marktgeschehen bedingt. Gerade in neuen, von Digitalisierung geprägten Branchen sind die Produktzyklen kurz, der Takt hoch, und damit auch die Anforderungen an die Geschwindigkeit und Flexibilität, mit der interne Prozesse ablaufen müssen. Das folgende Interview in Infobox 2.3.4.2 veranschaulicht die damit einhergehenden Herausforderungen:

Infobox 2.3.4.2:
Praxisbeispiel zu veränderten Erwerbsbiografien und Anforderungen an kleine Unternehmen in schnelllebigen Branchen – Gespräch mit Herrn D., Mitte 40, selbstständiger Unternehmer im IT-Bereich

Herr D., Sie haben sich vor einigen Jahren selbstständig gemacht und ein kleines Unternehmen gegründet. Wie kam das, und was macht Ihr Unternehmen?

Ja, ich habe vor knapp zehn Jahren gegründet, wir bieten alles rund um Software-Dienstleistungen im Werbeumfeld an. Auslöser war, dass ich tatsächlich damals meinen Job verloren habe, ziemlich aus heiterem Himmel, und ohne eigenes Verschulden. Ich bin schon ein ängstlicher Typ, aber das war dann kein Thema zu dem Zeitpunkt, irgendwie musste es ja weitergehen. Und so stehe ich auf meinen eigenen Füßen, ich will unabhängig sein. Das kann über viele Phänomene hinwegtrösten.

Welchen Herausforderungen haben Sie sich dabei gegenübergesehen?

Damals war eine beschissene Zeit um zu gründen in dem Bereich, noch dazu war unsere Zielgruppe unklar. Das ist dann schon ein Unterschied, ob man sich als Selbständiger versteht, oder als Unternehmer, also als Firma mit inhaltlicher Vision. Ich selbst kam ja aus dem Freelancertum. Der Wendepunkt war für mich persönlich, dass ich mich erstmal nicht als Unternehmer empfunden habe, sondern eher als technischer Frickler. Ich muss aber klar bei uns die kaufmännische Rolle wahrnehmen. Wichtig ist, den 360° Blick hinzukriegen. Gemeinsam für ein Thema zu brennen schweißt zwar zusammen, aber wir Tekkies übersehen dann gerne mal rechtliche Themen, soziale Themen, Rollenkonflikte, Kaufmännisches und sofort. Die Herausforderung war definitiv, marktorientiert zu denken.

Was würden Sie in diesem Zusammenhang für besonders wichtig halten?

Sich schnelles Feedback holen, damit man flexibel bleibt. Anderen würde ich sagen: Traut euch auch die Meinung einzuholen, dass etwas scheiße ist, und dann macht halt was anderes. Das ist jetzt für mich gerade nach acht Jahren das Entscheidende: du brauchst eine Vision für deine Firma. Was ich mache ist eigentlich sehr konkret, aber man muss es abstrakter definieren, damit es von Bestand ist. Dabei hilft die Vision: wir wollen einer bestimmten Kundengruppe etwas Gutes tun, wir finden Medien geil, die haben viel Softwarebedarf ... Dann packst du das halt von einer anderen Ecke an. Diese Perspektive hilft, auch durch finanzielle Talsohlen durchzugehen. Nur selbstständig zu sein um damit Geld zu verdienen, ist eine schlechte Basis, das reicht echt nicht aus. Man muss etwas wollen.

Was braucht es noch, um mit den Herausforderungen eines so schnelllebigen Marktes gut umgehen zu können?

Ein Kompetenzprofil, das steht ja auch in allen Büchern, aber ich habe erst nicht gesehen, dass es für uns relevant ist. Ein Misserfolg kann da sehr hilfreich sein, was die Schärfung des Bewusstseins angeht. Wir hatten einen Businessberater, und insgesamt viel Support am Anfang. Aber im Grunde bräuchte man den auch noch mal in einer späteren Phase, zum Beispiel um wichtige Entscheidungen gut zu treffen, und immer wieder diesen 360° Blick zu kriegen.

Gibt es Punkte, die Sie als besonders belastend erlebt haben oder erleben?

Kritisch wird es, wenn einer die Muffen kriegt. Und je mehr man dann an Umsatz macht, desto größer wird die Belastung. Mit festangestellten und freien Mitarbeitern haben wir jetzt insgesamt zehn Leute, das ist schon Verantwortung, da muss jeden Monat das Geld reinkommen. Man muss das Auf und Ab aushalten. Es gab Phasen, da haben wir uns von Monat zu Monat durchgefressen, aktuell sind die Bücher wieder auf ein halbes Jahr gefüllt, aber natürlich springen auch mal Kunden kurzfristig ab. Wirklich planen kann man nicht. Mit dieser Unsicherheit leben zu können, das ist auf jeden Fall ein absolutes Kernthema, gerade in so einer extrem schnellen Branche.

Und wo sehen Sie Besonderheiten auf der positiven Seite, was sind Ihre Highlights?

Ich erlebe immer wieder Kunden, die mich einfach total motivieren, die z. B. auch einen wirklich fairen Umgang im Business pflegen. Manchmal entstehen da gemeinsam dann tolle Ideen, man kann etwas wirklich Neues entwickeln, aber dazu muss man auch bereit sein. Sicher ist das eine meiner Stärken, Lernbereitschaft, und immer etwas ausprobieren zu wollen. Manchmal braucht es auch Hartnäckigkeit, manche Projekte sind halt kompliziert und selten ist die Lösung direkt klar. Man braucht dann das direkte Feedback, dann kann man auch schnell etwas verändern und alle

> Gestaltungsmöglichkeiten nutzen. Diese Freiheit, darüber eine echte Dienstleistung zu kreieren, immer wieder, die gibt Energie. Und das ist dann auch der enorme Vorteil eines kleinen Teams, dass wir diese Flexibilität haben. Jeder bringt etwas Spezielles mit, und ein Händchen für dieses oder jedes, und damit kann sich auch jeder einbringen und wir können veränderten Anforderungen schnell begegnen.

Es wird deutlich, wie sich die Schnelllebigkeit von Märkten und Produkten hier unmittelbar in ebenso schnellen Anpassungserfordernissen niederschlagen. Für Herrn D. haben sich die Folgen des Wandels direkt auf seine berufliche Entwicklung ausgewirkt, weiterhin muss er in der Gestaltung der angebotenen Dienstleistungen stets in hoher Geschwindigkeit agieren und reagieren.

Aus der allumfassenden Digitalisierung ergeben sich wiederum völlig neue Qualitäten von Dienstleistungen, beispielsweise alle Arten von Plattformanbietern, die im wesentlichen Angebote und Nachfragen zusammenbringen, ohne darüber hinaus eine eigene Leistung anzubieten (Keese, 2016). Gerade in dieser Branche, in der sich zahlreiche Gründer und kleine Start-Ups zu positionieren versuchen, ist die im Interview beschriebene schnelle Reaktionsfähigkeit essenziell. Keese (2016) betont, dass hier nach dem Vorbild typischer Silicon Valley – Erfolgsgeschichten das Prinzip des so genannten Minimal Viable Products regiert. Hier werden neue Ideen so schnell wie möglich in minimalistischer Form zur Marktreife gebracht und getestet. Rückmeldungen der Nutzer und Wünsche nach zusätzlichen Features werden im Prozess aufgegriffen und in Weiterentwicklungen integriert. Nach diesem Modell ist beispielsweise der Nachrichtendienst WhatsApp international extrem erfolgreich an den Markt gegangen. Gestartet ist der Dienst mit einfachen Textnachrichtenfunktionen, die Möglichkeit Fotos und Sprachnachrichten zu verschicken kam erst später hinzu, noch später die Sprachanruffunktion. Diese Methode einer flexiblen, adaptiven, und nah an den Nutzerbedürfnissen orientierten Gestaltung gerade digitaler Produkte steht nach Keeses Einschätzung in deutlichem Gegensatz zur in Deutschland vorherrschenden Innovations-Kultur. Hier würde man, so Keese im Deutschlandfunk (2017), zunächst sämtliche möglichen Funktionen entwickeln und sorgfältig durchtesten, um dann das fertige Komplettpaket rauszubringen – mit dem Risiko, Monate oder gar Jahre später am Markt zu sein als die Konkurrenz, und möglicherweise noch dazu an den aktuellen Bedürfnissen der Nutzer vorbei entwickelt zu haben.

Eine solche Beschleunigung mag einerseits faszinierende Herausforderung sein, andererseits kann sie gerade bei Selbstständigen auch zu exzessivem Arbeiten und einer gestörten Work-Life-Balance führen, wie in den folgenden Abschnitten weiter ausgeführt wird.

2.4 Intrapersonale Folgen dieser Rahmenbedingungen

Es lässt sich feststellen und festhalten, dass sich die Arbeitswelt durch die voranschreitende Digitalisierung, die Globalisierung und soziodemographische Entwicklungen grundlegend und nachhaltig verändert hat und weiter verändern wird. Es werden neue Geschäftsmodelle und Wettbewerbsstrukturen entstehen, zudem werden sich Arbeitsinhalte und die Organisation von Produktions- und Arbeitsprozessen wandeln. Welche Auswirkungen und Folgen diese massiven Umwälzungs- und Innovationsprozesse für den Einzelnen haben werden, lässt sich (noch) nicht mit Sicherheit sagen und muss immer auch individuell betrachtet werden. Es lassen sich in der öffentlichen und auch wissenschaftlichen Diskussion jedoch Themenfelder ausmachen, die die (möglichen) Folgen der Veränderungen für den Einzelnen fokussieren.

Hierzu gehören Phänomene wie das exzessive Vielarbeiten („Arbeitssucht") und eine gestörte Work-Life-Balance ebenso wie der Präsentismus, Burnout und die Zunahme psychischer Erkrankungen am Arbeitsplatz, deren Prävalenz auch mit veränderten Arbeitsbedingungen in Zusammenhang gebracht wird. Ebenso beschäftigt man sich mit dem beruflichen Scheitern („Derailment") in Folge von Überlastungen und Überbeanspruchungen. Schwerwiegende volkswirtschaftliche, aber auch individuelle Kosten werden sichtbar in Form von vorzeitigem Ausscheiden aus dem Arbeits- und Berufsleben, aber im extremen Einzelfall auch als Suizid. Genau diese Themen sollen in den folgenden Kapiteln als intrapersonale Folge der veränderten Anforderungen am Arbeitsplatz aufgegriffen und beleuchtet werden.

2.4.1 Exzessives Arbeiten, gestörte Work-Life-Balance

Angesichts der massiven Veränderungen in der Arbeitswelt und des zunehmenden Wettbewerbsdrucks scheint es in den westlichen Industrienationen geradezu unausweichlich zu sein, dass „man" viel und immer mehr arbeitet und arbeiten muss. So hat sich auch ein Phänomen nicht neu entwickeln, aber in das Bewusstsein der Gesellschaft hineinbringen können: das exzessive Vielarbeiten, dessen Protagonisten „Workaholics" sind und deren Leiden die „Arbeitssucht" ist.

Die Begriffe „Workaholic" und „Arbeitssucht" sind so im 21. Jahrhundert selbstverständlicher Bestandteil unserer Alltagssprache geworden. Wo man auch hinhört findet man Menschen, die sich selbst oder andere mit diesen Begrifflichkeiten beschreiben, auf die Schippe nehmen oder glorifizieren. Bezeichnet man jemand anderen als arbeitssüchtig, kann das Beleidigung oder höchstes Lob sein. Benutzt man diesen Begriff, um sich selbst zu charakterisieren, so kann dies Hinweis auf eine schwerwiegende Problematik, aber auch der Versuch sein, sich selbst als besonders wertvolles Mitglied der Arbeitsgesellschaft darstellen zu wollen. Alleine diese Tatsache zeigt schon, dass das Phänomen der Arbeitssucht vielschichtig und vor allem in seiner Bewertung höchst umstritten ist. Zudem ist bislang weitestgehend ungeklärt, ob der allgemeine Gebrauch des Begriffs Arbeitssucht – sozusagen das „Laienverständnis“ – mit den Standpunkten von Wissenschaftlern und deren empirischen Erkenntnissen übereinstimmt. Für die meisten Menschen ist Arbeitssucht gleichzusetzen mit einer hohen Hingabe an die Arbeit, wobei mit Arbeit in der Regel die Erwerbs-/Berufsarbeit gemeint ist. Ob jemand arbeitssüchtig ist oder nicht, hängt nach der Auffassung vieler einzig und allein von der Zahl der Stunden ab, die jemand pro Woche arbeitet. Dass diese Einschätzung irreführend ist, ist in wissenschaftlichen Studien zwar immer wieder betont worden (z. B. Poppelreuter, 1996, 1997), hat sich aber noch nicht in der kollektiven Wahrnehmung durchsetzen können. Wir wissen nach wie vor recht wenig über das Phänomen des exzessiven Vielarbeitens, der Arbeitssucht.

In den letzten 25 Jahren hat sich die wissenschaftliche Erkenntnislage zur Arbeitssucht allerdings etwas gebessert. In den USA und westeuropäischen Ländern durchgeführte Forschungen zur Arbeitssucht können auf zuverlässigere Erfassungsinstrumente, selten aber auf elaboriertere wissenschaftliche Studien zurückgreifen (Andreassen, 2013; Sussman, 2012; van Wijhe, Peeters & Schaufeli, 2010). Es fehlt zudem an tatsächlichen klinischen Stichproben, einer einheitlichen Definition des Konzepts und methodischer Vielfalt (Sussman, 2012). Im deutschsprachigen Raum finden sich nach den Arbeiten von Poppelreuter (erstmals 1997) zunehmend weitere wissenschaftliche Beschäftigungen mit dem Phänomen der Arbeitssucht, so z. B. von Heide (2002), Meißner (2005), Grüsser und Thalemann (2006) und auch Sandjaja (2007), die allerdings ähnliche Defizite und Erkenntnislücken aufweisen wie die amerikanischen und anderen europäischen Studien.

Arbeitssucht – ein literarisches und wissenschaftliches Streiflicht

Arbeitssucht – das Wort ist uns durchaus geläufig. Gerne bezeichnen wir einen Menschen mit zahlreichen Überstunden als „Workaholic“, als einen Arbeitssüchtigen. Doch woher stammen diese Begriffe überhaupt? Und was bedeuten sie eigentlich?

Für den angloamerikanischen Sprachraum wird immer wieder Oates (1971) als „Erfinder“ des Begriffs „Workaholism“ genannt. Allerdings fand der Begriff auch schon in einem Artikel des „Wall Street Journals“ vom 02.02.1971 Erwähnung, der sich mit der Problematik von Unternehmen befasste, ihre Belegschaft zum Nach-Hause-gehen zu bewegen, wenn diese befürchten musste, aufgrund einer wirtschaftlich schlechten Lage ihre Arbeit zu verlieren. Schon in diesem Artikel werden Arbeitssüchtige als Persönlichkeiten beschrieben, die dringend therapeutische Hilfe benötigen, da sie sich ansonsten zu

Tode arbeiten würden. Über 40 Jahre später sieht die Welt nicht anders aus. Auch heute gibt es ein zunehmendes Augenmerk auf die Menschen, die sich in unserer Gesellschaft „kaputt arbeiten“. Nur wird hier nicht von Arbeitssucht gesprochen – vielmehr ist Burnout der Begriff der Stunde.

Der bereits erwähnte Oates (1971) gibt an, dass „Workaholism“ ein von ihm geschaffener Neologismus sei, der – in Anlehnung an den Begriff „alcoholism“ – ein exzessives Bedürfnis nach Arbeit bezeichnet, welches ein solches Ausmaß erreicht hat, dass es zu unübersehbaren Beeinträchtigungen der körperlichen Gesundheit, des persönlichen Wohlbefindens, der interpersonalen Beziehungen und/oder des von Oates (1971) so bezeichneten „sozialen Funktionierens“ allgemein kommt.

Für den deutschsprachigen Raum wird häufiger Mentzel (1979) als erster Autor benannt, der sich mit dem Phänomen der „Arbeitssucht“ befasst bzw. den Begriff in Deutschland bekannt gemacht hat. Eine genauere Analyse zeigt jedoch, dass die „Arbeitssucht“ schon sehr viel früher in wissenschaftlichen Aufsätzen Erwähnung fand, obgleich die beobachteten und beschriebenen Phänomene z. T. nicht unter diesem Stichwort fungierten. Auch wurde der Begriff der „Arbeitssucht“ zuvor schon aufgegriffen (so z. B. bei Kielholz, 1973; bei v. Gebsattel, 1954 oder Laubenthal, 1964 ist von „Arbeitswut“ die Rede).

Die Industriepsychologie und die Arbeitssucht

Der 1887 in Wiesbaden geborene Sozialpsychologe Wladimir Eliasberg war einer der ersten, der die Erkenntnisse seiner Wissenschaft im Bereich der Industriearbeit und der industriellen Arbeitsbeziehungen anwendete. Und auch wenn er den Begriff der „Arbeitssucht“ nicht verwendet hat, so finden sich in seinen Texten zur Arbeitsmotivation doch Beschreibungen von Einstellungs- und Verhaltensmustern, mit denen heute auch Arbeitssüchtige beschrieben werden. In einer 1926 erschienenen Arbeit beschäftigt sich Eliasberg mit den unterschiedlichen von ihm so genannten „Motivationsstufen“ der Arbeit, die er benutzt, um verschiedene Typen von Arbeitsverhalten zu differenzieren. Im Einzelnen unterscheidet er die folgenden Motivationsstufen: 1. Der Zwang, 2. Die freiwillige rationale Einordnung, 3. Die übermäßige rationale Einordnung, 4. Die Hingabe, 5. Die Revolte, 6. Die Selbstbestimmung. Die ersten fünf Motivationsstufen begreift Eliasberg (1926) als stark von außen determiniert, während auf der Stufe der Selbstbestimmung die Arbeit ganz aus dem inneren Wesen der Persönlichkeit heraus geleistet wird. In den Begrifflichkeiten der modernen Motivationspsychologie würde man hier heute wohl von intrinsischer Motivation sprechen. Es würde zu weit führen, hier alle von Eliasberg (1926) beschriebenen Motivationsstufen im Einzelnen zu beleuchten. Es fällt aber auf, dass er Personen, die auf der dritten Motivationsstufe stehen („Übermäßige rationale Einordnung“) mit Begrifflichkeiten, Einstellungen und Verhaltensweisen beschreibt, die denen einer bestimmten Gruppe von heute so genannten Arbeitssüchtigen sehr nahe kommen.

Die Formulierungen Eliasbergs (1926) mögen antiquiert erscheinen, aber im Kern beschreiben sie das, was heute – neben anderen Merkmalen – auch Arbeitssüchtigen nachgesagt wird. Und Eliasbergs (1926) Hinweis auf die natürlichen Bedürfnisse des Menschen, deren Nichtbefriedigung zu psychischen Auffälligkeiten führt, ist nichts anderes als die heute immer wieder aufgestellte Forderung nach einer ausgeglichenen Work-Life-Balance.

Arbeitssucht in psychoanalytischen Kasuistiken

Eine Arbeit des ungarischen Psychoanalytikers Sandor Ferenczi aus dem Jahre 1919 beschäftigt sich mit „Sonntagsneurosen", die er bei einem Teil seiner Patienten diagnostizierte. Damit bezeichnet Ferenczi (1919) regelmäßig am Sonntag wiederkehrende Beschwerden wie Kopfschmerzen, Unwohlsein, Erbrechen usw. Das Auftreten der Beschwerden wird als Reaktion auf die fehlende Arbeit am Sonntag interpretiert. Ferenczi (1919) betrachtet die Betroffenen als von der Arbeit abhängig wie Morphinisten von ihrem gewohnten Gift.

Arbeitssucht und die „Freizeitkrankheit"

In der Auslegung von Wacker (1987) beschreibt Ferenczi (1919) nichts anderes als muße- und freizeitunfähige Personen. Diese Merkmale kennzeichnen in der heutigen Zeit unter anderem ebenfalls den „Arbeitssüchtigen". Interessanterweise sind die Sonntagsneurosen kein Phänomen der Epoche Ferenczis. Nach den Ergebnissen einer Studie von Vingerhoets, van Huijgevoort und van Heck (2002) von der Universität in Tilburg/Niederlanden leiden rund 3 % der (niederländischen) Bevölkerung an der so genannten „Freizeitkrankheit". Dabei erkranken die Betroffenen an den Wochenenden meist an Kopfschmerzen oder Migräne, Erschöpfung, Muskelschmerzen oder Übelkeit (man vergleiche die Parallelen zu Ferenczi, 1919), im Urlaub hingegen treten eher Erkältungen oder grippale Infekte auf. Von den fast 1.900 für die Studie befragten Personen gaben 3,6 % der Männer und 2,7 % der Frauen an, regelmäßig am Wochenende zu erkranken und jeweils 3,2 % der Befragten werden oft in der zweiten Urlaubswoche krank. Die meisten der Betroffenen leiden schon seit über 10 Jahren an der Freizeitkrankheit, wobei das erste Auftreten der Erkrankung häufig mit einem einschneidenden Lebensereignis zusammenhängt, etwa der Aufnahme eines neuen Jobs, der Heirat oder der Geburt des ersten Kindes.

Lebensstil- oder Freizeitgestaltungsvariablen spielen für diese Symptomatiken offensichtlich keine entscheidende Rolle, denn in Bereichen wie dem Kaffeekonsum oder aber den Rauch-, Trink- und Schlafgewohnheiten verhielten sich

„Freizeitkranke" ähnlich wie eine nicht betroffene Kontrollgruppe. Vingerhoets et al. (2002) nehmen vielmehr an, dass eine hohe Arbeitsbelastung, ein ausgeprägter Leistungswille und Hang zum Perfektionismus, starkes Verantwortungsgefühl im Beruf und die Unfähigkeit, sich in der Freizeit zu entspannen, Ursache für die Symptomatiken sind. Vergleicht man diese Ursachenfaktoren mit den Erkenntnissen über Einstellungen und Verhaltensweisen von Arbeitssüchtigen, sind Parallelen unübersehbar.

Auch der Sozialismus geißelt die Arbeitssucht

Der französische Sozialist Paul Lafargue, Schwiegersohn von Karl Marx, beklagte schon 1883 in seiner Schrift „Das Recht auf Faulheit" die Folgen der Arbeitssucht. Er benutzte sogar den Begriff der Arbeitssucht.

Lafargue beschreibt nicht nur die Folgen der Überbetonung der Arbeit aus seiner Sicht, er liefert direkt auch eine „Landkarte der Arbeitssüchtigen" mit, die sich bezeichnenderweise mit auch heute noch vorfindbaren Vorurteilen gegenüber der Arbeitsmoral unterschiedlicher Völker deckt. Man denke nur an die angebliche südländische Müßigkeit im Arbeitsleben, oder den immer wieder kolportierten Fleiß der Chinesen. Dass ausgerechnet die Griechen keine allzu ausufernde Arbeitsmoral vorzuweisen haben, dürfte manchem Euroskeptiker angesichts der noch nicht überwundenen Wirtschaftskrise in Europa in die Karten spielen.

Arbeitssucht und Literatur

Nicht zuletzt auch die Literatur bietet Beispiele für arbeitssüchtige Verhaltensweisen. So greift ein kleines Gedicht von Wilhelm Busch (1959) auf ironische Weise die übermäßige Aktivität arbeitssüchtiger Menschen auf (Infobox 2.4.1.1), und auch Gustav Flaubert (1852) beschreibt in seiner Korrespondenz seine ganz persönliche Beziehung zur Arbeit (Infobox 2.4.1.2).

Infobox 2.4.1.1:
Arbeitssucht bei Wilhelm Busch (1959)

Wirklich, er war unentbehrlich!
Überall, wo was geschah
Zu dem Wohle der Gemeinde,
Er war tätig, er war da.
Schützenfest, Kasinobälle,
Pferderennen, Preisgericht,
Liedertafel, Spritzenprobe,
Ohne ihn, da ging es nicht.
Ohne ihn war nichts zu machen,
Keine Stunde hatt' er frei,
Gestern, als sie ihn begruben,
War er richtig auch dabei.

Infobox 2.4.1.2:
Gustav Flaubert (1952) – ein Arbeitssüchtiger?

„Ich liebe meine Arbeit mit einer frenetischen, pervertierten Liebe, wie ein Asket sein härenes Hemd, das ihm den Bauch zerkratzt."

Und schließlich lassen sich auch in Thomas Manns „Buddenbrooks" (2001) Beschreibungen der Auswirkungen des Lebens- und Arbeitsstiles von Thomas Buddenbrook finden, der sehr an zwanghaft-arbeitssüchtiges Verhalten erinnert (Infobox 2.4.1.3).

Infobox 2.4.1.3:
Die Folgen zwanghaft-arbeitssüchtiger Verhaltensmuster bei Thomas Buddenbrook (Mann, 2001, S. 466 ff.)

Wie bis zur Unkenntlichkeit verändert sein Gesicht sich ausnahm, wenn er sich allein befand! Die Muskeln des Mundes und der Wangen, sonst diszipliniert und zum Gehorsam gezwungen, im Dienste einer unaufhörlichen Willensanstrengung, spannten sich ab, erschlafften; wie eine Maske fiel die längst nur noch künstlich festgehaltene Miene der Wachheit, Umsicht, Liebenswürdigkeit und Energie von diesem Gesichte ab, um es in dem Zustande einer gequälten Müdigkeit zurückzulassen; die Augen mit trübem und stumpfen Ausdruck auf einen Gegenstand gerichtet, ohne ihn zu umfassen, röteten sich, begannen zu tränen – und, ohne Mut zu dem Versuche, auch noch sich selber zu täuschen, vermochte er von allen Gedanken, die schwer, wirr und ruhelos seinen Kopf erfüllten, nur den einen, verzweifelten festzuhalten, daß Thomas Buddenbrook mit zweiundvierzig Jahren ein ermatteter Mann war.

(...)

Solchen Maßregeln entsprach das freudlose Tempo das der Geschäftsgang angenommen hatte. Nichts war mehr zu verspüren von dem neuen und frischen Geiste, mit dem der junge Thomas Buddenbrook einst den Betrieb belebt hatte, – und sein Socius, Herr Friedrich Wilhelm Marcus, welcher, nur mit geringem Kapitale beteiligt, in keinem Falle bedeutenden Einfluß besessen hätte, war von Natur und Temperament jeder Initiative bar.

Arbeitssucht – ein zunehmendes Problem?

Es lässt sich nicht länger verdrängen, dass es zunehmend Menschen gibt, die über ihren Umgang mit Arbeit, über ihre Unfähigkeit abzuschalten und sich auch einmal eine Auszeit zu nehmen klagen. In dieses Klagen stimmen auch immer mehr Partner/Partnerinnen oder Kinder von betroffenen Arbeitssüchtigen ein, die unter deren Einstellungs- und Verhaltensmustern zunehmend leiden. Und schließlich setzt sich auch auf Seiten der Unternehmen die Erkenntnis mehr und mehr durch, dass es zwar erstrebenswert ist, motivierte Angestellte zu haben, dass aber der Workaholic aufgrund zahlreicher Probleme und Schwierigkeiten, die er in Unternehmen, Organisationen und Verwaltungen hineinträgt, längst nicht das Idealbild des Mitarbeiters darstellt. Dass entsprechende Interventionsmaßnahmen der Unternehmen eher als „Work-Life-Balance"-Maßnahmen deklariert werden denn als Strategien zur Bekämpfung von Arbeitssucht ändert nichts an der Tatsache, dass die Einsicht in die Notwendigkeit eines ausgewogenen – und damit in keiner Weise süchtigen, also auch nicht arbeitssüchtigen – Lebensstils auch auf Seiten der Unternehmen zunehmend spürbar ist.

Definitorische Schwierigkeiten – diagnostische Probleme

Wie schwierig eine Definition des Begriffs Arbeitssucht ist zeigt die Tatsache, dass dieser sich trotz seiner weiten Verbreitung bislang nicht in der offiziellen medizinisch-psychiatrischen und psychologischen Diagnostik hat durchsetzen können. Die definitorischen Probleme finden ihre unmittelbare Widerspiegelung in diagnostischen Schwierigkeiten.

Dabei waren bereits Ende des 19. Jahrhunderts die allgemeinen Merkmale stoffgebundener und auch „stoffungebundener" Suchterkrankungen wie beispielsweise der Alkoholabhängigkeit einerseits und der Spielsucht andererseits bekannt. Offensichtlich fand schon damals eine gewisse Gleichsetzung stoffgebundener und stoffungebundener Suchterkrankungen statt, zumindest was ihre diagnostischen Kriterien angeht. Kennzeichnend für den Konsum von psychotropen Substanzen (Alkohol, Drogen etc.) ist eine Reihe von Symptomen, die von der Intoxikation unmittelbar nach dem Konsum bis zum schädlichen Gebrauch (Missbrauch) und zum Abhängigkeitssyndrom reichen. Das Abhängigkeitssyndrom wiederum kann von Entzugssymptomen, Toleranzbildung bis hin zu erheblichen körperlichen und diversen schweren psychischen Beeinträchtigungen begleitet sein. Diese Beeinträchtigungen können sich sowohl auf körperlicher als auch auf Verhaltens- als auch auf geistig-seelischer Ebene äußern. Zu nennen sind in diesem Zusammenhang beispielsweise das Auftreten von Entzugssymptomen beim plötzlichen Absetzen einer Substanz, der unwiderstehliche Wunsch, eine Droge zu konsumieren, der Kontrollverlust während des Konsums einer Substanz oder einer Substanzklasse sowie der Vorrang des Konsums gegenüber gesellschaftlichen, sozialen und rechtlichen Verpflichtungen.

Die Vielfalt an Arbeitssuchtdefinitionen führt zu einer Vielzahl von Checklisten und Fragebögen (zusammenfassend Poppelreuter, 2016b). Kritisch betrachtet werden muss, dass die vorhandenen Instrumente oftmals keine theoretische Fundierung haben (Grüsser & Thalemann, 2006; van Wijhe et al., 2010). Einige

Autoren verstehen ihre Messinstrumente allerdings nicht als diagnostisches Testverfahren, sondern möchten lediglich Katalysatoren des Nachdenkens über sich selbst (Poppelreuter, 2006) anbieten.

Ein Beispiel für einen der Selbstreflektion dienlichen Fragebogen ist der „Work Addiction Risk Test (WART)" (vgl. Tabelle 2.4.1.1) (Robinson, 2000). Dieser Fragebogen soll einer Person dabei helfen zu ergründen, ob sie arbeitssüchtig ist. Der WART-Gesamtwert wird durch die Addition der Itemrohwerte ermittelt. Dann wird diese Summe einer von drei Kategorien zugeordnet: Ein Wert zwischen 67 und 100 Punkten bedeutet, dass eine Person arbeitssüchtig ist. Wer zwischen 57 und 66 Punkten liegt, gilt als gemäßigt arbeitssüchtig. Personen mit einer Punktzahl unterhalb von 57 Punkten sind nicht arbeitssüchtig. Das Problem besteht darin, dass eine Klassifizierung von Personen stattfindet, die im Sinne einer psychologischen Diagnose unzulässig ist, weil lediglich eine Einordnung anhand der Summe der Itemrohwerte erfolgt und kein an einer Eichstichprobe normierter, standardisierter Skalenwert ermittelt wird (Städele, 2008). Daher sind keine Aussagen dahingehend möglich, wie die Ausprägungen einer Person im Vergleich zu einer Gesamtpopulation zu bewerten sind.

Einen anderen Weg verfolgt die Skala für Arbeitssucht (vgl. Tabelle 2.4.1.2) (Schneider, 2001). Dieser Fragebogen besteht aus 20 Feststellungen, die das Phänomen der Arbeitssucht als hohe Arbeitsbezogenheit, die alle anderen Lebensbereiche dominiert, einhergehend mit Kontrollverlust über die Arbeitsmenge (Schneider, 2001) erfassen. Jede „Ja"-Antwort wird als Indikator für Arbeitssucht mit einem Punkt bewertet, anschließend zu einem Skalen-Rohwert summiert und in einen an einer Eichstichprobe standardisierten Wert überführt. Damit ist eine Aussage zur Arbeitssucht-Ausprägung einer Person im Vergleich zu einer Gesamtstichprobe möglich. Die Skala für Arbeitssucht ist ein wichtiger Schritt in Richtung einer zuverlässigen Diagnostik von Arbeitssucht. In diesem Ansatz fehlen unter anderem eine differenziertere und repräsentativere Eichstichprobe, eine tiefere theoretische Fundierung sowie eine breitere Antwortskala.

Ein Zwischenfazit

Fassen wir zusammen: Arbeitssucht ist ein nur vordergründig neuzeitliches Phänomen. Wahrscheinlich gibt es übertriebene Fokussierungen auf die Arbeit schon solange wie es die Arbeit selbst gibt, also seit dem Beginn der Menschheit. Dennoch stehen wir, was die wissenschaftliche Erforschung des Phänomens angeht, noch ganz am Anfang. Es gibt weder eine einheitliche Definition der Problematik, noch gibt es allgemein akzeptierte Kriterien zur Diagnose einer solchen Auffälligkeit. Schließlich ist noch nicht einmal unumstritten, ob es sich bei Arbeitssucht überhaupt um eine Problematik, oder sogar eine Krankheit handelt. In diesem Zusammenhang ist ein Beitrag von Smith (2002)

Tabelle 2.4.1.1 *Der Work Addiction Risk Test von Robinson (2000)*

Um herauszufinden, ob Sie ein Workaholic sind, bewerten Sie die folgenden Aussagen mit 1 für „trifft nie zu“, 2 für „trifft manchmal zu“, 3 für „trifft oft zu“ und 4 für „trifft immer zu“. Schreiben Sie die Zahl, die Ihre Arbeitsgewohnheiten am besten beschreibt, links vor die einzelnen Aussagen, und zählen Sie diese Punkte zusammen. Das höchst mögliche Ergebnis ist 100, das niedrigste 25. Je höher Ihr Wert ist, desto größer ist die Wahrscheinlichkeit, dass Sie arbeitssüchtig sind. Je niedriger er ist, desto geringer ist die Wahrscheinlichkeit.	
O 1.	Ich mache lieber alles selbst, anstatt um Hilfe zu bitten.
O 2.	Ich werde ungeduldig, wenn ich auf andere warten muss oder etwas zu lange dauert.
O 3.	Ich habe es eilig und renne gegen die Uhr.
O 4.	Ich werde gereizt, wenn man mich mitten bei der Arbeit unterbricht.
O 5.	Ich bin immer beschäftigt und habe viele Eisen im Feuer.
O 6.	Ich erledige zwei oder drei Dinge auf einmal (Beispiel: Ich esse, schreibe ein Memo und telefoniere).
O 7.	Ich übernehme mehr Arbeit als ich verkrafte.
O 8.	Ich habe ein schlechtes Gewissen, wenn ich mal nicht arbeite.
O 9.	Wenn ich eine Arbeit erledigt habe, will ich konkrete Ergebnisse sehen.
O 10.	Ich bin mehr am Endergebnis meiner Arbeit als an der Arbeit selbst interessiert.
O 11.	Es geht mir nie schnell genug.
O 12.	Ich werde wütend, wenn etwas nicht nach meinem Kopf geht.
O 13.	Ich stelle immer wieder die gleiche Frage, ohne zu merken, dass ich die Antwort bereits bekommen habe.
O 14.	Ich verbringe viel Zeit damit, Zukunftspläne zu schmieden, und vergesse dabei das Hier und Jetzt.
O 15.	Ich arbeite länger als meine Kollegen.
O 16.	Ich werde wütend, wenn andere nicht meinen hohen Anforderungen entsprechen.
O 17.	Ich werde nervös, wenn ich eine Situation nicht im Griff habe.
O 18.	Ich setze mich oft mit knappen Terminen unter Druck.
O 19.	Wenn ich nicht arbeite, fällt es mir schwer, mich zu entspannen.
O 20.	Ich verbringe mehr Zeit mit meiner Arbeit als mit Freunden, Hobbys oder Erholung.
O 21.	Ich stürze mich auf ein Projekt, um einen Vorsprung zu haben, auch wenn noch nicht alle Phasen beendet sind.
O 22.	Ich ärgere mich selbst über die kleinsten Fehler, die ich mache.
O 23.	Ich opfere mehr Zeit und Energie für meine Arbeit als für meine Beziehungen.
O 24.	Ich vergesse oder ignoriere Geburtstage, Familientreffen, Jahrestage oder Feiertage oder finde sie unwichtig.
O 25.	Ich treffe wichtige Entscheidungen, bevor ich alle Fakten kenne und durchdacht habe.

Tabelle 2.4.1.2 *Die Skala für Arbeitssucht von Schneider (2001)*

Im folgenden Fragebogen finden Sie Aussagen über Ihre Ansichten, Interessen und Meinungen. Sie sollen bitte jeweils dahinter ankreuzen, ob Sie diesen Aussagen zustimmen („JA" ankreuzen) oder nicht („NEIN" ankreuzen).

Es geht darum, Angaben über Ihre Berufsvorstellungen, Lebensansichten und Ihre eigene Person zu erhalten. Da jeder Mensch eine eigene Auffassung von sich und seinem Leben hat, gibt es keine falschen oder richtigen Antworten.

Dieser Fragebogen ist natürlich nur dann sinnvoll, wenn Sie die Aussagen ehrlich beantworten. Deswegen überlegen Sie bitte nicht zuerst, welche Antwort wohl den „besten Eindruck" macht, sondern beantworten die Aussagen so, wie es Ihrer Meinung nach zutrifft. Wenn es Schwierigkeiten gibt, eine Aussage zu beantworten, kreuzen Sie bitte trotzdem immer eine Antwort an, die am ehesten bei Ihnen zutrifft. Sie sollten nicht über einzelne Aussagen zu lange nachdenken, sondern die Antwort ankreuzen, die Ihnen als erstes in den Sinn kommt.

Falls Sie sich beim Ankreuzen geirrt haben, machen Sie bitte einen Kreis um die nicht gültige Antwort, und kreuzen Sie die zutreffende Antwort an.

	JA	NEIN
Ich habe Mühe, mich zu entspannen und nichts zu tun.	O	O
Um beruflich akzeptiert zu sein, bin ich bereit, viel zu arbeiten.	O	O
Wenn ich untätig bin, habe ich ein Gefühl der Leere in mir.	O	O
Es fällt mir schwer, von meiner Arbeit abzuschalten.	O	O
Ich habe das Bedürfnis, am Tag so viel zu schaffen, wie nur geht.	O	O
Es ist wichtig für mich, eine Aufgabe besser als andere zu erfüllen.	O	O
Ich denke sehr häufig an meine Arbeit (z. B. beim Einschlafen, Essen, ...).	O	O
Ich übernehme zusätzliche Arbeit, weil ich Angst habe, dass sie sonst nicht getan wird.	O	O
Ich verkürze meine Mittagspause, um länger arbeiten zu können.	O	O
Mein ganzer Lebensablauf orientiert sich an meiner Arbeit.	O	O
Ich arbeite auch, wenn ich eigentlich entspannen könnte.	O	O
Ich habe Angst, ein Versager zu sein, wenn ich nicht hart genug arbeite.	O	O
Manchmal betrachte ich mich selbst als arbeitssüchtig.	O	O
Mein Partner/meine Partnerin (bzw. eine andere mir nahe stehende Person) sagt, ich opfere mich zu sehr für meinen Beruf auf.	O	O
Ich bin innerlich fast immer mit meiner Arbeit beschäftigt.	O	O
Ich möchte beruflich mehr als meine Kollegen leisten.	O	O
Ich wache nachts auf und mache mir Gedanken über Probleme, die meine Arbeit betreffen.	O	O
Ich habe Gewissensbisse, wenn ich nicht arbeite.	O	O
Ich investiere mehr Energie, Zeit und Denken in meine Arbeit, als in meine Familie und Freunde.	O	O
Ich werde oft ungeduldig, weil meine Kollegen zu langsam arbeiten.	O	O

interessant, der sich mit der Frage beschäftigt, was überhaupt eine Krankheit ist und was nicht. Denn schon Ivan Illich (1976) schrieb, dass jede Gesellschaft ihre eigenen Krankheiten definiert. Was eine Krankheit in der einen Gesellschaft sei, sei in einer anderen möglicherweise eine chromosomale Abnormität, ein Verbrechen, Heiligkeit oder Sünde. Insofern, so Smith (2002), sei es von erheblicher Bedeutung festzustellen, welche Auffälligkeiten oder Probleme in einer Gesellschaft als Krankheiten begriffen würden, oder auch nicht. Eine sicherlich nicht repräsentative, aber dennoch bemerkenswerte Umfrage unter den Lesern des British Medical Journal (in der Regel Mediziner unterschiedlichster Fachrichtungen, insgesamt beteiligten sich 570 Personen an der Befragung) ergab nämlich eine „Hitliste" der „Nicht-Krankheiten" (siehe Infobox 2.4.1.4). Die Arbeit belegt auf dieser Liste Platz 2. Mit anderen Worten wird von den Teilnehmern dieser Umfrage die Arbeit nicht als Krankheit begriffen. Leider bleibt unklar, ob sich diese Einschätzung nur auf die Arbeit allgemein, oder aber auch auf Arbeitsstörungen wie z. B. die Arbeitshemmung oder eben auch die Arbeitssucht bezieht. Betrachtet man jedoch die weiteren genannten „Nicht-Krankheiten", so liegt die Vermutung nahe, dass die Arbeitssucht hier sicher nicht den Status einer Krankheit hat.

Infobox 2.4.1.4:
Die Hitliste der „Nicht-Krankheiten" (Smith, 2002)

1. Älterwerden
2. Arbeit
3. Langeweile
4. Tränensäcke
5. Ignoranz
6. Haarausfall
7. Sommersprossen
8. Große Ohren
9. Graues/Weißes Haar
10. Hässlichkeit
11. Geburt eines Kindes
12. Allergie gegen das 21. Jahrhundert
13. Jetlag
14. Unglücklichsein
15. Zellulitis
16. Kater
17. Angst bezüglich der Penisgröße/Penisneid
18. Schwangerschaft
19. Ausrasten beim Autofahren
20. Einsamkeit

Die öffentliche Resonanz, und auch die Präsenz der Thematik in allen Epochen der Menschheit lassen es jedoch notwendig und sinnvoll erscheinen, sich der Arbeitssucht intensiver zu widmen, und wenn es nur zum Nutzen derer geschieht, die unter der Problematik leiden. Dass dies nicht nur die Betroffenen selbst sind, sondern auch deren näheres und weiteres Umfeld – also z. B. die Angehörigen, Freunde, Kollegen, Mitarbeiter und Vorgesetzten – und schließlich auch die gesamte Gesellschaft, macht das Anliegen nur dringlicher.

Wie viele sind betroffen? Das Problem der Prävalenzaussage bei Arbeitssucht

Eine der beliebtesten – und auch der berechtigtsten – Fragen, wenn man über Krankheiten, psychische Auffälligkeiten oder Abweichungen spricht, ist die nach der Häufigkeit des Vorkommens. Wie viele Menschen sind betroffen, z. B. von Krebserkrankungen, von Gedächtnisproblemen und eben auch von Symptomatiken wie der der Arbeitssucht? Eine Auffälligkeit gilt dabei als umso gravierender, je mehr Menschen davon betroffen sind. Prävalenzaussagen zur Arbeitssucht sind besonders schwierig, weil bislang noch nicht einmal eine einheitliche Auffassung über definitorische Merkmale und diagnostische Kriterien zur Arbeitssucht vorliegen. Wie soll man aber angeben, wie viele Menschen von einer Problematik betroffen sind, wenn man noch nicht einmal einig darüber ist, wodurch sich die Problematik genau kennzeichnen und feststellen lässt?

Über die Prävalenz der Arbeitssucht kann angesichts der defizitären Forschungslage bislang also nur spekuliert werden. Angaben aus älteren US-amerikanischen Studien, wonach 5 % (Machlowitz, 1980) bzw. 10 % (Cherrington, 1980; Naughton, 1987) der berufs- bzw. erwerbstätigen Bevölkerung von Arbeitssucht betroffen sind, müssen schon zur damaligen Zeit, aber erst recht nach gegenwärtigem Forschungsstand als übertrieben betrachtet werden. Diese Einschätzung wird auch nicht durch die Tatsache geändert, dass Doerfler und Kammer (1986) in einer Stichprobe von Ärzten, Rechtsanwälten und Psychiatern/Therapeuten einen Anteil von 23 % Arbeitssüchtigen ausmachten. Kanai, Wakabayashi und Fling (1996) ermittelten in einer großen Stichprobe von japanischen Managern 21 % Arbeitssüchtige. Erst recht überzogen muss eine von Burke (1999) genannte Zahl gelten: Er geht davon aus, dass bis zu 49 % (!) der US-amerikanischen Bevölkerung am Symptom der Arbeitssucht leiden. Eine Studie von Windholz (1997; siehe auch Poppelreuter & Windholz, 2001) kommt zu dem Ergebnis, dass – legt man die von Poppelreuter (1996, 1997) definierten Kriterien zur Diagnose von Arbeitssucht an – ca. 13 % der untersuchten Mitarbeiterinnen und Mitarbeiter (N = 185) zweier großer deutscher Industrieunternehmen als zumindest arbeitssuchtgefährdet gelten können.

Eine Studie von Städele (2008) untersucht die gesundheitlichen und psychischen Beeinträchtigungen, die mit Arbeitssucht einhergehen, und das komorbide Auftreten von Arbeitssucht und einem sorgfältigen Persönlichkeitsstil bzw. einer zwanghaften Persönlichkeitsstörung. Außerdem wurde erforscht, ob es demografische Unterschiede zwischen arbeitssüchtigen und nichtarbeitssüchtigen Personen gibt, die ein Individuum für Arbeitssucht prädisponieren, und ob Arbeitssüchtige ihre Zeit anders für verschiedene Tätigkeiten einsetzen als Nicht-Arbeitssüchtige.

Die Ergebnisse zeigen, dass Arbeitssüchtige im Vergleich zu Nicht-Arbeitssüchtigen bedeutend mehr über körperliche Beschwerden klagen. In der Gruppe der Arbeitssüchtigen berichten 40 % von Herz- und 54 % von Gliederschmerzen. 43 % der Arbeitssüchtigen leiden unter Magenbeschwerden und 58 % unter einer generellen Erschöpfung (z. B. Müdigkeit, Schwächegefühl). In allen Aspekten können die arbeitssüchtigen Befragten in einem stärkeren Maße der gesundheitlich schwer belasteten Gruppe zugeordnet werden, während die Nicht-Arbeitssüchtigen eher zur unbelasteten oder mittelmäßig belasteten Gruppe gehören. Die Gruppenunterschiede sind statistisch hoch signifikant. Auch wenn keine kausalen Zusammenhänge nachgewiesen werden können, so zeigt sich, dass Arbeitssucht in erhöhtem Maße mit gesundheitlichen Beeinträchtigungen einhergeht.

Arbeitssucht steht aber nicht nur mit gesundheitlichen, sondern auch mit psychischen Beeinträchtigungen in Zusammenhang. Dies wurde indirekt über die Zufriedenheit der Befragten mit verschiedenen Lebensbereichen ermittelt: Arbeit und Beruf, Gesundheit, Freizeit, Ehe und Partnerschaft, Beziehung zu den Kindern, Beziehung zu Freunden und Verwandten. Statistisch signifikante Gruppenunterschiede zeigen sich in fast allen Bereichen, denn Arbeitssüchtige sind mit nahezu allen abgefragten Aspekten unzufriedener als Nicht-Arbeitssüchtige.

Weitere signifikante Gruppenunterschiede wurden im Bereich des sorgfältigen Persönlichkeitsstils und der zwanghaften Persönlichkeitsstörung gefunden. Bei der zwanghaften Persönlichkeitsstörung handelt es sich um ein „tiefgreifendes Muster von starker Beschäftigung mit Ordnung, Perfektion und psychischer sowie zwischenmenschlicher Kontrolle auf Kosten von Flexibilität, Aufgeschlossenheit und Effizienz“ (Saß, Wittchen, Zaudig & Houben, 2003, S. 263). Persönlichkeitsstörungen sind extreme, unangemessene Ausprägungen moderater Persönlichkeitsstile (Sachse, 2006). In diesem Fall ist die zwanghafte Persönlichkeitsstörung als klinisch bedeutsame Ausprägung des sorgfältigen Persönlichkeitsstils zu verstehen. Es gibt starke phänomenologische Überschneidungen zwischen den Erscheinungsbildern der zwanghaften Persönlichkeitsstörung und der Arbeitssucht. Beiden Störungsbildern gemeinsam ist der starke Hang zum Perfektionismus. Die extrem ausgeprägte perfektionistische Grundeinstellung hindert den Betroffenen an einer angemessenen Aufgabenerfüllung, weil ihm seine hohen Ansprüche im Weg stehen. Bei beiden Störungen liegt eine Vorliebe für Ordnung und Organisation vor, was durch eine übermäßige Beschäftigung mit Regeln und Details, rigide Verhaltensweisen und eine akribische Terminplanung zum Ausdruck kommt. Diese Auffälligkeiten führen dazu, dass Betroffene ungern mit anderen Menschen zu tun haben bzw. zusammenarbeiten, nur widerwillig Aufgaben an Kollegen delegieren und grundsätzlich auf der eigenen Arbeitsweise beharren. Damit einher geht die Vernachlässigung von Freizeitaktivitäten, weil nur Tätigkeiten, die mit Leistung verbunden sind, einen Wert haben, so dass sie zu Aufgaben mit einem ernstzunehmenden Leistungscharakter umfunktioniert werden.

Diese deskriptiven Ähnlichkeiten zwischen beiden Störungsbildern werden durch die signifikanten Ergebnisse der Studie bestätigt. Ein Drittel der Arbeitssüchtigen kann der Gruppe der zwanghaften Persönlichkeitsstörung zugeordnet werden und mehr als die Hälfte befindet sich in der Gruppe mit der mittelmäßigen Ausprägung eines sorgfältigen Persönlichkeitsstils. Im Vergleich dazu befinden sich 41 % der Nicht-Arbeitssüchtigen in der Gruppe mit der geringen Ausprägung des sorgfältigen Persönlichkeitsstils. Die Gruppenbildung erfolgte durch die Aufteilung der Stichprobe in Quartile anhand der im „Persönlichkeits-Stil- und Störungs-Inventar“ (Kuhl & Kazén, 1997) erreichten Werte auf der Skala ‚sorgfältiger Stil und zwanghafte Persönlichkeitsstörung‘. Für die Diagnose von Arbeitssucht bedeutet dies, dass zwanghafte Persönlichkeitsmerkmale zuverlässiger für eine Diagnose sind als z. B. die quantitative Stundenanzahl für Erwerbsarbeit pro Woche. Für Therapiemaßnahmen sind die Ergebnisse dahingehend relevant, dass nicht nur die Suchtaspekte der Arbeitssucht Berücksichtigung finden müssen, sondern ebenfalls die für die zwanghafte Persönlichkeitsstörung existierenden Programme helfen können. So sollte z. B. an der perfektionistischen Grundeinstellung gearbeitet und soziale Kompetenzen gefördert werden. Auch das erhöhte Depressionsrisiko muss bei der Behandlung berücksichtigt werden. Nicht umsonst betonen Wissenschaftler immer wieder, dass Arbeitssucht eine Störung mit tödlichen Folgen sein kann (z. B. Poppelreuter, 2007).

In der Untersuchung zeigen sich keine bedeutsamen Unterschiede zwischen Arbeitssüchtigen und Nicht-Arbeitssüchtigen bei verschiedenen demografischen Variablen (z. B. Alter, Geschlecht, Familienstand, Bildungsstatus). Daraus ist zu schließen, dass es keine spezifischen Merkmale gibt, die ein arbeitssüchtiges Individuum in besonderem Maße kennzeichnen. Daher kann Arbeitssucht auch nicht als Managerkrankheit oder „Leiden der Leitenden“ (Gross, 2003, S. 124) gelten, weil ebenso Hausfrauen, Rentner und Studenten arbeitssüchtig sein können. Demnach handelt es sich bei der Arbeitssucht um ein universelles Problem, das jeden gleichermaßen treffen kann.

Allerdings unterscheiden sich arbeitssüchtige von nicht-arbeitssüchtigen Personen in der Art, wie sie ihre zur Verfügung stehende Zeit an einem Tag für verschiedene Tätigkeiten verwenden. Arbeitssüchtige heben sich sowohl in ihrem Arbeits-, als auch in ihrem Freizeit- und Schlafverhalten von Nicht-Arbeitssüchtigen ab. An einem durchschnittlichen Arbeitstag wenden Arbeitssüchtige ca. 1,5 Stunden mehr für Arbeit und sonstige Verpflichtungen auf als Nicht-Arbeitssüchtige. Dadurch bleibt ihnen weniger Zeit für Freizeitaktivitäten und Schlaf. Ähnliche Ergebnisse zeigen sich für arbeitsfreie Tage, nur dass Arbeitssüchtige und Nicht-Arbeitssüchtige in gleichem Maße an einem freien Tag schlafen. Die statistisch signifikanten Gruppenunterschiede verdeutlichen, dass Arbeitssüchtige sich auch in ihrer Freizeit mit Zusatzaktivitäten eindecken, weil sie z. B. sonst wegen des Nichts-Tuns unter Schuldgefühlen leiden oder sogar Entzugssymptome entwickeln können. Diese Ergebnisse sind dahingehend wichtig, dass Arbeitssucht bisher immer als eine Störung gesehen wurde, die sich vor allem in der Erwerbsarbeit zeigt. Arbeitssucht macht aber nicht vor der Haustür Halt, sondern beeinflusst genauso das Freizeit- und Privatleben. Arbeit muss demnach umfassender als reine Erwerbsarbeit verstanden werden.

Insgesamt jedoch ist die empirische Basis zur Häufigkeit von Arbeitssucht immer noch sehr dünn. Angesichts der unterschiedlichen Definitionen und diagnostischen Kriterien zur Differenzierung von Arbeitssüchtigen und Nicht-Arbeitssüchtigen verwundern die immens großen Variationen in der Prävalenz der Symptomatik nicht. Solange es jedoch keine einheitliche Auffassung dessen was Arbeitssucht ist und sie kennzeichnet gibt, wird eine zuverlässige Schätzung der Häufigkeit des Phänomens auch schwierig bleiben.

Arbeitssucht wird nicht erfasst – Burnout schon

Andererseits sehen die Ergebnisse zahlreicher Studien der jüngsten Vergangenheit, aber auch die Statistiken der Krankenkassen, die Erfahrungsberichte der Betriebsärzte, die Eindrücke der betrieblichen Gesundheitsmanager dramatisch aus: Es wird angeblich zu viel gearbeitet. Und zu viele Überstunden machen krank. Die Zahl der psychischen Erkrankungen am Arbeitsplatz nimmt zu. Burnout ist zur Modeerkrankung der Neuzeit geworden.

So kommt der „DGB Index Gute Arbeit 2012" auf der Grundlage einer repräsentativen Befragung von 6.083 abhängig Beschäftigten zum Thema „Arbeitshetze – Arbeitsintensivierung – Entgrenzung" zu alarmierenden Ergebnissen: Bundesweit fühlt sich jeder zweite Beschäftigte bei der Arbeit sehr häufig oder oft gehetzt, wobei Arbeitnehmerinnen in besonderem Maße von dieser Hetze betroffen sind. 63 % der Beschäftigten machen die Erfahrung, dass sie seit Jahren immer mehr in der gleichen Zeit leisten müssen. 27 % der Arbeitnehmerinnen und Arbeitnehmer müssen sehr häufig oder oft auch außerhalb ihrer Arbeitszeit für betriebliche Belange erreichbar sein. Die moderne Kommunikationstechnologie macht es möglich: Aus Überstunden können schnell Überallstunden werden, denn ich kann letztlich immer und überall erreichbar sein, mich einloggen, Daten herunterladen, Mails schreiben und Videokonferenzen abhalten (siehe Abschnitte 2.2.1 und 2.3.3).

15 % der Beschäftigten erledigen sehr häufig oder oft auch außerhalb ihrer Arbeitszeit Aufgaben für ihren Betrieb. Über einem Drittel (34 %) der Arbeitnehmerinnen und Arbeitnehmer fällt es schwer, nach der Arbeit abzuschalten. Darüber klagen insbesondere die Beschäftigten, die lange Arbeitszeiten aufweisen. Ebenso können Frauen schlechter abschalten als Männer, Ältere schlechter als Jüngere. Arbeitsbezogene Probleme und Schwierigkeiten begleiten 37 % der Beschäftigten auch nach Hause, bei den gehetzten Befragten berichten dies sogar 53 %. Jeder fünfte Befragte (20 %) leistet 10 oder mehr Überstunden pro Woche, wobei hierbei generell auch gilt: Je mehr Überstunden absolviert werden, desto größer ist die Arbeitshetze. Schließlich sind 49 % der Beschäftigten wiederholt auch dann zur Arbeit gegangen, wenn sie sich „richtig krank fühlten". Diese Quote ist besonders hoch bei denjenigen, die von Arbeitshetze und Leistungsverdichtung betroffen sind. Wir kommen in Abschnitt 2.4.2 darauf zurück.

Eine britisch-finnische Langzeitstudie – als Beispiel für eine Vielzahl ähnlich gelagerter Studien mit ähnlichen Ergebnissen – an der 1.626 männliche und 497 weibliche Angestellte britischer Behörden teilnahmen, zeigt zudem, dass eine regelmäßige Mehrarbeit von drei bis vier Stunden täglich das Risiko einer schweren Depression erheblich erhöht (Virtanen, Stansfeld, Fuhrer, Ferrie & Kivimäki, 2012). Deutlich wird, dass es eine zunehmende Sensibilität und Aufmerksamkeit sowohl bei Experten als auch bei Betroffenen und auch in der Öffentlichkeit für die steigenden Belastungen und Beanspruchungen in Arbeit und Beruf – und hier vor allem im psychischen Bereich – gibt.

Dynaxität und Arbeitssucht

Als eine der Ursachen für die Zunahme der Belastungen wird gerne auf die gestiegene Dynaxität unserer (Arbeits-)Welt verwiesen (Kastner, 2010). Es handelt sich hierbei um ein Kunstwort, zusammengesetzt aus den Begriffen Dynamik und Komplexität. Produkte, Dienstleistungen, Prozesse und Organisationen verändern sich in Richtung und Intensität immer schneller (Dynamik) und werden komplexer, d. h. die Anzahl, die Vielfalt der Systemelemente und deren Vernetzungsgrad steigen (Komplexität). Diese Kombination aus Dynamik und Komplexität (Dynaxität) stellt vor allem hinsichtlich der zunehmenden Eigendynamiken der Systeme, die kaum noch durch den Menschen beherrschbar sind, die zentrale Herausforderung für uns dar. Hier liegen nach Auffassung vieler Arbeitsexperten wesentliche Gründe für Scheitern, psychosoziale Störungen und verminderte Lebensqualität. Ein anderes Kunstwort mit ähnlichem inhaltlichen Bezug ist das aktuell populäre Akronym der VUKA-Welt, gebildet aus den Anfangsbuchstaben von Volatilität (Kurzlebigkeit), Unsicherheit, Komplexität und Ambiguität (Zwei- oder Mehrdeutigkeit), populär insbesondere im Zusammenhang mit boomenden Weiterbildungsangeboten für Führungskräfte, die hier Unterstützung suchen.

Wer ist betroffen? Und wer ist gefährdet?

Arbeitssucht wurde (und wird auch immer noch) gerne als ein „Leiden der Leitenden“ (Hofstetter, 1987) betrachtet, als typische „Managerkrankheit“. Die empirischen Erkenntnisse hierzu sehen allerdings anders aus. Poppelreuter (1996, 1997) kam zu dem Ergebnis, dass sowohl Männer als auch Frauen, leitende Angestellte, Selbstständige und einfache Arbeiter, jüngere wie ältere Menschen, und selbst Nicht-Berufstätige im klassischen Sinne wie beispielsweise Hausfrauen, Rentner oder Studenten arbeitssüchtig sein können (s. dazu auch Heide, 2000). Die Arbeitssucht ist mithin ein universelles Phänomen, das letztlich jeden betreffen kann, der in irgendeiner Form produktiv tätig ist (oder sein möchte), unabhängig von Alter, Geschlecht, Beruf. Hier ist die Arbeitssucht durchaus vergleichbar mit anderen Abhängigkeitsformen, beispielsweise der Alkoholabhängigkeit. Auch sie ist ein universelles Phänomen. Zahlreiche Versuche nachzuweisen, dass bestimmte Berufsgruppen (wie z. B. Seeleute, Wirte oder Außendienstmitarbeiter) signifikant häufiger von Alkoholproblemen belastet sind als andere, schlugen ebenso fehl, wie die oftmals angestrebte Definition einer „Suchtpersönlichkeit“ (siehe dazu auch Hobi, 1982). Hier wurde davon ausgegangen, dass Personen mit bestimmten Persönlichkeitsmerkmalen (z. B. geringe Frustrationstoleranz, hohes Anspruchsniveau an die eigene Leistungsfähigkeit) eher dazu neigen, Sucht- und Abhängigkeitsprobleme zu entwickeln als andere.

Es lässt sich also nicht sagen, dass bestimmte Berufsgruppen oder Menschen mit speziellen Persönlichkeitscharakteristika als besonders arbeitssuchtgefährdet betrachtet werden können. Holger Heide (2000) geht aufgrund seiner Studien zum Thema „Arbeitssucht“ allerdings davon aus, dass die an Arbeitssucht erkrankten Personen in drei Gruppen eingeteilt werden können. Zunächst sind da die Erwerbstätigen, die einer relativ selbstständigen Arbeit nachgehen (Ärzte, Handwerker, Bauern, Politiker, Manager) bzw. die sich in einem sozialen Berufsfeld bewegen (Seelsorger, Sozialarbeiter, Lehrer). Die persönliche Identität dieses Personenkreises hängt sehr stark mit ihrer Erwerbsarbeit zusammen – oft wird auch von Berufung zur Arbeit gesprochen. Als zweite Gruppe identifiziert Heide (2000) die abhängig Beschäftigten, die durch ein besonderes Vielarbeiten den oftmals geringen Entscheidungsspielraum und die Unselbstständigkeit der eigenen Arbeit kompensieren wollen. Durch neue Arbeitsformen (Teamarbeit, „flache Hierarchien“, Heimarbeitsplätze) etabliert sich aber auch bei den abhängig Beschäftigten eine neue Selbstständigkeit, nicht zuletzt auch gefördert durch flexible Arbeitszeiten und mehr Verantwortung hinsichtlich des Unternehmensgewinns (Bohmeyer, 2002). Die dritte Gruppe umfasst nach Heide (2000) Personen außerhalb des Erwerbslebens. Hierzu zählen Hausfrauen und Rentner. Besonders am Beispiel der Rentner lässt sich die hohe Bedeutung der Arbeit für die soziale Anerkennung und damit verbundene Selbstachtung verdeutlichen (Bohmeyer, 2002).

Schließlich wird immer wieder betont, dass es sowohl Rahmenbedingungen im persönlichen als auch im beruflichen Umfeld von Menschen geben kann, die arbeitssüchtiges Verhalten begünstigen und fördern können. Robinson (2000) unterscheidet Einflussfaktoren der Arbeitssucht auf unterschiedlichen Ebenen. Zunächst ist da das unmittelbare Umfeld, gekennzeichnet durch die Lebensbereiche Familie, Arbeit, Schule, Kirche. Sowohl die Herkunftsfamilie als auch Gegebenheiten in der beruflichen Ausbildung und Karriere können arbeitssüchtige Verhaltensmuster fördern. Als Beispiel nennt Robinson (2000) Menschen, die zu viel arbeiten, um die finanziellen Ansprüche ihrer Partner oder Kinder zu erfüllen. Oder es wird aufgrund gestörter familiärer Verhältnisse der Arbeitsplatz dem Zuhause vorgezogen. Alleinerziehende Mütter oder Väter können nach Robinson (2000) ebenfalls leicht arbeitssüchtig werden, insbesondere wenn sie aufgrund der gegebenen Bedingungen zwei oder mehr „Berufe“ (besser gesagt: Einkommensquellen) haben müssen, um finanziell über die Runden zu kommen.

Auf einer zweiten Ebene nennt Robinson (2000) Wechselbeziehungen zwischen den Variablen Familie, Arbeit, Schule und Kirche/Religion, die die Arbeitssucht forcieren können. Beispiel hierfür wäre eine Firma, die von ihren Angestellten verlangt, einen Teil ihrer Freizeit zu opfern, um mehr zu verdienen und Anerkennung zu erlangen. Beruflicher und/oder finanzieller Erfolg werden eng an Anstrengungsbereitschaft und Leistungserbringung geknüpft, was nicht nur einen positiven motivationalen, sondern am äußeren Ende auch einen negativen, weil überschießenden Effekt haben kann. Oder, wie Diane Fassel es im Titel ihres 1991 erschienenen Buches ausdrückte: „Wir arbeiten uns noch zu Tode“.

Robinson (2000) nennt auf dieser zweiten Ebene aber auch technische Veränderungen und technologische Fortschritte, die dazu beitragen können, dass die Grenze zwischen Heim und Arbeitsplatz oder zwischen Heim und Schule verschwimmt. In diesem Zusammenhang ist sicherlich auf die in bestimmten Branchen immer beliebter werdenden „Heimarbeitsplätze“ zu verweisen. Eigentlich dienen solche Heimarbeitsplätze auch dazu, die berufliche Arbeit flexibler und damit auch familienfreundlicher zu gestalten. Es gibt jedoch Hinweise darauf, dass durch diese Vermischung von beruflicher und privater Sphäre für bestimmte Personen ein nur schwer zu kontrollierender ständiger Arbeitsdruck entsteht.

Auf einer dritten Ebene schließlich nennt Robinson (2000) gesellschaftliche Umfeldfaktoren (Medien, gesellschaftliche Mythen, Sprichwörter etc.), die ein arbeitssüchtiges Verhalten fördern können. Hier wären beispielsweise Sprichwörter wie „Spare, lerne, leiste was – dann hast du, kannst du, bist du was“ (ein alter Werbeslogan einer Finanzdienstleistungsgruppe), aber auch kollektive Verunglimpfungen führender Politiker (man denke an das Wort vom „kollektiven Freizeitpark Deutschland“ des Ex-Bundeskanzlers Helmut Kohl oder die Schelte über das Arbeitsverhalten deutscher Lehrer seines damaligen Amtsnachfolgers Gerhard Schröder) oder auch Werbemedien, die den Workaholic als Leitbild darstellen zu nennen.

Folgen und Konsequenzen von Arbeitssucht

Entgegen der landläufigen Meinung, dass Arbeit noch nie jemandem geschadet hat und das arbeitssüchtige Mitarbeiter ein „Segen“ für jedes Unternehmen sind (Machlowitz 1978, 1981) verweisen zunehmend mehr Autorinnen und Autoren also auf die fatalen Folgen und die zahlreichen negativen Konsequenzen, die ein Zuviel an Arbeit und die Arbeitssucht mit sich bringen können, und das nicht nur für die Betroffenen selber, sondern auch für ihr näheres und weiteres Umfeld (z. B. Familie, Freunde, Kollegen) sowie für die Gesellschaft insgesamt. Im Folgenden soll kurz auf mögliche Auswirkungen der Arbeitssucht in unterschiedlichen Bereichen eingegangen werden.

Betroffene

Im Gegensatz zu stoffgebundenen Abhängigkeiten, bei denen die ersten Konsequenzen eines Suchtmittelmissbrauchs schon nach relativ kurzer Zeit feststellbar sind, kann es bei der Arbeitssucht Jahre oder sogar Jahrzehnte dauern, bis die Auswirkungen des süchtigen Verhaltens erkennbar werden. Gerhard Mentzel (1979) hat in Anlehnung an Erkenntnisse der Alkoholismusforschung ein Phasenmodell der Arbeitssucht entwickelt. Dieses Phasenmodell ist weniger als ein empirisch abgesicherter und daher wissenschaftlich fundierter Verlauf einer Arbeitssuchtproblematik zu begreifen, sondern dient eher illustrativen Zwecken, um die Entwicklung und die Konsequenzen der Problematik zu verdeutlichen. Mentzels (1979) Phasenmodell der Arbeitssucht besteht aus drei Abschnitten (Einleitungsphase oder psychovegetatives Stadium, Kritische Phase oder psychosomatisches Stadium, Chronische Phase), später fügte Mentzel (1987) noch als vierte Phase die Endphase hinzu.

Die anfangs auftretenden Folgeerscheinungen der Arbeitssucht („Einleitungsphase/psychovegetatives Stadium“) sind nach Mentzel (1979) beispielsweise Erschöpfungsgefühle, leichte depressive Verstimmungen, Konzentrationsstörungen und unbegründbare Ängste im psychischen Bereich, während als physische Beschwerden Kopf- oder Magenschmerzen und Herz-Kreislaufbeschwerden beispielhaft zu nennen sind. Wegen ihrer Unspezifität werden diese Beschwerden häufig überspielt und häufig sogar durch vermehrten Arbeitseinsatz wettgemacht. In der Regel ist das Bewusstsein der Betroffen was ihren problematischen Arbeitsstil angeht, in dieser frühen Phase noch nicht besonders entwickelt. Es wird angenommen, dass man lediglich „ein bisschen überarbeitet“ ist und nach einer kurzen Phase der Entspannung wieder zur alten Leistungsstärke zurückfinden wird.

Die zweite Phase („kritische Phase/psychosomatisches Stadium“) ist durch massive psychische und/oder physische Beeinträchtigungen gekennzeichnet. Es kommt zu deutlichen Depressionen, die die Karriere unter- oder gar abbrechen können. Im körperlichen Bereich treten schwerwiegende Probleme wie Bluthochdruck, Herzinfarkt oder Magengeschwüre auf. Aufgrund ihrer Schwere können diese Symptome nicht überspielt werden und müssen intensiv behandelt werden. Die eigentliche Ursache der Erkrankung, der problematische Arbeitsstil, wird jedoch häufig nicht erkannt und entsprechend auch nicht behandelt, was zu einer Chronifizierung des Leidens führen kann.

Allerdings ist nach Mentzel (1979) auch eine andere Entwicklung denkbar, denn an die Stelle einer körperlichen Erkrankung kann auch eine Suchtverschiebung treten, d. h. zur Wahrung des inneren Gleichgewichts werden auch süchtiges Rauchen, vermehrter Alkoholkonsum und exzessives Essen auftreten. Natürlich ergeben sich aus diesen Verhaltensweisen wiederum Risikofaktoren für die Gesundheit.

Was den Arbeitsstil angeht, so findet in der zweiten Phase eine zunehmende psychische Bindung an die Arbeit statt. Arbeit dient der Flucht vor Konflikten oder dem Vermeiden unangenehmer Situationen. Die Arbeitssüchtigen verlieren zunehmend die Kontrolle über ihr Arbeitsverhalten, d. h. sie arbeiten auch dann weiter, wenn sie eigentlich zu erschöpft sind. Es zeigt sich eine massive Erhöhung der Arbeitsstundenzahl, die schnell 70-80 und mehr Stunden erreichen kann. Arbeitssüchtige glauben, dass ihrer Arbeits- und Leistungsfähigkeit keine Grenzen gesetzt sind. Unter völliger Missachtung ihrer körperlichen und geistigen Bedürfnisse treten sie immer stärker in den Kreislauf von Arbeiten bis zur Erschöpfung und kurzfristigem Regenerieren ein.

In der dritten Phase (chronische Phase) schließlich hat die Arbeit den Arbeitssüchtigen vollständig unter Kontrolle. Es treten Entzugserscheinungen auf, wenn nicht gearbeitet wird, in physischer Hinsicht zum Beispiel Schweißausbrüche oder Herzjagen, in psychischer Hinsicht starke emotionale Stimmungsschwankungen und Angstattacken. Das soziale Leben des Arbeitssüchtigen schränkt sich mehr und mehr ein, diesbezügliche Verpflichtungen werden von ihm nicht mehr wahrgenommen. Es wird nur noch, quasi rund um die Uhr, gearbeitet, abends, an Wochenenden, an Feiertagen, im Urlaub.

Im Endstadium schließlich kommt es zu in der Regel irreparablen Minderungen der Leistungsfähigkeit, sowohl in körperlicher als auch in geistig-seelischer Hinsicht. Mentzel (1987) verweist auf deutliche Konzentrationsschwächen, eine verlangsamte Wahrnehmungs- und Denkfähigkeit sowie chronische Depressionen bis hin zum vorzeitigen (Frei-)Tod als Konsequenzen der ständigen Überforderungen durch das arbeitssüchtige Verhalten. Fassel (1991, S. 71) erwähnt den „moralischen und spirituellen Bankrott" als kennzeichnendes Merkmal der Arbeitssüchtigen im Endstadium.

Partner/Familie

Arbeitssüchtigen fällt es schwer, ihr suchtkrankes Verhalten auf den Beruf zu beschränken. Schließlich sind sie arbeitssüchtig und nicht berufssüchtig. D.h., die Verhaltens- und Erlebensmuster der Arbeitssüchtigen belasten zunehmend auch das partnerschaftliche und familiäre Leben. Dadurch, dass Arbeitssüchtige Arbeit mit ins Bett nehmen, die Wochenenden durcharbeiten und auch im Urlaub ständig Arbeit verfügbar haben (und auch erledigen), fallen Zeiten für die Pflege und das Ausleben von Beziehungen weg. Die einseitige Fokussierung des Arbeitssüchtigen auf die Arbeit wird von den nächsten Angehörigen zu Recht als Desinteresse und mangelnde Aufmerksamkeit gedeutet. Beziehungen verarmen sowohl psychisch als auch physisch. Machlowitz (1981) beschreibt verschiedene Möglichkeiten, wie Arbeitssüchtige in der Familie (nicht) präsent sein können:

- Sie sind quasi nie anwesend, was von der Familie entweder hingenommen oder aber ständig moniert werden kann. In beiden Fällen kommt es in der Regel jedoch zum Bruch. Nicht-anwesende Elternteile können zudem in keinerlei Hinsicht als Ansprechpartner oder Erziehungsinstanz für die Kinder dienen.
- Es kann auch vorkommen, dass die Arbeitssüchtigen zwar physisch anwesend sind, gedanklich sich aber nur mit ihrer Arbeit befassen. Ebenso wie im ersten Fall steht der Arbeitssüchtige aber weder seinem Partner/seiner Partnerin noch seinen Kindern zur Verfügung. Es findet kein Austausch statt, ein gemeinsames partnerschaftliches oder familiäres Leben wird nicht praktiziert.
- Eine andere Form der familiären Beteiligung zeigen Arbeitssüchtige, die die langen Zeiten ihrer Abwesenheit durch intensives Eingreifen in das familiäre Leben innerhalb kürzester Zeit kompensieren wollen. Es werden dann förm-

lich „Sprechstunden" am Sonntagnachmittag eingerichtet, wo man den Kindern für zwei Stunden zur Verfügung steht und sich ausschließlich um sie kümmert. Arbeitssüchtige bemühen allzu gerne die Argumentation, dass es ja nicht auf die reine Menge an Zeit, die man mit den Kindern und der Familie verbringt, ankäme, sondern auf die Qualität der Interaktion. Auch wenn diese Argumentation nicht grundsätzlich falsch sein muss, so stellt sich aber dennoch die Frage, ob es nicht eine Mindestanforderung an Eltern gibt, was die physische Präsenz angeht, wenn sie wirklich aktiv die Erziehung ihrer Kinder gestalten wollen.

Was den Freundes- und Bekanntenkreis angeht, so sind ähnlich negative Entwicklungen bei Arbeitssüchtigen festzustellen. Entweder werden die freundschaftlichen Beziehungen zunehmend vernachlässigt und schlafen schließlich vollends ein, oder aber der Freundes- und Bekanntenkreis wird primär aus Arbeits- und Geschäftskollegen rekrutiert, was dann zur Folge hat, dass auch in der sogenannten Freizeit vermehrt Arbeits- und Berufsthemen eine Rolle spielen.

Vorgesetzte, Mitarbeiter, Kollegen, Unternehmen

Möglicherweise bedingt durch die Tatsache, dass Arbeitssucht als eigenständiges Verhaltensmuster oder gar Krankheitsbild höchst umstritten ist, haben sich bislang nur wenige Unternehmen und Forscher der Frage gewidmet, ob und inwiefern arbeitssüchtiges Verhalten ein für Organisationen bedeutsames Problem darstellt.

Während stoffgebundene Störungen wie Alkoholismus, Tabletten- und Rauschmittelabhängigkeit in den letzten Jahren, auch und gerade im Bereich Arbeit und Beruf, verstärkte Beachtung finden, weil solche Störungen erhebliche ökonomische und psychologische Konsequenzen für die Organisation mit sich bringen, werden stoffungebundene Suchtformen kaum problematisiert (Poppelreuter, 2014).

Im Sinne einer ganzheitlichen Perspektive kann aber davon ausgegangen werden, dass jede Form süchtigen oder abhängigen Verhaltens letztlich negative Konsequenzen für eine Person und damit mit großer Wahrscheinlichkeit auch für das diese Person beschäftigende Unternehmen hat. Nach Taylor (1984) ist mit folgenden, sowohl seitens des Betroffenen als auch seitens des Unternehmens unerwünschten Effekten arbeitssüchtigen Verhaltens zu rechnen:

- Ein Mitarbeiter wird während der regulären Arbeitszeit weniger effektiv arbeiten, da er die Abend- und Nachtstunden als „Ausweichraum" für unerledigte Arbeit betrachtet.
- Mit wachsender Arbeitszeit kommt es zu einem Verlust an Aufnahme- und Verarbeitungsleistung, die Arbeitserledigung wird zunehmend ineffektiver.

- Es kommt zu Zeitverlusten für wesentliche andere Tätigkeiten (Planung, Innovationsförderung, Erholung).
- Eine unbalancierte Beziehung zwischen Arbeitszeit und Freizeit entsteht.
- Arbeitssucht verhindert die Entstehung und/oder Fortentwicklung anderer am Arbeitsplatz erwünschter Verhaltensmuster (Delegation, Verantwortungsabgabe, Kooperation und Teamarbeit etc.).

Arbeitssucht schadet also nicht nur dem Betroffenen, sondern auch und gerade dem Unternehmen, für das er arbeitet. Unternehmen täten demnach gut daran, arbeitssüchtige Verhaltensmuster ihrer Mitarbeiter frühzeitig zu erkennen und entsprechende Gegenmaßnahmen zu ergreifen.

Darauf weisen auch die Betriebswirtschaftler Horst Steinmann, Bernd Richter und Sabine Großmann (1984) hin, die in einem Aufsatz die Folgen arbeitssüchtigen Verhaltens für Unternehmen aus wirtschaftlicher Perspektive beschreiben.

a) Arbeitssucht hat einen negativen Einfluss auf die Aufgabenerfüllung (betroffene Mitarbeiter halten sich nicht an Arbeitsteilungen und Kompetenzzuweisungen, sie mischen sich in alles ein, glauben, alles besser zu können).
b) Arbeitssucht hat einen negativen Einfluss auf das Interaktionsverhalten (betroffene Mitarbeiter werden zunehmend kommunikationsunfähig, sie ziehen sich zurück, als Vorgesetzte überfordern sie ihre Mitarbeiter, sie delegieren nicht).
c) Arbeitssucht hat einen negativen Einfluss auf die individuelle Leistungsfähigkeit (der problematische Arbeitsstil führt mit fortschreitender Zeit zu physischen und psychischen Auffälligkeiten, die krankheitsbedingte Abwesenheit nimmt zu, längere Arbeitsunfähigkeit und/oder Frühinvalidität droht).

Steinmann et al. (1984) plädieren auf Basis der vorgenannten Argumentation für geeignete Maßnahmen zur Prävention, Identifikation und Therapie der Arbeitssucht. Suchtfördernde Arbeitsbedingungen seien zu vermeiden, betroffene Mitarbeiter zu erkennen und therapeutische Maßnahmen einzuleiten.

Die Autoren regen u. a. dazu an, dass Unternehmen

- über ihre Personalauswahlverfahren und ihre Anforderungsprofile bei Stellenbesetzungen nachdenken, um die frühzeitige Kultivierung einer suchtfördernden Organisationsumgebung zu verhindern,

- ihre Anreizsysteme („Qualität statt Quantität“) sowie ihre Arbeitszeit-, Pausen- und Urlaubsregelungen im Hinblick auf suchtbegünstigende Aspekte untersuchen,
- sich bemühen, Arbeitssucht in ihrer Organisation zu identifizieren, die Organisationsmitarbeiter insgesamt für die Problematik zu sensibilisieren und geeignete Maßnahmen zur Rehabilitation Betroffener zu realisieren.

Gesamtgesellschaft

Die Diskussion um die gesamtgesellschaftlichen Folgen arbeitssüchtigen Verhaltens ist aus zwei Blickwinkeln zu betrachten. Einerseits werden die Folgen und Konsequenzen des Fehlverhaltens des Arbeitssüchtigen für die Gesamtgesellschaft dargestellt. So führen Breitsameter und Reiners-Kröncke (1997) an, dass die Arbeitssüchtigen, mit ihren das normale Maß weit überschreitenden Arbeitszeiten, vielen anderen die Arbeitsplätze wegnehmen. Und davon seien nicht nur diejenigen betroffen, die keine Arbeit mehr finden, sondern auch jene, die über ihre Steuerbeiträge Arbeitslosengelder und -hilfen finanzieren müssten. Hinzu käme, dass die Arbeitssüchtigen aufgrund ihres exzessiven Verhaltens sich nachhaltig gesundheitlich schädigen würden, was vermehrt zu krankheitsbedingten Fehl- und Ausfallzeiten bis hin zu Frühberentungen führen würde. Dadurch würden die Kranken- und Rentenkassen immens belastet.

Auf der anderen Seite wird allerdings auch diskutiert, inwiefern nicht die Gesellschaft überhaupt eine Grundlage für die Entwicklung arbeitssüchtigen Verhaltens schafft. Puschmann und Wegener (1992) beispielsweise betrachten Arbeitssucht als ein Phänomen, „das einer Sozialpathologie entspricht“ (S. 33). Die Arbeitssucht stellt nach ihrer Auffassung ein gesamtgesellschaftliches Problem dar, eine „kollektive Verhaltensform“ (S. 36). Durch die Anwendung des Begriffs auf bestimmte Personen sollten diese in eine Art Außenseiterrolle gedrängt und von der persönlichen Verfangenheit des Begriffsverwenders in gesellschaftlich bedingte Sachzwänge abgelenkt werden. Puschmann und Wegener (1992) halten es für fraglich, ob sich eine Person überhaupt diesen gesellschaftlichen Sachzwängen entziehen kann und eine rein individuelle Bestimmung des Verhältnisses Person-Tätigkeit möglich ist, ob es in unserer auf Besitz und Konsum ausgerichteten Gesellschaft also realistisch ist, dass jemand „nicht-arbeitssüchtig“ ist. Einen Maßstab dafür zu finden, ab wann jemand in Konkurrenzgesellschaften als arbeitssüchtig zu bezeichnen ist, halten Puschmann und Wegener (1992) für schwerlich möglich. Kurz gesagt: Nach Auffassung der Autoren ist Arbeitssucht ein zwangsläufiges Symptom unserer Arbeitsgesellschaft. Lesenswerte Beiträge zur Überbetonung der Arbeit in unseren Industrienationen liefert auch Hank (1995).

Axel Bohmeyer (2002, S. 5) stellt die Arbeitssucht als ein individuelles pathologisches Verhalten dar, „das allerdings durch die hohe normative Fixierung auf die Arbeit in der Gesellschaft hervorgerufen wird". Arbeit sei aus zweierlei Gründen in unserer Gesellschaft wichtig: zum einen, um gesellschaftliche Anerkennung zu erhalten, und zum anderen, weil es eine materielle Notwendigkeit gebe, eine bezahlte Arbeit aufzunehmen. „Der Wunsch, eine materielle Grundlage zu haben, sozial anerkannt zu werden und sich selbst verwirklichen zu können, findet in der gesellschaftlich organisierten Arbeit seinen Ort. (...) Doch die hohe soziale Anerkennung, die mit der Teilhabe an der Erwerbsarbeit verbunden ist, führt zu sozialen Pathologien. Sie hat ihre Wurzel in der normativen Überladung der Erwerbsarbeit. Die hohe soziale Wertschätzung der Erwerbsarbeit kann zu einem arbeitssüchtigen Verhalten führen, weil ein solches Verhalten nicht missbilligt wird, sondern im Gegenteil zu sozialer Anerkennung führt" (Bohmeyer, 2002, S. 19 f.). In Zeiten hoher Erwerbslosigkeit sei die Wahrscheinlichkeit, vermehrt arbeitssüchtige Verhaltensmuster vorzufinden, sogar noch erhöht, da *das* Instrument, um gesellschaftliche Anerkennung zu erfahren – nämlich eine Erwerbstätigkeit – ein rares Gut ist. Und um sich dieses Gut zu sichern, tendieren (immer mehr) Menschen dazu, sich vollends und ausschließlich auf ihre Arbeit zu konzentrieren.

Die Gesellschaft leidet somit nicht nur unter den Folgen der Arbeitssucht, nach Auffassung nicht weniger Autoren provozieren und fördern die gesellschaftlichen Rahmenbedingungen und Wertehierarchien geradezu arbeitssüchtige Verhaltensmuster. Insofern hat die Prävention und Intervention arbeitssüchtiger Verhaltensmuster nicht nur auf der individuellen Ebene, sondern auch und gerade auf der gesamtgesellschaftlichen Ebene anzusetzen. Es grenzt dabei schon an Hohn, dass in den letzten Jahren auch und gerade solche Dienstleistungen und Branchen einen Aufschwung verspürten, die einen Kontrapunkt zum tätigen Leben darstellen wollen, nämlich die Tourismus- und Wellness-Branche. Und ist es nicht bemerkenswert, dass vor einigen Jahren noch die Arbeitssucht in den Augen nicht weniger Manager, Forscher und Politiker ein zu belächelndes und vernachlässigbares Thema darstellte, und dass inhaltlich identische Seminare und Publikationen heute großen Anklang und Absatz finden, nur weil sie unter dem Begriff „Work-Life-Balance" in die Öffentlichkeit getragen werden? Offensichtlich findet auch in der Gesellschaft ein Bewertungswandel statt, was das Phänomen der Arbeitssucht angeht. Es wird nicht länger geleugnet, dass es so etwas tatsächlich geben kann. Und es wird ernsthaft darüber nachgedacht, wie man zu einer ausgeglicheneren Lebensführung kommen kann, in der neben der Arbeit auch andere Bereiche menschlichen Daseins (der soziale Kontakt, die Muße, die Spiritualität, das Spiel) einen angemessenen Raum einnehmen.

2.4.2 Präsentismus und Burnout

Von der im vorangegangenen Kapitel behandelten Arbeitssucht abzugrenzen ist das spezifische Phänomen, (wiederholt) trotz Krankheit zur Arbeit zu gehen, auch wenn beides gleichermaßen im Burnout gipfeln kann.

Was versteht man unter Präsentismus?

In Anlehnung an den Begriff des Absentismus – umgangssprachlich Blaumachen, also Abwesenheit vom Arbeitsplatz trotz Arbeitsfähigkeit,– wird dieses Verhalten auch Präsentismus genannt und bezeichnet eben die Anwesenheit am Arbeitsplatz trotz krankheitsbedingter Arbeitsunfähigkeit (Aronsson, Gustafsson & Dallner, 2000). Präsentismus wurde als Phänomen lange Zeit kaum beschrieben, gewinnt aber in den letzten Jahren stetig an Bedeutung und so auch das Interesse der Forschung. Aktuelle Zahlen stammen aus einer repräsentativen Befragung des Deutschen Gewerkschaftsbunds von 2015 und besagen, dass gut zwei Drittel aller Beschäftigten im vergangenen Jahr mindestens einmal zur Arbeit gegangen sind, obwohl sie sich „richtig krank gefühlt haben" (DGB-Index Gute Arbeit Kompakt, 2016, S. 2). Im Schnitt sind die Betroffenen dann an immerhin zwölf Tagen pro Jahr krank am Arbeitsplatz erschienen, jeder siebte ging sogar drei Wochen oder länger trotz Erkrankung zur Arbeit.

Rahmenbedingungen und Folgen von Präsentismus

Dabei sind die langfristigen Folgen von Präsentismus gravierend, die negativen Auswirkungen betreffen sowohl Arbeitgeber als auch Arbeitnehmer. Zahlreiche Studien zeigen deutliche Auswirkungen von Präsentismus auf die Gesundheit der Beschäftigten (Demerouti, Le Blanc, Bakker, Schaufeli & Hox, 2009; Gustafsson & Marklund, 2011; Kivimäki et al., 2005). Diese schaden sich also zunächst und an erster Stelle selbst, wenn sie arbeiten gehen statt sich zu Hause auszukurieren und so auch langfristige gesundheitliche Folgen riskieren. Sie schaden aber auch der Organisation: Es bringt je nach Arbeitsplatz ein erhöhtes Unfallrisiko mit sich, trotz Krankheit arbeiten zu gehen, und die Betreffenden sind allgemein in ihrer Leistungsfähigkeit eingeschränkt: Sie treffen möglicherweise suboptimale Entscheidungen, bearbeiten Aufgaben fehlerhaft oder Kundenanliegen weniger freundlich, und sie stecken je nach Erkrankung womöglich auch noch die Kollegen an. Damit gehen massive finanzielle Folgen für die betroffenen Unternehmen (z. B. Schultz, Chen & Edington, 2009) und für Wirtschaft und Gesellschaft insgesamt einher (Caverley, Cunningham & McGregor, 2007; Maar & Fricker, 2011). Besonders verbreitet scheint Präsentismus im Gesundheitswesen zu sein, wobei gerade hier die Gefahr der exponentiellen Weiterverbreitung ansteckender Krankheiten nicht nur an Kollegen, sondern eben auch an Klienten und Patienten besonders hoch ist.

Häufiger beobachtet wird Präsentismus auch bei Personen mit vergleichsweise geringem Einkommen oder einem unsicheren Arbeitsplatz. Unbefristet angestellte Mitarbeiter gehen seltener krank zur Arbeit als solche in prekären Beschäftigungsverhältnissen (Caverley et al., 2007), wobei auch schlechte Karriereaussichten mit Präsentismus assoziiert werden. Ebenso gehen Menschen mit allgemein schlechtem Gesundheitszustand eher trotz Krankheit zur Arbeit (Miraglia & Johns, 2015). Hier muss es natürlich nicht die Angst vor Sanktionen bei zu häufigem Kranksein sein, die den Präsentismus bedingt. Möglich ist auch, dass umgekehrt eine Neigung zu Präsentismus für den schlechten Gesundheitszustand mitverantwortlich ist, wenn Krankheiten verschleppt werden und chronifizieren. Bei langwierigen Erkrankungen dürfte zusätzlich zur Angst vor Nachteilen auch eine Rolle spielen, dass die Arbeit den Betroffenen eine willkommene Ablenkung bietet, da ihnen sonst „die Decke auf den Kopf fällt", wie eine Betroffene es im Interview plastisch auf den Punkt gebracht hat (Bach & Mierke, 2018).

Außerdem spielen natürlich auch die allgemeinen Rahmenbedingungen der täglichen Arbeit eine Rolle, z. B. starker Zeit- und Termindruck oder ein sehr hohes Arbeitsaufkommen (Biron, Brun, Ivers & Cooper, 2006). Auch wenn man wirklich gebraucht wird (wie z. B. bei Berufen im Sozial- und Gesundheitswesen von den Patienten oder Kindern, Jugendlichen und Senioren), und wenn es noch dazu wenig Vertretungsmöglichkeiten gibt, ist Präsentismus deutlich erhöht (Johns, 2011). Auch gute Beziehungen im Team bringen es leider mit sich, dass man die Kollegen nicht hängen lassen will und sich eher noch krank zur Arbeit schleppt (Palo & Pati, 2013). Umgekehrt dürfte auch ein sehr schlechtes soziales Klima im Kollegium die Wahrscheinlichkeit von Präsentismus erhöhen (Hansen & Anderson, 2008), hier wäre die Triebfeder allerdings eher Angst vor hässlichen Gerüchten oder bei wichtigen Projekten und Entscheidungen übergangen zu werden.

Motive: Warum gehen Menschen krank zur Arbeit?

Fragt man die Beschäftigten direkt, was sie motiviert, trotz Krankheit arbeiten zu gehen, so finden sich als häufigste Nennungen im europäischen Raum, dass andere von einem abhängen und man die Kollegen nicht im Stich lassen möchte, ebenso ein hohes Pflichtgefühl gegenüber und Freude an den Aufgaben (Caverley et al., 2007; Johansen, Aronson & Marklund, 2014). Ein geringerer Anteil der Befragten in diesen Studien gibt an, Angst vor Sanktionen, vor dem Verlust des guten Rufes oder gar des Arbeitsplatzes zu haben, und sich aus diesen Gründen krankheitsbedingte Fehlzeiten nicht leisten zu können. Diese letztgenannten Motive für Präsentismus hängen bedeutsam damit zusammen, ob bzw. wie sehr z. B. Entscheidungen über Löhne und Beförderungen in der eigenen Organisation als nachvollziehbar und gerecht empfunden werden (Bach & Mierke, 2018; vgl. auch Patel, Budhwar & Varma, 2012).

Um Präsentismus samt seiner negativen Folgen durch gezielt auf die jeweilige Organisation und Branche zugeschnittene Maßnahmen zu reduzieren, lohnt es, die Motive für dieses Verhalten zu identifizieren. Mit der von Bach und Mierke (2018) entwickelten Skala zur Erfassung von Motiven für Präsentismus am Arbeitsplatz (SEMPA) liegt ein kostenfreies und relativ kurzes solches Instrument für den deutschen Sprachraum vor, das die Häufigkeit von Präsentismus (erfasst mit der Skala von Hägerbäumer, 2011) zudem gut vorhersagt. Die SEMPA erfasst die Ausprägung von insgesamt fünf Motiven, die in Infobox 2.4.2.1 skizziert sind.

Infobox 2.4.2.1:
Fünf Motivfaktoren der Skala zur Erfassung von Motiven für Präsentismus am Arbeitsplatz (SEMPA; Bach & Mierke, 2018) mit Beispielitems

- Pflichtgefühl gegenüber den Kollegen umfasst als Subskala insgesamt fünf Items, die Gedanken widerspiegeln wie gebraucht zu werden, es allen Recht machen zu wollen und nicht zur Last fallen zu wollen, z. B.: „Ich gehe trotz Krankheit zur Arbeit, um meine Kollegen nicht im Stich zu lassen."
- Wahrung des sozialen Ansehens erfasst das Motiv, belastbar und engagiert zu wirken und so seinen Status zu wahren, mit insgesamt vier Items, z. B. „Wenn ich krank zur Arbeit gehe, zeige ich keine Schwäche."
- Intrinsisches Pflichtgefühl gegenüber den Arbeitsaufgaben umfasst als Subskala insgesamt sechs Items, die Gedanken zur Einhaltung von Terminen, eine Verpflichtung gegenüber Kunden sowie den Aufgaben an sich abbilden, z. B. „Wenn ich aufgrund einer Erkrankung zu Hause bleibe, bleibt die Arbeit liegen."
- Furcht vor negativen Konsequenzen besteht als Subskala aus drei Items, die Sorgen um Arbeitsplatzverlust, schlechte Beurteilung oder Umsatzeinbußen für das Unternehmen abbilden, z. B. „Wenn ich aufgrund einer Erkrankung nicht arbeite, hat dies Auswirkungen auf meine Leistungsbeurteilung."
- Ablenkung bildet schließlich mit drei Items das Motiv ab, mutmaßlich v. a. bei langwierigeren Erkrankungen durch die Arbeit auf andere Gedanken zu kommen, bzw. diese als wichtigen Teil des eigenen Lebens zu erleben, z. B. „Wenn ich bei einer Erkrankung nicht arbeite, fällt mir zu Hause die „Decke auf den Kopf"."

Mögliche Maßnahmen auf Unternehmensseite

Um in der Praxis gezielte Maßnahmen gegen Präsentismus ableiten zu können, ist eine Kenntnis der Motive der Beschäftigten essenziell, da sich je nachdem ganz unterschiedliche Ansatzpunkte ergeben. Bei Angst vor negativen Folgen oder vor Gerüchten und Statusverlust wäre z. B. an der Transparenz von Gründen für Leistungsbeurteilungen, Beförderungen und Kündigungen anzusetzen, gegebenenfalls sind Maßnahmen zur Verbesserung des Teamklimas sinnvoll. Andere Motive wie ein starkes Pflichtgefühl gegenüber der termingerechten Erledigung der Arbeitsaufgaben könnten durch eine bessere Personaldecke oder eine realistische Einplanung von Pufferzeiten ausgeräumt werden. Eine Reduzierung von Präsentismus führt einerseits dazu, dass langfristig die Gesundheit der Mitarbeiter erhalten bleibt und sich für die Unternehmen zudem die Verluste verringern, die durch präsentismusbedingte Arbeitsunfälle, Fehlentscheidungen, langfristige Erkrankung infolge von verschleppten Symptomen, oder auch Infektion weiterer Kollegen resultieren. Auf gesamtgesellschaftlicher und volkswirtschaftlicher Ebene ist zudem zu bedenken, dass in zahlreichen Berufen durch Kontakt mit Klienten und Patienten auch Personen außerhalb des eigenen Unternehmens von Präsentismus bei ansteckenden Krankheiten betroffen werden und sich Infektionen exponentiell verbreiten können.

Zu nennen ist darüber hinaus der Imageschaden für die Arbeitgeberattraktivität. Dem Umfeld der Beschäftigten wird nicht verborgen bleiben, wenn man sich bei diesem Unternehmen nicht erlauben kann, krank zu sein, weil die Personaldecke zu dünn ist, wichtige Aufgaben folglich unerledigt bleiben, die Kollegen überlastet werden oder man gar Sanktionen fürchten muss. Es sollte für die Beschäftigten selbstverständlich sein dürfen, bei einer ernsthaften Erkrankung zu Hause zu bleiben und sich auszukurieren – und es sollte für Unternehmen selbstverständlich sein, nachhaltig die entsprechenden Rahmenbedingungen dafür herzustellen. Wo Präsentismus bereits auftritt, kann eine gezielte Ursachenanalyse helfen, angemessene Maßnahmen zu ergreifen. Jenseits von dem, was Fürsorgepflicht und Ethik gebieten: Rechnen wird sich das in jedem Fall.

Burnout

Im Zuge der Diskussion um die intrapersonalen Folgen zunehmender Belastungen durch die veränderte Arbeitswelt hat eine Symptomatik eine besonders herausgehobene Karriere gemacht: der Burnout. Inzwischen ist er zu einer Art „Modediagnose“ verkommen. So wie es in den 70er Jahren mit dem Aufkommen des Phänomens Stress en vogue kam, „gestresst“ zu sein, so scheint sich der Burnout in ähnlicher Form zu einem Massenphänomen auszuwachsen, das sich viele Arbeitnehmerinnen und Arbeitnehmer leichtfertig auch selbst zuschreiben, ohne zu erfassen, was sich genau hinter einer solchen Symptomatik eigentlich verbirgt. Eine temporäre Lustlosigkeit oder Motivationsschwäche rechtfertigt jedenfalls nicht, von einem Burnout zu sprechen. Und montagmorgendliche Sätze im Büro wie „Ich hatte am Wochenende wieder Burnout" verdeutlichen die Gefahr, dass eine ernste Problematik allzu schnell und inflationär auf normale emotionale und körperliche Schwankungen angewendet wird. Von daher sind Vorsicht und Differenziertheit im Umgang mit dem Begriff dringend angezeigt.

Infobox 2.4.2.2 beschreibt typische Äußerungen eines zumindest burnoutgefährdeten Mitarbeiters.

Infobox 2.4.2.2:
Burnout – Ein Fallbeispiel (Fleischer & Poppelreuter, 2009)

„Ich bin Medizintechniker, 28 Jahre alt und habe vor zwei Jahren mein Studium mit Auszeichnung abgeschlossen. Ich habe nun einen recht gut bezahlten Job in einem Krankenhaus. Seit letztem Jahr bin ich verheiratet, wir haben ein fünf Monate altes Kind. Einen Jungen. Ich sehe ihn kaum, da er schon schläft, wenn ich nach Hause komme. Leider nur solange, bis ich mich hingelegt habe. Er schläft schlecht, schreit viel, es gibt Nächte, da drehe ich fast durch. Am Morgen komme ich kaum noch aus dem Bett. Nur die Flucht vor unserem brüllenden Baby treibt mich auf die Arbeit, denn dort ist seit etwa einem Jahr auch der Teufel los! Der Chefarzt wurde ausgetauscht und seitdem geht alles drunter und drüber. Man sollte meinen, das würde nur die Ärzte betreffen, aber weit gefehlt. Keiner fühlt sich mehr zuständig, aber alle stellen Ansprüche. Die Ärzte reichen ihren Stress und ihren Erfolgsdruck direkt an uns weiter. Jeder Arzt meint, man müsse sich um seine Sorgen zuerst kümmern, damit er vor dem neuen Chefarzt gut dasteht, beim Kampf um die Stationsarztstellen.
Um mich herum gab es auch schon einige Entlassungen, auch in höheren Positionen. Die Zuständigkeiten werden neu strukturiert, als Neuling weiß man überhaupt nicht mehr, wohin man sich bei Problemen wenden kann. Die „Überlebenden" reagieren mit noch stärkerem Engagement, noch mehr Einsatz, noch mehr Überstunden, noch akribischerer Arbeit. Ich war auch mal einer von denen. Aber das hat doch alles sowieso keinen Sinn. Ich kann sowieso nichts machen, wenn sie uns rausschmeißen wollen, dann interessiert es die doch nicht, ob wir sauber gearbeitet haben! Ich werde jedenfalls nur noch tun, was nötig ist, sollen sich die anderen doch abstrampeln!"

Es ist ein schleichender Prozess, während dessen aufopferungsvolle, engagierte Mitarbeiter, die mit großer Begeisterung und hoher Motivation ihrer

Tätigkeit nachgehen, zu leicht reizbaren und zynischen Menschen werden. Mehr und mehr zeigen sie deutliche Symptome einer schweren körperlichen und psychischen Erschöpfung. Ihre Batterien sind schließlich leer, so leer, dass sie sich aus eigener Kraft nicht mehr helfen können.

Obwohl das Burnoutsyndrom kein neues Phänomen ist, gerät es in den letzten Jahren verstärkt in den Interessenfokus der Medien. Hierzu haben nicht zuletzt prominente Beispiele wie das des Skispringers Sven Hannawald, des Fußballprofis Sebastian Deisler, des Fernsehkochs Tim Mälzer oder auch des früheren brandenburgischen Ministerpräsidenten Matthias Platzeck beigetragen, die ihren Tätigkeiten nicht mehr nachgehen konnten, weil sie von ihrer Arbeit und ihrem Leben Abstand brauchten und sich erholen müssen.

Das Krankheitsbild passt in unsere Leistungsgesellschaft, denn ausdauernde und aufopferungsvolle Arbeit wird in der heutigen Zeit von der Gesellschaft geachtet und gewünscht. Leere Batterien aufgrund von zu viel Arbeit sind daher geradezu selbstwertdienlich, Depressionen werden hingegen häufig mit Schwäche und Versagen gleichgesetzt. Dies ist einer der Gründe, warum sich im deutschen Sprachraum der englische Begriff „Burnout“ durchgesetzt hat und nicht etwa ein deutsches Pendant wie Erschöpfungsdepression oder Erschöpfungsreaktion. Vielen Betroffenen ist diese Bezeichnung wichtig, weil es oftmals noch immer ein Tabu ist, psychotherapeutische Hilfe zu benötigen bzw. in Anspruch zu nehmen. Und obwohl die Symptome des Burnouts psychischen Erkrankungen wie einer depressiven Episode, einer Angststörung oder teilweise sogar einer Schizophrenie ähneln, erleichtert das Label „Burnout“ vielen Menschen den Gang zum Arzt oder zum Psychologen.

Was ist Burnout eigentlich?

Unter Burnout wird im Allgemeinen eine langfristige negative, auf die eigene Arbeitstätigkeit bezogene mentale Verfassung von sonst gesunden Menschen verstanden, die primär durch Erschöpfung, erhebliches Leiden, ein Gefühl reduzierter Effektivität, nachlassender Motivation und der Entwicklung dysfunktionaler Einstellungen und Verhaltensweisen gegenüber der eigenen Arbeit gekennzeichnet ist (Schaufeli & Enzman, 1998). Eine einheitliche Definition von Burnout ist allerdings wegen der Heterogenität und der Vielschichtigkeit der Burnout-Symptomatik schwer und die Festlegung von absoluten Kriterien nicht möglich. Aus medizinischer und psychotherapeutischer Sicht stellt Burnout keine eigenständige Diagnose im engeren Sinn dar und findet beispielsweise im Diagnostischen und Statistischen Manual Psychischer Störungen (APA, 2015) bislang keine Erwähnung. In der Internationalen Klassifikation von Krankheiten ICD-10 (Dilling, Mombour & Schmidt, 2015) stellt Burnout ebenfalls kein eigenständiges Störungsbild dar, wird aber unter Z-73 als Beispiel für „Probleme mit Bezug auf Schwierigkeiten bei der Lebensbewältigung“

aufgeführt. Diagnostiziert wird den Betroffenen zumeist eine (Erschöpfungs-) Depression.

Die Entwicklungsstufen des Burnouts nach Burisch (2010)

Um zu verstehen, durch welche Symptome sich Burnout auszeichnet, ist es sinnvoll, den Entwicklungsprozess von Burnout zu betrachten. Hierzu gibt es verschiedene Systematiken. Eine geläufige und weit verbreitete Systematik des Hamburger Psychologen Matthias Burisch (2010) teilt die Entwicklung von Burnout in sieben Phasen ein.

Phase 1: Großes Engagement

Zu Beginn des Krankheitsprozesses ist Burnout kaum zu erkennen. Viele Burnout-Betroffene werden von ihrer Umgebung als aktiv, dynamisch, zupackend, ideenreich und engagiert erlebt. Anzeichen dafür, dass dieses Engagement das normale Maß übersteigt, bilden unter anderem ein vermehrter Einsatz (für zum Teil unrealistische Ziele), freiwillige Mehrarbeit, der subjektive Eindruck der eigenen Unentbehrlichkeit, das Gefühl, nie mehr richtig Zeit zu haben, die wachsende Verleugnung eigener Bedürfnisse, der Verzicht auf Erholungs- und Entspannungsphasen und eine zunehmende Beschränkung zwischenmenschlicher Kontakte.

Phase 2: Erschöpfung

Das Problem verschärft sich dadurch, dass den eigenen Ansprüchen auf Dauer immer weniger genügt werden kann und auch die Erschöpfungssymptome nicht unbeschränkt durch Mehrarbeit kompensiert werden können. Es kommt zu einer regelrechten Kapitulation vor der Erschöpfung. Reduziertes Engagement für Klienten, Patienten, Mitarbeiter oder Kunden, aber auch für die Familie oder Freunde ist die Folge. Der Erschöpfung wird häufig mit vermehrtem Rückzug von anderen Menschen und der Arbeit an sich begegnet. Dies zeigt sich beispielsweise in einer verminderten Empathiefähigkeit, geringerem Einsatz und Zuspätkommen, Unzuverlässigkeit etc.

Phase 3: Emotionale Reaktionen

Spätestens jetzt fallen die Veränderungen der betroffenen Personen auch Kollegen oder im privaten Umfeld auf. Emotionale Reaktionen als Schutz oder Begründung für das eigene Verhalten oder die eigenen Empfindungen sind auf der einen Seite beispielsweise Depressionen, Ängste und Panikattacken, ein sinkendes Selbstbewusstsein und eine reduzierte emotionale Belastbarkeit, auf der anderen Seite aber auch Bitterkeit, Pessimismus, Intoleranz, Aggressivität, Reizbarkeit und Ungeduld. Viele Betroffene gehen nun noch stärker in die Isolation oder provozieren durch ihr Verhalten die Ablehnung von anderen Menschen.

Phase 4: Psychischer Leistungsabbau

Langsam aber stetig reduziert sich das gesamte Leistungsvermögen. Vor allem die Motivation, die Kreativität und die Gedächtnisleistung schwinden. Der Betroffene kann nun den Anforderungen im Beruf und im Privatleben nicht mehr genügen. Symptome hierfür sind Desorganisation, Merk- und Konzentrationsprobleme, Vergesslichkeit, zunehmende Inflexibilität und Widerstände gegen Veränderungen. Die Arbeitsmoral und die Qualität der Leistung sinken, mehr als Dienst nach Vorschrift ist den Betroffenen nicht mehr möglich.

Phase 5: Verflachung des emotionalen, geistigen und sozialen Lebens

Den Betroffenen ist nun alles gleichgültig. Während die eigenen Bedürfnisse schon lange nicht mehr wahrgenommen werden, fallen die Anliegen und Wünsche anderer Menschen (ob im Berufs- oder im Privatleben) ebenfalls der Gleichgültigkeit zum Opfer. Hobbys und kulturelle Aktivitäten werden völlig eingestellt. Häufig zeigt sich auch das Phänomen, dass die Betroffenen nach außen hin müde, matt und abgeschlagen wirken, sich innerlich aber unruhig, nervös, gespannt, reizbar und aggressiv fühlen.

Phase 6: Körperliche Symptome

Die bisherigen negativen Entwicklungen bilden den Nährboden für eine Reihe von psychosomatischen Reaktionen: Herzprobleme, Magen- und Darmbeschwerden, Übelkeit, Atembeschwerden, häufige Erkältungen, Schlafstörungen, ein geschwächtes Immunsystem, Bluthochdruck, Muskelverspannungen, allergische Reaktionen und nervöse Tics sind nur einige der psychosomatischen Reaktionen, die ein Burnout mit sich bringen kann. Hinzu kommt ein verstärkter Rückgriff auf Alkohol, Tabak, Kaffee und Drogen (z. B. auch Medikamente), um die Symptome zu betäuben. An diesem Punkt gehen viele Betroffene zum Arzt. Doch nur in seltenen Fällen erkennt der Arzt sofort, was hinter diesen Symptomen wirklich steckt.

Phase 7: Verzweiflung

Im Endstadium des Burnouts erlebt der Betroffene existenzielle Verzweiflung. Diese Phase ist geprägt durch eine überwiegend negative Lebenseinstellung und ein Gefühl der Hoffnungslosigkeit, Hilflosigkeit und Niedergeschlagenheit. Im schlimmsten Fall kann es zu Gefühlen völliger Sinnlosigkeit und Wertlosigkeit kommen, die in selbstverletzendem Verhalten oder gar einem Suizidversuch enden können. Professionelle Hilfe ist nun dringlicher denn je.

Die Hauptmerkmale von Burnout

Jede der sieben Stufen des Burnoutprozesses ist, wie eben beschrieben, von bestimmten Symptomen gekennzeichnet. Dennoch gibt es drei übergeordnete Hauptmerkmale bzw. Äußerungsformen, durch die sich Burnout auszeichnet und anhand derer ein an Burnout Erkrankter identifiziert werden kann. Diese Symptome sind (Burisch, 2010):

1. Emotionale, geistige und körperliche Erschöpfung

Die ersten Anzeichen einer Burnouterkrankung sind emotionale, körperliche und geistige Erschöpfungszustände. Diese Erschöpfungssymptome treten häufig gerade bei den Personen auf, die sich vormals sehr für ihre Arbeit eingesetzt haben und die einen Sinn in ihrer Arbeit gesehen haben, also bei den so genannten Leistungsträgern. Das Erkennen von Erschöpfungssymptomen erfordert eine erhöhte und differenzierte Aufmerksamkeit des potenziell Gefährdeten selbst, sowie dessen privaten und beruflichen Umfelds. Obwohl die emotionale Erschöpfung bei Burnout im Vordergrund steht, werden häufig erst die körperlichen und geistigen Erschöpfungssymptome bemerkt oder als ernsthaftes Problem wahrgenommen. Dies ist deswegen besorgniserregend, weil der Burnoutprozess zu diesem Zeitpunkt bereits recht weit fortgeschritten ist und die Betroffenen ohne fremde Hilfe kaum noch aus der Problematik herausfinden können.

2. Depersonalisierung und Zynismus

Ein weiteres deutliches Anzeichen für eine Burnouterkrankung ist die nachlassende Fähigkeit, andere Menschen als Individuen wahrzunehmen. Kollegen, Führungskräfte, Kunden, Klienten, Patienten, aber auch Personen aus dem privaten Umfeld, werden zum „Fall“ degradiert, zum Vorgang, zur Bearbeitungsnummer. Der Betroffene entwickelt Fluchtphantasien, er verliert positive Gefühle gegenüber Patienten, Klienten, Schülern, Kunden, stereotypisiert sie zunehmend und nimmt sie häufig nur noch als belastend, anspruchsvoll, fordernd, reizbar oder aggressiv wahr. Ein innerer Widerstand gegen Anrufe und Besuchstermine baut sich auf und entsprechende Kontakte werden verschoben. Der Betroffene verspürt eine immer größer werdende Unfähigkeit, sich auf andere zu konzentrieren oder ihnen geduldig zuzuhören.

Häufig entwickelt sich aus diesen Empfindungen eine äußerst negative, reizbare oder aggressive Einstellung, welche sich auch in unangebrachtem Verhalten (z. B. Unfreundlichkeit, offenes Klagen über die eigene Arbeit oder ähnlichen betriebsschädigenden Verhaltensweisen) äußert. Diese Verhaltensweisen können langfristig negative Folgen für ein Unternehmen haben. Auch deswegen ist es so immens wichtig, gefährdete oder betroffene Mitarbeiterinnen und Mitarbeiter frühzeitig zu erkennen und ihnen Hilfe und Unterstützung anzubieten.

Manche dieser Verhaltensweisen entstehen anfangs aus Selbstschutz vor zu viel Betroffenheit über das Schicksal der Klienten oder als gesunde Abgrenzung bei Beziehungsarbeit (z. B. bei persönlichen Angriffen von Kunden oder Klienten).

Im Verlauf eines Burnouts kann sich dieser gesunde Selbstschutz zu völligem Zynismus und tiefer Verachtung anderer Menschen wandeln. Dieser Wandlungsprozess wird oft vom Betroffenen selbst nicht wahrgenommen, wohl aber vom Umfeld. Er erzeugt eine Gegenreaktion: mit dem Betroffenen wird ebenfalls anders umgegangen. Dies wirkt wiederum verstärkend auf dessen Haltung, weil er das Verhalten der anderen nicht als Folge der eigenen Verhaltensweisen betrachtet, so dass hier ein Teufelskreis entsteht. Gravierendste Folge der Abwertung und Verachtung der Kunden, Klienten oder Kolleginnen und Kollegen ist die dadurch ausgelöste Missbilligung der eigenen Tätigkeit, bis hin zum völligen Verlust der Fähigkeit, was man tut als sinnvoll zu erleben.

3. Gefühl nachlassender Leistungsfähigkeit

Schließlich zeigt sich ein Burnout auch darin, dass die eigene Leistungsfähigkeit nicht mehr ausreicht, um die zu erledigenden Aufgaben zu bewältigen. Anfänglich kann den eigenen (meist viel zu hohen) Ansprüchen nicht mehr genügt werden. Später jedoch leidet die Leistungsfähigkeit so stark (z. B. durch Müdigkeit, Unkonzentriertheit, Vermeidungsverhalten etc.), dass die Arbeit tatsächlich nicht mehr adäquat bewältigt werden kann. Die Kreativität schwindet als erstes, aber auch Routinearbeit wird aufgrund von Demotivation und Unordentlichkeit nicht oder nur fehlerhaft ausgeführt. Vom Burnout betroffene Personen leiden unter Antriebslosigkeit, fühlen sich überfordert und gleichzeitig unproduktiv. Es bildet sich ein sich selbst verstärkender Kreislauf aus Gefühlen von Unproduktivität, dem Willen, die aufgetragenen Aufgaben zu bewältigen und Überforderungsgefühlen. Eine völlige Arbeitsunfähigkeit kann die Folge dieses Teufelskreises sein.

Die Ursachen von Burnout – wer ist gefährdet?

Burnout kann prinzipiell jeden treffen. Von Anwälten, über Ärzte, Lehrer, Spitzensportler, Polizisten, über Ehrenämtler bis hin zu Büroangestellten, Studenten und sogar Schülern kann jeder ein Burnout-Syndrom entwickeln, wenn einige ungünstige Umstände zusammentreffen. Die Gefahr droht vor allem denjenigen, die sich im Beruf stark engagieren und häufig mit anderen Menschen Kontakt haben. Aber auch Menschen, die unter einem hohen Arbeits- und Leistungsdruck leiden, sind gefährdet. Angesichts der bereits beschriebenen Veränderungen in der Arbeitswelt, die einen erhöhten Arbeits- und Leistungsdruck mit sich bringen können, ist also von einer Zunahme der Fälle von Überlastung, Überforderung und Erschöpfung auszugehen. Ob es sich dabei immer direkt um Burnout handelt, darf allerdings bezweifelt werden.

Zwar muss nicht jeder Leistungsträger damit rechnen, ein Burnout-Syndrom zu entwickeln. Die Wahrscheinlichkeit erhöht sich allerdings stark, wenn die eigenen Bedürfnisse geleugnet werden und die soziale Anerkennung für die eigene Arbeit ausbleibt. Gefährdet sind besonders Personen, für die der Beruf, die Position oder das Projekt zur zentralen oder sogar einzigen Quelle von Selbstverwirklichung, Selbstbestätigung und Selbsterhöhung geworden ist.

Die Prävalenz von Burnout

Zur bevölkerungsbezogenen Häufigkeit von Burnout gibt es aus verschiedenen Gründen nur wenige aussagekräftige Informationen. Zum einen fehlt eine einheitliche und gültige Definition, die Voraussetzung für die Diagnosestellung und damit für eine quantitative Erfassung der Erkrankungsfälle wäre. Allerdings kommt Burnout bei verschiedenen Berufsgruppen auch in unterschiedlichem Ausmaß vor, was eine differenzierte Betrachtung erfordert und allgemeine Aussagen erschwert. Zudem macht die graduelle Abstufung des Burnout-Syndroms die Aussage schwierig, welche Kriterien vorliegen müssen, damit zweifelsfrei ein Burnout diagnostiziert werden kann. Auch ist der Übergang zu Symptomen einer Depression oder anderen psychischen Erkrankungen häufig fließend, so dass eine Abgrenzung schwer möglich ist.

Generell lässt sich aber feststellen, dass psychische Erkrankungen in Deutschland in den letzten 10 Jahren deutlich häufiger diagnostiziert wurden als in der Vergangenheit. Wie aber ist es zu erklären, dass eine psychische Erkrankung wie Burnout bzw. Depression (die zumindest in der Regel nicht ansteckend sind) so stark verbreitet ist? Dazu müssen die Ursachen von Burnout betrachtet werden die, im komplizierten Wechselspiel miteinander, ein Burnout-Syndrom auslösen können.

Ursachen von Burnout

Es gibt unterschiedliche Faktoren, die bei Vorhandensein die Wahrscheinlichkeit erhöhen können, an Burnout zu erkranken. Dies sind vor allem biographische Faktoren und Personeneigenschaften. Doch diese Ursachenfaktoren reichen allein nicht aus, um ein Burnout-Syndrom zu entwickeln. Darüber hinaus müssen auch Auslösebedingungen vorhanden sein, die in komplexer Interaktion mit den prädisponierenden Faktoren zu einem derart dramatischen Krankheitsbild führen können. Dies sind häufig externe Faktoren der Arbeitstätigkeit sowie soziale und gesellschaftliche Bedingungen, aber auch private Krisen (Burisch, 2010; Maslach & Leiter, 2001).

Beginnen wir mit den sozio-biografischen Faktoren und Persönlichkeitsmerkmalen. Frauen scheinen eher von Burnout betroffen zu sein als Männer, wobei zu beachten ist, dass Frauen möglicherweise auch eher bereit sind, über psychische und physische Probleme zu sprechen als Männer. Weiterhin sind Menschen mit einer geringen Arbeitserfahrung und einer schlechten Ausbildung eher burnoutgefährdet. Alleinstehende und Menschen mit wenig sozialem Rückhalt erkranken häufiger an einem Burnout-Syndrom. Außerdem sind vor allem Personen mit hohem Bildungsniveau betroffen, bei denen häufig eine stärkere Identifikation mit der Arbeit beobachtet wird.

Es zeigt sich immer wieder, dass Menschen mit einer geringen psychischen Widerstandsfähigkeit, einer hohen Fremdbestimmung im Arbeits- aber auch Privatleben, ohne aktiven Copingstil (der Fähigkeit, belastende und/oder herausfordernde Situationen angemessen zu bewältigen), mit geringem Selbstwertgefühl, einer hohen emotionalen Labilität und Introvertiertheit und geringer Sensibilität für die eigenen Gefühle eher burnoutgefährdet sind. Auch Menschen mit einem hohen Pflichtbewusstsein, einer hohen Leistungsbereitschaft, einer starken Identifikation mit der Arbeit, einer Neigung zum Perfektionismus oder krankhaftem Ehrgeiz erkranken häufiger an Burnout. Häufig sind es aber auch Menschen mit dem so genannten Helfersyndrom, die schlecht Grenzen setzen, nicht „nein" sagen und sich mehr aufladen, als sie (er-)tragen können.

Bei den auslösenden Faktoren ist zwischen Arbeitsfaktoren und gesellschaftlich-sozialen Faktoren zu unterscheiden. Veränderte Arbeitsbedingungen und Organisationsformen haben mit hoher Sicherheit dazu beigetragen, dass sich Burnout in den letzten Jahren so stark verbreiten konnte. Besonders die in zahlreichen Branchen und Berufsfeldern feststellbare stetig erhöhte Arbeitsbelastung ist ein wesentlicher Einflussfaktor. Hohe Arbeitsbelastungen entstehen z. B. durch widersprüchliche Rollenanforderungen, Unklarheiten in den hierarchischen Strukturen, übermäßigen Leistungsdruck, lange Arbeitszeiten, starken Zeitdruck, geringe Autonomie und Selbstständigkeit, inadäquate Ziele und Konzepte, fehlende Anerkennung, geringe (soziale und fachliche) Unterstützung durch Vorgesetzte und Kollegen, mangelndes Feedback, fehlender Identifikation mit der Arbeit und eine geringen Beteiligung an Entscheidungen.

Eine weitere wichtige arbeitsbezogene Belastung entsteht durch die so genannte Beziehungsarbeit, die im Kontakt mit dem Klienten, Kunden, Patienten etc. geleistet werden muss. Gerade soziale Beziehungen, die sich durch hohe Emotionalität auszeichnen (z. B. der Arzt oder die Pflegekraft im Kontakt mit kranken Menschen, der Vertriebsmitarbeiter im Umgang mit verärgerten Kunden oder die Vorgesetzte, die schwierige Mitarbeiter zu führen hat), fordern von den Menschen ein besonders hohes Maß an Ausgeglichenheit und Reflexionsfähigkeit. Aber auch sozialer Kontakt, der sich dadurch auszeichnet, dass er zu sachlich, einseitig oder unpersönlich ist, kann eine massive Belastung darstellen. Hinzu kommt außerdem noch die Tatsache, dass man sich seine Klienten in der Regel nicht selbst auswählen kann und der Kontakt somit fremdbestimmt und gezwungen ist.

Häufig wird auch die erfahrene Diskrepanz zwischen den anfänglich hohen Erwartungen und Wünschen an die eigene Arbeitstätigkeit und das damit verbundene Engagement auf der einen Seite und der in der Realität häufig empfundene Schock über die tatsächlichen Arbeitsbedingungen (z. B. bei jungen Lehrkräften) auf der anderen Seite als Auslöser für Burnout gesehen.

Darüber hinaus können gesellschaftliche und soziale Probleme die Entwicklung von Burnout begünstigen. Hier sind der Zerfall familiärer und sozialer Bindungen und die damit einhergehende zunehmende Anonymität und Unpersönlichkeit in der Gesellschaft zu nennen. Die Entwicklung des Arbeitsmarktes fordert eine höhere Flexibilität, eine Abnahme langfristiger Beschäftigungsverhältnisse und damit einhergehend Angst um den Arbeitsplatz führt zu zunehmender Unsicherheit, eine langfristige (Lebens-)Planung wird zunehmend erschwert.

Wie so häufig bei psychischen Erkrankungen, sind die Ursachen und auch die Symptome einer Problematik alleine wenig aussagekräftig. Viele der genannten Gefährdungsfaktoren treffen auf die allermeisten Menschen in irgendeiner Art zu, wenngleich auch in abgewandelter Form. Außerdem sind die Ursachen und Symptome individuell sehr verschieden. Demnach bemisst sich die Bedeutung äußerer Belastungen nicht nach dem, was „man“ für bedeutsam hält, sondern sie orientieren sich an den Grenzen, die einem Menschen durch seine seelischen, geistigen und körperlichen sowie psychosozialen Fähigkeiten und Fertigkeiten gesetzt werden. Keine klaren Vorgaben und Strukturen zu haben, kann für den einen Mitarbeiter extremen Stress bedeuten, während ein anderer weniger mit Vorgaben zurechtkommt und sich dadurch innerlich blockiert fühlt (vgl. Abschnitt 1.3.2).

Daher ist es – wie bei allen Erkrankungen – auch bei Burnout wichtig, möglichst früh erste Anzeichen zu erkennen und entsprechend zu intervenieren, bevor sich die Symptomatik vollständig ausgebildet hat. Das bedeutet nicht, bei den leisesten Erschöpfungssymptomen (z. B. morgendlicher Müdigkeit) schon Alarm zu schlagen, aber es ist wichtig, sich selbst über der Arbeit nicht zu vergessen und zu wissen, was gut tut.

Die folgende Checkliste (Tabelle 2.4.2.1) kann Anhaltspunkte geben, ob man gefährdet ist, an Burnout zu erkranken. Sie liefert zusätzlich einen Überblick über erste Alarmzeichen des Burnouts und kann daher als diagnostisches Hilfsmittel eingesetzt werden.

Burnout – Wie gefährdet sind Sie?

Bitte beantworten Sie die nachfolgenden Fragen zügig und ohne langes Nachdenken. Die Ergebnisse dieses kleinen „Burnout-Tests“ liefern Ihnen wichtige Anregungen und Erkenntnisse zu Ihrer persönlichen Belastungs- und Gefährdungssituation.

Bis 30 Punkte und/oder max. zwei Fragen mit 5 beantwortet: geringes Burnout-Risiko.

31–60 Punkte und/oder drei bis fünf Fragen mit 5: beginnende Burnout-Situation.

Über 60 Punkte und/oder mehr als fünf Fragen mit 5: es ist dringend Zeit etwas zu tun!

Folgen für das Unternehmen

Eine unentdeckte oder unbehandelte Burnout-Erkrankung ist nicht nur für die betroffenen Mitarbeiter gefährlich, auch für Unternehmen birgt ein burnouterkrankter Mitarbeiter viele Risiken in sich und kann zu erheblichen Kosten führen.

Ehemals leistungsstarke, einsatzbereite und zuverlässige Mitarbeiter entwickeln sich zu unkonzentrierten, oberflächlichen und vergesslichen oder zynischen Arbeitnehmern. Ebenso nimmt die Qualität der Leistung ab: Je nach Tätigkeitsfeld kann der Betroffene auch verstärkt zu einem Risiko für andere Mitarbeiter werden, wenn ihm beispielsweise Sicherheitsmängel oder Fehler entgehen oder er sie durch Unachtsamkeit selbst verursacht. Häufige Fehlzeiten der Mitarbeiter, längere krankheitsbedingte Ausfälle oder unsaubere Arbeit führen zudem zu einer Mehrbelastung anderer Mitarbeiter und erhöhen damit deren Gefährdungs-, Verletzungs- oder Erkrankungsrisiko.

Gelingt es dem Betroffenen nicht, seine Krankheit zu bewältigen, droht eine andauernde und endgültige Berufsunfähigkeit. Dem Unternehmen geht damit Know-how verloren, welches über entsprechende Personalentwicklungsmaßnahmen und Fortbildungen neu und langwierig aufgebaut werden muss. Manches Wissen, vor allem aber die Erfahrung der ausgeschiedenen Mitarbeiter ist unwiederbringlich verloren. Die Neubesetzung einer Stelle ist zudem kosten- und zeitintensiv, verursacht Reibungsverluste. Angesichts eines sich verschärfenden Fachkräftemangels ist sie auch nicht immer von Erfolg gekrönt.

Schlecht bezifferbar sind zudem die Schäden, welche die immateriellen Güter des Unternehmens, z. B. der das (Arbeitgeber-)Image oder das Betriebsklima durch das (Fehl-)Verhalten eines burnouterkrankten Mitarbeiters erleiden. Ein mit der Depersonalisierung verbundener Verlust der Fähigkeit, andere Menschen als Individuen wahrzunehmen sowie die zunehmende Empathieunfähigkeit der Betroffenen kann vor allem im Kundenkontakt (wenn er denn noch stattfindet) den Ruf des Unternehmens erheblich schädigen. Für die Kunden gelten die Mitarbeiter als Repräsentanten des Unternehmens und daher werden negative Erfahrungen (z. B. Unverschämtheit, Unpünktlichkeit, Schlampigkeit etc.) mit *einer* Person häufig auf die gesamte Organisation generalisiert.

Tabelle 2.4.2.1 *Fragebogen zur Burnoutgefährdung (in Anlehnung an Possnigg, 2017)*

		nie	selten	manch-mal	häufig	sehr oft
1.	Ich habe allgemein zu viel Stress in meinem Leben.	1	2	3	4	5
2.	Durch meine Arbeit muss ich auf private Kontakte und Freizeitaktivitäten verzichten.	1	2	3	4	5
3.	Auf meinen Schultern lastet zu viel.	1	2	3	4	5
4.	Ich leide an chronischer Müdigkeit	1	2	3	4	5
5.	Ich habe das Interesse an meiner Arbeit verloren.	1	2	3	4	5
6.	Ich handle manchmal, so als wäre ich eine Maschine. Ich bin mir selbst fremd.	1	2	3	4	5
7.	Früher habe ich mich um meine Mitarbeiter und Kunden gekümmert – heute interessieren sie mich nicht.	1	2	3	4	5
8.	Ich mache zynische Bemerkungen über Kunden und Mitarbeiter.	1	2	3	4	5
9.	Wenn ich morgens aufstehe und an meine Arbeit denke, bin ich gleich wieder müde.	1	2	3	4	5
10.	Ich fühle mich machtlos, meine Arbeitssituation zu verändern.	1	2	3	4	5
11.	Ich bekomme zu wenig Anerkennung, für das was ich leiste.	1	2	3	4	5
12.	Auf meine Kollegen und Mitarbeiter kann ich mich nicht verlassen, ich arbeite über weite Bereiche für mich allein.	1	2	3	4	5
13.	Durch meine Arbeit bin ich emotional ausgehöhlt.	1	2	3	4	5
14.	Ich bin oft krank, anfällig für körperliche Krankheiten, bzw. Schmerzen.	1	2	3	4	5
15.	Ich schlafe schlecht, besonders vor Beginn einer neuen Arbeitsperiode.	1	2	3	4	5
16.	Ich fühle mich frustriert in meiner Arbeit.	1	2	3	4	5
17.	Eine oder mehrere der folgenden Eigenschaften trifft auf mich zu: nervös, ängstlich, reizbar, ruhelos.	1	2	3	4	5
18.	Meine eigenen körperlichen Bedürfnisse (Essen, Trinken, WC) muss ich hinter die Arbeit reihen.	1	2	3	4	5
19.	Ich habe das Gefühl, ich werde im Regen stehen gelassen.	1	2	3	4	5
20.	Meine Kollegen sagen mir nicht die Wahrheit.	1	2	3	4	5
21.	Der Wert meiner Arbeit wird nicht wahrgenommen.	1	2	3	4	5

Derartige Imageeinbußen sind – wenn überhaupt – nur mit erheblichem Aufwand wieder wett zu machen.

Da aber nicht nur Klienten oder Geschäftspartnern mit Zynismus und Abwertung begegnet wird, sondern auch allen anderen Menschen in der Umgebung, haben an Burnout erkrankte Personen einen sehr ungünstigen Einfluss auf das gesamte Betriebsklima, oder zumindest auf das Klima in ihrem Team. Durch ihre zum Teil misstrauische, aggressive und hochmütige Art stoßen die Betroffenen ihre Kollegen ebenso wie Vorgesetzte von sich weg und verspielen damit zusätzlich auch noch notwendiges Verständnis und zwischenmenschliche Unterstützung.

Die Behandlung von Burnout

Da die Erscheinungsform von Burnout individuell verschieden ist, muss sich auch die Behandlung an den jeweiligen Symptomen und Ausprägungen der Auffälligkeiten orientierten. Durch den schleichenden Verlauf der Erkrankung wird Burnout häufig erst in einem späten Stadium erkannt. Zu diesem Zeitpunkt ist es den Betroffenen häufig nicht mehr möglich, ohne professionelle Hilfe wieder gesund zu werden. In besonders schwerwiegenden Fällen kann ein stationärer Aufenthalt in einer Klinik notwendig sein. Eine psychotherapeutische Unterstützung zur Bewältigung der Burnouterkrankung ist in den meisten Fällen unerlässlich. In jedem Fall ist auch eine Einbeziehung des privaten Umfelds nötig, um dem Betroffenen die Rückkehr in ein „normales“ Leben zu ermöglichen.

Die Betroffenen sollten möglichst nicht sofort nach einer Verbesserung der Symptome in den bisherigen Alltag zurückgeschickt werden. Was die Erkrankten vor allem brauchen, ist Zeit um sich über das eigene Lebenskonzept Gedanken zu machen, denn Burnout ist immer auch ein Ausdruck des eigenen Umgangs mit dem Leben und der Haltung gegenüber der Arbeit, und nicht nur eine von äußeren Stressoren hervorgerufene Krankheit. Zur Vermeidung erneuter Überbelastung, sollte der Betroffene nach Rückkehr an seinen Arbeitsplatz eine Aufgabe bekommen, die ihn zwar fordert (so dass er im Gegenzug auch kein „Boreout“ entwickelt), deren Zielerreichung aber nach der SMART-Regel spezifisch, messbar, angemessen, realistisch und zeitlich terminiert sein sollte. Eine Möglichkeit, wie betroffene Mitarbeiter wieder in das Unternehmen integriert werden können, bieten schrittweise Wiedereingliederungsmaßnahmen.

Prävention: Pflichten des Arbeitnehmers und des Arbeitgebers

Wie bei allen Erkrankungen – ob körperlicher oder psychischer Natur – ist es auch bei Burnout wichtig, möglichst früh erste Anzeichen zu erkennen und entsprechend zu intervenieren (Kypta, 2011; Schröder, 2006). Noch fehlt es an umfassenden und belastbaren Ergebnissen zur Prävention von Burnout. Die folgenden Tipps können aber einen Denkanstoß geben, wie man großen Arbeitsbelastungen, Stress und einer zu großen Vereinnahmung durch die Arbeitstätigkeit entgegenwirken kann.

Abgrenzung

- Gerade in Berufen, in denen enger Kontakt mit anderen Menschen zum Berufsalltag gehört, sollte man sich *bewusst* von anderen Menschen und ihren Sorgen und Problemen abgrenzen, damit diese nicht zu eigenen Sorgen und Problemen werden. Bewusste Abgrenzung bedeutet dabei *nicht* Gleichgültigkeit, sondern eine gesunde Distanz zu wahren, damit das innere Gleichgewicht erhalten bleibt.
- Gefährdete/Betroffene müssen lernen „nein" zu sagen. Vielen Menschen fällt es schwer, anderen eine Bitte auszuschlagen. Es ist aber sehr wichtig für die psychosoziale Gesundheit, sich erst zu überlegen, ob man tatsächlich momentan Ressourcen für den Anderen frei hat.
- Gesunde Abgrenzungskompetenz setzt auch Konfliktfähigkeit voraus. Man muss lernen auszuhalten, dass der fordernde Mensch möglicherweise nicht zufrieden ist, wenn man seinen Wunsch ausschlägt oder auf später verschiebt.
- Auch wenn Überstunden immer einmal vorkommen und es vor dem Abschluss wichtiger Projekte zu zeitlichen Engpässen kommen kann, ist es wichtig sich immer wieder deutlich zu machen, dass man Klienten, Kunden oder Patienten keinesfalls 24 Stunden zur Verfügung stehen muss und ein Diensthandy auch ruhig mal ausgeschaltet werden darf.

Delegation

- Delegation ist eines der relevantesten Instrumente zur Vermeidung von Burnout. Nicht Loslassen können hat immer auch etwas mit Angst vor Kontroll- und Machtverlust zu tun.
- Man muss nicht nur Auffangbecken für die Probleme und Bedürftigkeiten anderer Menschen sein. Jeder Mensch darf um Hilfe bitten, wenn die Arbeit zu viel wird und man Unterstützung braucht.
- Auch andere Kollegen und Mitarbeiter haben Kompetenzen. Es gilt zu akzeptieren, dass auch andere Menschen Aufgaben übernehmen und Entscheidungen treffen können. Um einen eigenen Burnout zu vermeiden, muss man anderen auch etwas zutrauen.
- Zu Delegieren bedeutet auch, andere Lösungswege als den eigenen zu akzeptieren. Jeder Mensch denkt anders, jeder Mensch geht anders mit Problemen um und kann daher auch zu anderen Resultaten kommen, die nicht falsch sein müssen, nur weil es nicht die eigenen sind!

Reflexion

- Lebenskrisen sollten immer auch ein Anlass sein, das bisherige Leben und die bisherige Lebensführung zu überdenken. Führen Lebensstil und die gesteckten Ziele und Erfolge tatsächlich zum angestrebten Glück?
- Man muss sich am täglich Erreichten erfreuen. Das Innehalten am Ende des Tages und die Betrachtung des Geschafften helfen, nicht nur den Berg zu sehen, der noch vor einem liegt.
- Schließlich sollte man reflektieren, wann und zu welchen Anlässen man sich besonders belastet fühlt. An diesen Situationen sollte gezielt gearbeitet werden. Beispielsweise kann es sinnvoll sein, Entspannungstechniken zu lernen um in stressreichen Situationen nicht die Nerven zu verlieren oder um abends abzuschalten und die Arbeit hinter sich lassen zu können.

Work-Life-Balance

- Ein großes Problem in der heutigen Zeit ist, dass die einfachsten Gesundheitsregeln im Alltag nicht wahr- oder ernst genommen werden. Ausreichend schlafen, gesundes und genussvolles Essen und Trinken und regelmäßige Bewegung sind als Quelle für Wohlbefinden unpopulär geworden. Hochkonjunktur haben stattdessen immer mehr Übertreibungen (z. B. Extremsport) und suspekte Gesundheitsangebote (z. B. strenge Diäten).
- Man muss lernen, gezielt auch einmal nichts zu tun. In dem Wort „Freizeit" steckt nicht ohne Grund das Wort „frei". Diese Zeit sollte bewusst auch für sich selbst genutzt und nicht mit Aktivitäten zugeplant werden. Wenn es nicht mehr möglich ist, aus eigener Kraft einen Entspannungszustand herzustellen, weil man sich innerlich wie gehetzt fühlt, dann ist es höchste Zeit, etwas an seiner Work-Life-Balance zu tun.

Welche Maßnahmen muss der Arbeitgeber ergreifen?

Es gibt pragmatische und ökonomische Gründe für den Arbeitgeber, sich für die seelische Gesundheit der Mitarbeiter zu engagieren: die Verringerung der durchschnittlichen Fehlzeiten, die Höhe der Produktionsausfälle, die Anzahl von Krankenhaustagen und die Dauer der Arbeitsausfälle sind nur einige der Einsparungen, die durch gezielte betriebliche Gesundheitsförderung, also auch durch eine Vermeidung von Burnout, erreicht werden können.

Im Rahmen der Primärprävention geht es also darum, geeignete Maßnahmen sowohl am Arbeitsplatz, als auch im sozialen Umfeld zu etablieren, um den Arbeitnehmer vor Krankheiten zu schützen und ihm ein gesundes Leben zu ermöglichen. Arbeitgeber haben in diesem Zusammenhang eine gesetzliche Fürsorgepflicht und müssen diese auch ernst nehmen. Wichtig ist dabei vor allem, auf eine Ausgewogenheit von Geben und Nehmen zu achten. Erste Ansatzpunkte sind, dem Mitarbeiter Wertschätzung entgegen zu bringen und klare Strukturen zu schaffen, in denen sich die Mitarbeiter orientieren können. Wenn z. B. ein Mitarbeiter ständig Überstunden macht, immer übermüdet ist und klare Anzeichen einer Überbelastung zeigt, muss der Arbeitgeber reagieren. Besonders wirksam sind dabei ganzheitliche Programme der betrieblichen Gesundheitsförderung (Badura, Schröder & Vetter, 2009).

Führungskräfte und Arbeitsmediziner müssen darüber hinaus geschult werden, Frühsymptome des Burnouts (auch bei sich selbst!) zu erkennen und zielgerichtet Interventionen durchzuführen oder entsprechend zu beraten. Außerdem müssen geeignete Instrumente entwickelt werden, einen Rückkehrer nach einer erfolgreichen Behandlung wieder in das Unternehmen einzugliedern.

Die folgende Checkliste (Tabelle 2.4.2.2) liefert Hinweise, ob ein Mitarbeiter oder Kollege an einem Burnout-Syndrom erkrankt ist. Dabei muss beachtet werden, dass je nach Stadium der Erkrankung unterschiedliche Anzeichen zu beobachten sein können.

2.4.3 Derailment, Frühverrentung, Suizid

Ein großer Belastungsfaktor im Arbeits- und Berufsleben ist die Angst vor dem Misserfolg, die Angst zu scheitern. Zwar werden in der Organisations- und Führungsforschung immer wieder die „Erfolgsfaktoren" für eine gute Unternehmensleitung oder eine gelungene Karriere beschrieben, aber erst in jüngerer Zeit beschäftigt man sich auch mit der Frage, welche Ursachen das Scheitern – insbesondere von Führungskräften – im Beruf hat. Dabei sind nicht nur spektakuläre Fälle prominenter Manager von Interesse, die sich – wie beispielsweise im Fall Arcandor oder auch VW – durch kriminelle Energie ins Führungsabseits befördert haben, auch die zahlreichen Karrierebrüche, die sich durch Überforderung, Überlastung, Druck, emotionale Dekompensationen oder Persönlichkeitsprobleme einstellen, sind hier von Interesse. Um die Fragestellung zu akzentuieren ist es sinnvoll, nicht nur nach (Persönlichkeits-)Eigenschaften zu suchen, die beruflichen Erfolg ausmachen können, sondern eben auch solche Merkmale zu fokussieren, die einem beruflichen Erfolg im Wege stehen können.

Derailment hat dabei viele Facetten und Gesichter – das Denken und Handeln der gescheiterten Personen erscheint mitunter böse („bad"), aber manchmal auch regelrecht verrückt („mad"), und oftmals sind die dahinterstehenden Schicksale traurig („sad") (Furnham, 2010). Kuhn und Weibler (2016) formulieren es akzentuierter und betrachten das Derailment-Phänomen vor allem unter ethisch-moralischen Gesichtspunkten: Eine gesellschaftlich unverantwortliche Unternehmensführung korrespondiert häufig (a) mit einem Top-Management, das moralisch entgleist ist (bad management) und stets Gefahr läuft, auch

Tabelle 2.4.2.2 *Checkliste: Woran kann ich Burnout bei meinen Mitarbeitern oder Kollegen erkennen?*

Checkliste: Woran kann ich Burnout erkennen?		
Symptomklasse	Indikatoren	Vorhanden? ✓
Veränderungen im Sozialverhalten	Sozialer Rückzug	
	Isolierung	
	Abnehmendes Einfühlungsvermögen anderen Menschen gegenüber	
	Abbau des sozialen Engagements	
	Niedergeschlagenheit	
	Aggressivität	
	Ungeduld/Reizbarkeit	
Veränderungen im Arbeitsverhalten	Abbau des beruflichen Engagements	
	Abbau der beruflichen Leistungsfähigkeit	
	Unkonzentriertheit	
	Unordentlichkeit	
	Negative Arbeitseinstellung	
	Geringe Motivation	
	Fehlzeiten, zu spät kommen	
	Mangelnde Kreativität	
	Übersteigerter Ehrgeiz	
	Mehrarbeit/Überstunden	
	Setzen unrealistischer Ziele	
Psychosomatische Beschwerden	Andauernde Müdigkeit	
	Häufige Erkältungen	
	Kopfschmerzen	
	Nervöse Tics	
	Verstärkter Konsum von Tabak, Koffein und Alkohol	

ökonomisch zu entgleisen (mad management), und (b) mit einem mittleren/unteren Management, das infolge andauernden Leistungsdrucks seinerseits zu moralischem Derailment neigt und durch ein individuelles Derailment (sad management) bedroht ist.

Das Interview in Infobox 2.4.3.1 gibt einen selten offenen und authentischen Einblick in wahrgenommene, aber noch nicht offen manifeste Entgleisungen des oberen Managements aus Sicht einer langjährigen mittleren Führungskraft des Unternehmens.

Infobox 2.4.3.1:
Praxisbeispiel Veränderungen und Entgleisungen im Management – Gespräch mit Herrn S., Anfang 40, Führungskraft in einem börsennotierten Unternehmen

Herr S., bei Ihnen in der Firma ist grade vieles im Umbruch. Es wurden in den letzten Jahren einige Bereiche verkauft, der Rest fällt jetzt, sagten Sie, an die Chinesen. Wie kam das alles, und wie gehen Sie damit um?

Naja, ich bin ja „nur" Führungskraft, weil ich eine Kontrollfunktion im Unternehmen habe, auf die mein Chef keinen Einfluss haben darf. Fachlich sind wir abgekoppelt in einigen Bereichen, wir sind eigentlich alle Spezialisten. Auch alle meine Leute sind außertariflich. Der Witz an meiner Position ist, ich bin für vieles verantwortlich, auf das ich letztlich keinen Einfluss habe. Als ich angefangen habe, habe ich fest damit gerechnet, nach sechs Monaten wieder rauszufliegen, so als Sündenbock. Das war dann überraschenderweise nicht der Fall.

Was macht das wett, außer dass Sie vermutlich gut verdienen?

Die Kollegen sind sehr nett. Aber es wird grade buchstäblich alles immer weniger. Die Firma konzentriert sich zunehmend auf das Kerngeschäft, es werden wie gesagt immer mehr Firmenteile bzw. ganze Tochterbereiche verkauft. Früher hatten wir spannende Projekte, da hatten wir Partner die wussten wie QM etc. funktioniert, die waren voll durchzertifiziert, mit denen konnte ich reden. Das hat Spaß gemacht und war sinnvoll. Jetzt ist das alles verkauft, ich bin in der Restfirma übriggeblieben, umgeben von Leuten, für die der *Dunning & Kruger-Effekt*[1] gilt: Um die eigene Unfähigkeit zu erkennen, braucht man ein bereits ein gewisses Grundwissen. Und das fehlt. Jetzt gehe ich in eine Sitzung und sage, so und so sieht es aus, das und das können wir machen, und das und das und das brauche ich dafür – und die verstehen noch nicht einmal, wovon ich rede.

Wie kann ein solides Unternehmen in eine solche Situation geraten?

Wir sind vom kleinen Mittelständler zum Großunternehmen geworden, haben immer mehr dazugekauft, immer neue Bereiche. Früher hatten wir Leute, die alles konnten und alles wussten, die waren Generalisten. Aber ab einer gewissen Größe stellt man dann Leute ein, die von den ganzen Spezialsachen wirklich Ahnung haben, und wissen wie es geht, die braucht

1 Ein in der psychologischen Forschung mittlerweile gut untersuchtes Phänomen, das erstmals von Kruger und Dunning (1999) gezeigt und seither an zahlreichen unterschiedlichen Zielgruppen beobachtet wurde. Im Kern besteht diese kognitive Verzerrung darin, dass gerade Menschen mit geringen Fähigkeiten oder Kenntnissen in bestimmten Bereichen ihre Expertise deutlich überschätzen, weil ihnen – anders als echten Experten – für die Selbsturteilung der Maßstab fehlt. Echte Experten unterschätzen ihre Kompetenzen eher.

man dann auch wirklich. Aber die alteingesessenen Generalisten hören nicht auf die, und sagen, das haben wir aber immer so gemacht. Wenn die dann in den Topmanagement-Meetings sitzen, dann sagen die „Ich hab'n mieses Gefühl", statt mal auf Zahlen-Daten-Fakten zu gucken, oder nach Prozessen und klaren Prinzipien zu handeln. Und auf Basis von ihrem Bauchgefühl entscheiden sie dann auch. Das löst in größeren Unternehmen unendlich viel Schaden aus, und die fähigen Leute langweilen sich und müssen Sinnloses tun.

Wie darf ich mir das vorstellen?

Wir zwingen sie quasi mit Plastiklöffeln in den Wald zu gehen und Bäume zu fällen, und wenn sie dann nach einer Woche zurückkommen und sagen, wir haben jetzt alle zusammen einen Baum geschafft, dann heißt es, wir brauchen mehr Leute und mehr Plastiklöffel. Und bitte gehen Sie mit den Plastiklöffeln schonender um. Und wenn jemand vorschlägt, es mal mit einer Motorsäge zu versuchen, wird er rausgeschmissen.

Verstehe. Mit welcher Begründung?

Die ist viel zu gefährlich!

Offensichtlich gelingt es Ihnen, es trotz allem mit Humor zu nehmen. Aber wie kann so etwas so lange gut gehen?

Das Ganze klappt nur, weil mit einzelnen Geschäftsbereichen enorme Gewinne erzielt werden. Nur deshalb ist so ein offensichtliches Versagen über einen so langen Zeitraum überhaupt möglich. Wir sind ja börsennotiert. Da hat also der Aufsichtsrat moniert, dass wir zu viele Vermögenswerte in Beständen und Produktion haben. Also wurde ein Key Performance Indikator entwickelt, der auch bonusrelevant ist, z. B. für meine Abteilung auch. Und dann wurde alles verkauft, was wir eigentlich zum Produzieren zu benötigen, und die Lagerbestände sind also wie gefordert auf Null. Das heißt, wir haben im Grunde nichts mehr zu verkaufen, und wir können nichts mehr produzieren – aber das Management kriegt den höchsten Bonus aller Zeiten, inklusive ich, weil ja der KPI ... Das ist so grotesk. Der Bonus ist auf meiner Ebene so max. 15 % des Jahresgehalts, im oberen Management sind das dann auch gern mal 50 %, das sind dann locker 250.000 extra. Das ist dann für die schon eine schwierige Entscheidung, morgens vor dem Spiegel, will ich die jetzt, oder will ich die nicht, die 250.000 ... ? Jeder der eine Sparkasse überfällt, hat weniger mit nach Hause genommen als die, und weniger Schaden angerichtet.

Und der EBIT stimmt auch, weil ja alles verkauft ist. Das ist so maximal auf Kurzfristigkeit gestrickt, ein letztes Strohfeuer und dann bleibt buchstäblich nichts. Man fragt sich wirklich, nehmt Ihr Euch selbst noch ernst? Und wie soll ich Euch ernst nehmen, wenn IHR das nicht tut? Und vielleicht sogar noch schlimmer: Wie soll ich Euch ernst nehmen können, WENN Ihr es ernst meint?! Und dann stehen sie in der Betriebsversammlung und verkünden stolz, sie haben es grade noch so geschafft, den Umsatz so hinzubiegen, wie von Aufsichtsrat und Aktionären verlangt.

Offenbar ist es Ihnen gelungen, eine Art Galgenhumor zu entwickeln, und eine gesunde, wenn auch zynische Distanz. Wie gehen andere damit um?

Bisher haben eigentlich alle weitergemacht, als ob nichts wäre. Die versuchen einen so guten Job zu machen, wie es eben noch geht. Aber auch nur in den Bereichen, wo die Leute auch miteinander können. Da wo es zu offensichtlich ist, dass nichts funktioniert und wo jeder gegen jeden gehetzt wird, da ist ein enormer Personaldurchsatz. Und das im Grunde seit Jahren, seit klar ist, dass die Entscheiderebene im Grunde nicht weiß, worum es eigentlich überhaupt geht. Da gibt es echt Bereiche, da ist man lange da, wenn man schon ein Jahr dabei ist. Das gilt aber nur auf operativer Ebene. Auf Führungsebene – und das ist eigentlich das Allerschlimmste – hat Fehlverhalten keinerlei Konsequenzen, wirklich keinerlei. Da hat man den Eindruck, die haben alle Verträge, die machen es zu teuer die zu feuern, da stellt man sie lieber irgendwo ruhig. Es ist also offenbar billiger eine Headhunterfirma zu mieten, die jährlich ganze Abteilungen auf operativer Ebene austauscht, als mal drüber nachzudenken, ob der der darüber sitzt möglicherweise einfach keine Ahnung von seinem Business hat. Die haben eine Hays-Bewertung, die sie glauben macht sie können alles, wissen alles, können sofort jeden in allem schulen. Das gipfelt dann darin, dass sie sieben Ebenen runtergehen und dort den Leuten vorschreiben, wie sie ihren Job zu machen zu haben, so auf Sachbearbeiterlevel. Mit so etwas befassen die sich, und zwar ohne irgendwelche Prozesse dort zu kennen oder irgendeine Erfahrung damit zu haben.

Wie kommt jemand in der Position auf solche Ideen?

Es sitzen bei uns Leute in leitenden Positionen, die haben keine einschlägige Ausbildung, die haben zum Teil ihr Studium geschmissen, aber Engagement reingesteckt und die nötige Hemdsärmeligkeit mitgebracht, um immer weiter befördert zu werden. Aber die Hemdsärmeligkeit reicht eben irgendwann echt nicht mehr. Da sind keine Prozesse definiert, und sie verstehen nicht einmal, dass die notwendig wären, weil sie es ja nicht anders kennen. Der Punkt ist also im Wesentlichen, dass auf den obersten Ebenen das Wissen gar nicht vorhanden ist, das z. B. auch nötig wäre, um die Leistung anderer zu beurteilen. Damit bleiben langfristig all die Angepassten, die nach Nasenfaktor befördert wurden, und die Kompetenten sind längst gegangen bzw. wurden verjagt.

Das sind also gewachsene Strukturen?

Ja, und das Problem ist, diese gewachsenen Strukturen können unmöglich alle gesetzlichen und sonstigen Compliance-Anforderungen für die ganzen

Zertifizierungen und Zulassungen erfüllen, das schafft ja nicht mal mehr ein Großkonzern. Das ist also nicht nur unser Problem. Es ist alles total überreguliert, es ist faktisch nicht mehr möglich, dass diese vielen und sich ständig veränderten Anforderungen überhaupt noch in die Abteilungen sickern. Es wird dauernd eine neue Sau durchs Dorf getrieben. Bevor man die eine Sache, die durchaus Sinn macht, implementiert hat und überprüfen kann, ist schon die nächste dran. Die Forderungen machen einen einfach kirre.

Das sind in Summe ja wirklich eine Menge substanzielle und weitreichende Punkte, die Sie beschreiben.

Naja, ich hab‘ auch viel Zeit, darüber nachzudenken, auch am Schreibtisch. Denn wenn ich was tue, kann ich das eh gleich in den Papierkorb werfen, weil ich mit einer Qualitätsabteilung diskutieren muss, die nicht mehr weiß, wie Qualität funktioniert. Da sitzen Leute, die aus anderen Branchen kommen, völlig absurde Forderungen stellen. Und wenn ich die dann erfülle, ein halbes Jahr später, dann ist der weg und da sitzt die nächste Nase, und der sagt mir, was habt Ihr denn da gemacht? Nun, das, was Ihr Vorgänger verlangt hat. Vergessen Sie das, ich will das so und so. Und dann mache ich eben das. Ich habe da Generationen von Leuten durchgehen sehen, und alles ist wirklich beschissen dokumentiert, da weiß längst keiner mehr, was man damit irgendwann eigentlich mal wollte und wofür das gut sein sollte. Aber Hauptsache es wird schön immer weiterverfolgt, und schön immer weiter reportet. Das ist absurdes Theater, das kann man sich überhaupt nicht vorstellen.

Und trotzdem sind Sie noch da. Wie geht das?

Humor und nochmal Humor, defätistischer Sarkasmus. Wir gehen zusammen zum Mittagessen, zitieren die Managementsprüche, mit denen sie uns das alles verkaufen, und lachen. Wenn Sie im Titanic-Orchester spielen würden, würden Sie aufhören oder weiterspielen?“, hat mich neulich in so einem Kontext jemand gefragt. Wir spielen weiter. Und polieren ab und zu noch einzelne Fensterscheiben, obwohl sich der Bug schon senkt, für den Fall, dass jemand guckt. Ja, wie geht das? Ich lese in meiner Arbeitszeit Branchennews und melde davon ab und an was an meinen Chef, und das für mehr als 100.000 im Jahr. Das geht. Neulich hat er mich mal zusammengefaltet, da hat er einfach Druck weitergegeben, das waren Dinge, für die ich nichts kann, für die ich nicht zuständig bin, das fiel noch nicht mal entfernt in meinen Kompetenzbereich. Und dann nicke ich und denke mir, das ist im sechsstelligen Schmerzensgeld mit drin.

Haben Sie je überlegt, sich umzuorientieren?

Ja, was grade los ist, ist auch mir zu viel. Ich hoffe momentan, dass die Roland Bergers kommen und meine Zwischenposition rausberaten, genau das machen die ja gern. Dann krieg ich ein bis drei Jahresgehälter je nach Auflösungsvertrag, und sicher schnell woanders einen Job. Das richtig krasse an der Sache finde ich, das ist schon so lange voll vor die Wand gefahren. Und nur weil in unserer Branche so viel Geld zu verdienen ist, läuft es irgendwie weiter und weiter, und das Management merkt gar nicht, wie daneben es liegt. Wir machen ein Fünftel der üblichen Umsatzrendite, und sie merken es nicht, dass sie total versagen, sondern geilen sich an ihren Gehältern, ihrem Bonus und ihren Hayspunkten auf. Das ist wie in „Des Kaisers neue Kleider". Die laufen rum, machen sich gegenseitig Komplimente und merken nicht mal mehr selbst, dass sie alle nackt sind.

Der Derailment-Begriff hat seinen Ursprung in den 1980er Jahren (McCall & Lombardo, 1983). Er beschreibt die Beobachtung, dass insbesondere Führungskräfte mit eigentlich hohem Potenzial überraschenderweise ein vorzeitiges Karriereende erlebten, indem sie entlassen oder versetzt wurden oder schlicht auf einem Karriereniveau verharrten, das hinter den Erwartungen zurückblieb.

Die Erklärung dieses Phänomens, so Kuhn und Weibler (2016), setzte dabei – ganz traditionell im Sinne der herrschenden Führungstheorie – bei den erfolgsrelevanten Eigenschaften an. Danach fehlten „entgleisten" Führungskräften wohl bestimmte erforderliche Führungsqualitäten („bright sides", z. B. Durchhaltevermögen). Als dies erkennbar zu kurz griff, zog man auch mögliche Disqualitäten („dark sides") in Betracht – schlechte Eigenschaften also, die heute unter dem Begriff der „Dark Triad of Personality" (subklinischer Narzissmus, subklinische Psychopathie, Machiavellismus) firmieren (Paulhus & Williams, 2002) und intensiv beforscht werden. Die im Interview in Infobox 2.4.3.1 beschriebene Situation legt für den dortigen Fall eher Zweiteres nahe, was möglicherweise auch erklärt, warum sich die Verantwortlichen bislang noch immer halten und gegenseitig stützen können. Eine andere Lesart des Derailments verbindet den Begriff mit dem verbreiteten Problem einer nachhaltigen Erschöpfung und Auszehrung von Führungskräften, was allzu oft in Erkrankungen wie Burnout und Depression mündet (Csef, 2016).

Weinert (2004) betrachtet das Derailment aus eignungsdiagnostischer Sicht und wirft die Frage auf, warum erfolglose Führungskräfte, die mit denselben eignungsdiagnostischen Verfahren ausgewählt wurden wie erfolgreiche Führungskräfte, letztlich dennoch scheitern. Er konstatiert, dass die gängigen Personalauswahlinstrumente somit mögliches Scheitern nicht vorhersagen können, wobei dies nach Auffassung Weinerts (2004) auch daran liegen kann, dass Führungskräfte häufig über gute soziale Fähigkeiten verfügen und daher in Auswahlverfahren gut abschneiden. „Die gute Selbstdarstellung maskiert offenbar tiefer liegende Probleme" (Weinert, 2004, S. 378). Es ist davon auszugehen, dass technische und fachliche Kompetenz einerseits und Führungs- und Managementtalent andererseits nichts miteinander zu tun haben. Zudem ist Führungsinkompetenz nicht das Gegenteil von Führungskompetenz, sondern sie ist eine Funktion aus der Abwesenheit bestimmter Qualitäten und der Anwesenheit anderer Qualitäten (Weinert, 2004). Gängige eignungsdiagnostische Verfahren fokussieren eher auf Erfolgsfaktoren und die „sonnigen Seiten" künftiger Führungspersonen, selten bis gar nicht werden die „dunklen Seiten" der Persönlichkeit systematisch überprüft.

Doch was können Eigenschaften, Entwicklungen oder (Persönlichkeits-)Faktoren sein, die Führungskräfte scheitern lassen? In Anlehnung an, aber auch Erweiterung von Weinert (2004, S. 534) lassen sich hier nennen:

- Eine ehemalige Stärke verliert an Bedeutung und wird so allmählich zu einer Schwäche, beispielsweise wenn technische Kompetenzen im Verlauf der Karriereentwicklung weniger bedeutsam sind.
- Einer Schwäche, z. B. der Unfähigkeit, mit Teams zu arbeiten, kommt im Verlaufe der Karriereentwicklung eine höhere Bedeutung zu.
- Eine Führungskraft hat Pech, weil sie zur falschen Zeit in der falschen Position ist, z. B. wenn es lokalen oder globalen Rezessionen kommt.
- Eine Führungskraft weist persönliche Merkmale oder Eigenschaften auf, die dem Führungserfolg abträglich sind, z. B. Perfektionismus, übermäßiger Ehrgeiz oder die Unfähigkeit, Verantwortung abzugeben (s. hierzu auch Abschnitt 2.4.1 mit seinen Ausführungen zu Arbeitssüchtigen).
- Auch können Verhaltensweisen wie die Suche nach Aufmerksamkeit, und Eigenschaften wie Kälte und Arroganz, das Bedürfnis, Recht haben zu müssen, Gefühllosigkeit oder die Unfähigkeit, stabile Beziehungen herstellen zu können sich negativ auf die Karriereentwicklung auswirken und damit zu einem Derailment-Faktor werden.

Van Velsor und Leslie (1995) untersuchten in einer Längsschnittstudie an amerikanischen und europäischen Führungskräften, welche Faktoren zum Scheitern von High Potentials führen. Sie detektierten insgesamt vier Themenbereiche, aus denen Derailmentfaktoren erwachsen können:

1. Probleme mit persönlichen Beziehungen, z. B. Unempfindsamkeit und Kälte gegenüber anderen, Überheblichkeit, Arroganz, mitunter gepaart mit übermäßigem Ehrgeiz.
2. Versagen im Erreichen von Geschäftszielen, z. B. durch Leistungsprobleme, fehlende Zielerreichung, schlechtes Krisenmanagement.
3. Unfähigkeit in der Teambildung bzw. -führung, was dazu führt, dass solche Führungskräfte nur Personen einstellen, die maximal genau so sind wie sie

selbst, oder aber die der Führungskraft unterlegen sind. So gibt es weder Diversivität, noch kann sich eine Gruppe weiterentwickeln.

4. Unfähigkeit, sich selbst an neue Situationen, Strukturen, Aufgaben anzupassen oder sich selbst weiterzuentwickeln.

Die Folgen des „Scheiterns“ sind gravierend, nicht nur für Führungskräfte. Bei diesen sind oftmals die wirtschaftlichen „Begleitmaßnahmen“, die mit einem Scheitern und damit einhergehend auch häufig einer Entlassung einhergehen, zumindest stressmildernd. Je nach Alter und Lebenssituation beschert das Scheitern der einen oder anderen Führungskraft sogar endgültig den Ausstieg aus dem Arbeits- und Berufsleben, mit durchaus positiven Folgen.

Frühverrentung und Suizid

Wenn man aber seine Arbeit unverschuldet verliert, oder wenn man aufgrund von Druck und Überforderung am Arbeitsplatz krank wird und so zeitweise oder gänzlich berufs- bzw. erwerbsunfähig wird, ist das ein schwerer Einschnitt in das Leben der allermeisten Menschen. In diesem Zusammenhang ist eine Zunahme von Frühverrentungen infolge von psychischer Erkrankungen festzustellen.

Eine 2012 von der Bundespsychotherapeutenkammer (BPtK) vorgelegte Studie kommt zu dem Ergebnis, dass fast jede zweite neue Frührente (42 %) inzwischen psychisch verursacht ist. Der Studie zufolge haben seit 2001 vor allem Depressionen (plus 96 %), Persönlichkeits- und Verhaltensstörungen (plus 74 %) sowie Suchterkrankungen (plus 49 %) als Grund für Frühverrentung zugenommen. Psychische Erkrankungen sind immer häufiger die Ursache für Krankschreibungen von Arbeitnehmern, gleich nach Muskel-Skelett-Erkrankungen. Auch 2012 stiegen sowohl der Anteil der Arbeitsunfähigkeits-(AU)-Fälle als auch der Anteil der betrieblichen AU-Tage, der psychisch bedingt ist. Der Anteil psychisch bedingter AU-Tage hat sich von 2000 bis 2012 fast verdoppelt (plus 96 %) (BPtK, 2012).

Inzwischen gehen knapp 14 % aller betrieblichen Fehltage auf psychische Erkrankungen zurück. Diese Zunahme ist vor allem auf die immer längere Dauer der Krankschreibungen zurückzuführen. 2012 fehlte ein psychisch erkrankter Arbeitnehmer durchschnittlich 34 Tage.

Wegen psychischer Erkrankungen müssen Arbeitnehmer häufig weit vor dem gesetzlichen Rentenalter aus dem Erwerbsleben ausscheiden. Dabei erhielt jeder zweite psychisch kranke Frührentner in den fünf Jahren vor dem Rentenbescheid keine Rehabilitationsleistung. Weniger als 10 % dieser Frührentner wurde eine medizinische oder berufliche Rehabilitation empfohlen. Die Zahl der Reha-Maßnahmen ist nicht im gleichen Maß gestiegen wie die Zahl der Erwerbsminderungsrenten wegen psychischer Erkrankungen. Im Jahr 2011 waren psychische Erkrankungen für rund 40 % der neuen Frührenten verantwortlich. Aber nur 20 % der Reha-Leistungen wurden für Menschen mit psychischen Erkrankungen eingesetzt (BPtK, 2012).

Arbeit zu haben ist dabei auch eine wichtige gesundheitliche Ressource. Diese fehlt Frührentnern und Arbeitslosen. Langzeitarbeitslose sind überdurchschnittlich häufig psychisch krank: 37 % der Hartz-IV-Empfänger (Arbeitslosengeld II) sind psychisch krank, im Vergleich zu 22 % der Berufstätigen (BPtK, 2012).

Gerade bei depressiv erkrankten Menschen ist es wichtig, sie fachgerecht zu behandeln und beim Wiedereinstieg in das Arbeitsleben zu unterstützen, statt sie vorzeitig zu berenten. Dabei ist die häufigste Erkrankung, die zur Frühverrentung führt, die Depression. Eine der gravierendsten Folgen einer Depressionserkrankung ist der Suizid. Die Zahl der Suizide in Deutschland (frühere Bundesrepublik und neue Länder einschließlich Ost-Berlin) folgte von etwa 1980 bis 2007 einem fallenden Trend und steigt seither wieder an. Bei Suiziden ist im Allgemeinen eine hohe Dunkelziffer anzunehmen. Im Jahr 2014 starben in Deutschland 10.209 Menschen durch Suizid (12,6 je 100.000 Einwohner), auf dem Tiefststand 2007 waren es 9.402 Personen (11,4 je 100.000 Einwohner), während 1980 noch 18.451 Menschen (23,6 je 100.000 Einwohner) durch Suizid verstarben.

Die Faktenlage hinsichtlich der Entstehung einer Depression durch arbeitsbedingte Faktoren (Sorge um den Verlust des Arbeitsplatzes, Überlastung, Überforderung u. a. m.) bis hin zum dadurch begründeten Selbstmord ist ungeklärt. Anders als in Japan gibt es in Deutschland auch keine Anerkennung der Tatsache, dass es zum Tod durch Überarbeitung kommen kann. Hierfür gibt es in Japan sogar eine eigene Begrifflichkeit – Karōshi. Karōshi bezeichnet dabei einen plötzlichen berufsbezogenen Tod. Todesursache ist meist ein durch Stress ausgelöster Herzinfarkt oder Schlaganfall. Umstritten ist, ob Suizide, die auf arbeitsbedingte psychische Erkrankungen zurückzuführen sind, unter die Definition fallen. Etwa 40 japanische Kliniken haben sich auf Karōshi-gefährdete Fälle spezialisiert. Das Phänomen ist auch in Südkorea verbreitet und wird dort kwarosa genannt. In China wird der durch Überarbeitung herbeigeführte Tod als guòláosǐ bezeichnet (Tieste, 2003).

Immer wieder wird über solche Fälle aus Japan auch in Deutschland berichtet, zuletzt im Sommer 2017 (siehe Infobox 2.4.3.2).

Infobox 2.4.3.2:
Bericht über einen Fall von Karōshi in Japan (Ärzteblatt, 2017)

Japan: Tod durch Überarbeitung

Freitag, 6. Oktober 2017

Tokio – Vier Jahre nach dem tödlichen Herzinfarkt einer jungen Reporterin hat der japanische Sender NHK eingeräumt, dass ihr Tod auf Überarbeitung zurückzuführen sei. Der öffentliche Sender kündigte gestern an, seine Arbeitskultur zu ändern. Die 31-jährige Politik-Reporterin hatte 159 Überstunden in einem Monat gemacht und war im Juli 2013 tot in ihrem Bett gefunden worden.

Ein Jahr danach stellten die japanischen Behörden fest, dass ihr Tod mit Überarbeitung zusammenhänge. Sie hatte in dem Monat vor ihrem Tod nur zwei Tage frei gehabt. Der Sender NHK machte den Fall aber erst vier Jahre später öffentlich. Der Tod der jungen Frau schockierte die japanische Öffentlichkeit besonders, denn NHK hatte immer wieder das hohe Arbeitspensum in Japan angeprangert und über Fälle von Überarbeitung in anderen Unternehmen berichtet. © *afp/aerzteblatt.de*

2.5 Interpersonale Folgen dieser Rahmenbedingungen

Die Folgen der in den Abschnitt 2.1, 2.2 und 2.3 beschriebenen Rahmenbedingungen zeigen sich nicht nur für den Einzelnen, sondern wirken sich auch in aller Regel deutlich spürbar auf das Miteinander am Arbeitsplatz aus. Das Konfliktpotenzial steigt, und die Art und Weise wie Konflikte – beispielsweise unter hohem Zeitdruck – ausgetragen werden, verändert deren weitere Dynamik. Der Anstieg von und ungünstige Umgang mit Konflikten stellt dabei nicht nur ein Folgesymptom psychisch belastender Arbeitsbedingungen dar, sondern wird in aller Regel weitere, oft noch viel schwerer wiegende Belastungen hervorbringen.

So kann schnell eine negative Spirale beginnen: In einem Kontext, der von hoher Aufgabendichte, geringen Schutzräumen und -zeiten und wachsender Unsicherheit durch permanenten Wandel geprägt ist, entstehen und eskalieren Konflikte schneller. Sie schränken damit die Arbeitsfähigkeit und Produktivität der Betroffenen ernsthaft ein, zerstören organisationales Vertrauen in Personen wie in Rollenträger oder gar in die Institution als Ganzes, was alle Beteiligten zusätzlich belastet und weiteren Konflikten den Boden bereitet. Konfliktprävention und Konfliktmanagement stellen daher zentrale Führungsaufgaben dar. Und das kann wiederum für die Führungskräfte auch eine Belastung sein.

Im Folgenden werden einige wesentliche Modelle zu Konfliktarten (Abschnitt 2.5.1) und Möglichkeiten der Konflikthandhabung (Abschnitt 2.5.2) beschrieben. Vertiefend gehen wir kurz auf Mobbing und sexuelle Belästigung als extreme Formen fehlgeleiteter Konflikthandhabung ein.

2.5.1 Entstehung von Konflikten und Konfliktarten

Konflikte können als Spannungssituationen beschrieben werden, in denen zwei oder mehr Parteien jeweils versuchen, ihre Vorstellungen, Interessen oder Ziele zu verwirklichen, und diese zumindest zum Teil unvereinbar sind. Die Konfliktparteien sind sich dabei in der Regel ihrer Gegnerschaft bewusst. Die Austragung ist meist durch deutlich negative Gefühle begleitet, wie z. B. Ärger, Wut, Aggression, sowie Angst, Unsicherheit und Frustration. Gegenseitige Abwertung der Standpunkte, Argumente oder auch Person der Gegenpartei(en) sind die Folge und tragen dann weiter zur Eskalation bei.

Typischerweise unterscheidet man zwischen Konflikten auf intrapersonaler Ebene (z. B. Rollen- und Entscheidungskonflikte) und solchen auf interpersonaler Ebene, an denen also zwei oder mehr Parteien beteiligt sind. Hierzu gehören einer gängigen Klassifikation zufolge Verteilungs-, Ziel-, Sach- und Beziehungskonflikte (vgl. Berkel, 1984, 2017).

Rollenkonflikte

Ein Rollenkonflikt liegt vor, wenn die betreffende Person verschiedene Funktionen wahrzunehmen hat, durch die sie widersprüchlichen Erwartungen gerecht werden muss. Dies kann eine Doppelrolle, z. B. als Mitarbeiter einer bestimmten Abteilung und zugleich als Betriebsratsmitglied sein, die mit Interessenskollisionen verbunden ist, aber auch die Herausforderung, die eigenen Arbeitskapazitäten angemessen auf zwei Rollen oder Funktionen zu verteilen, z. B. als Stabsberater für konkurrierende Unternehmensbereiche.

Der Klassiker eines Rollenkonflikts ist die „Sandwichposition“ der Führungskraft im mittleren Management, die zwischen dem eigenen Vorgesetzten und den ihr unterstellten Mitarbeitern vermitteln muss. Wer den Anforderungen unterschiedlicher Parteien mit ggf. unterschiedlichen Zielen gerecht werden muss, ist ständig gefordert, Prioritäten zu setzen und Loyalitäten zu gewichten. Führungskräfte der mittleren Ebenen sind einerseits ihren Mitarbeitern verpflichtet, es wird erwartet, dass sie sich vor die Abteilung stellen, ihre Leute verteidigen und auch vor Überlastung schützen. Andererseits gehört es unstrittig zu ihren Aufgaben, auch unliebsame Entscheidungen von oben klar zu kommunizieren und deren Umsetzung durchzusetzen. Diesen Spagat gut zu meistern und dabei weder das Vertrauen der oberen Etagen noch der eigenen Leute zu riskieren, sowie idealerweise noch den eigenen Werten und Prinzipien treu zu bleiben, erfordert ein hohes Maß an Reflektion, Rollenklärung sowie Integrität. Spart eine Organisation hier an der falschen Stelle, und bereitet ihre Nachwuchsführungskräfte nicht ausreichend durch Weiterbildung und/oder Coaching auf solche kritischen Situationen vor, werden sich Rollenkonflikte schnell negativ auf Klima und Produktivität der Teams niederschlagen.

Entscheidungskonflikte

Hier muss eine Person eine wichtige und weitreichende Entscheidung zwischen zwei oder mehr Alternativen treffen, die jeweils als nicht vollständig zufrieden stellend bewertet werden. Es gilt in jedem Fall gravierende Nachteile in Kauf zu nehmen und zu verantworten, die zusätzlich oft zum Zeitpunkt der Entscheidung nicht vollständig abzusehen sind. Ein Beispiel wäre die Entscheidung eines Abteilungsleiters, zu welchem Zeitpunkt ein Produkt am Markt eingeführt werden soll: Einerseits bedeutet jeder Tag Verzögerung finanzielle Einbußen, andererseits verspricht eine spätere Einführung noch höhere Produktreife, ggf. z. B. auch saisonal bedingt mehr Presseaufmerksamkeit und damit die Chance einen echten „Star" zu etablieren. Auch solche Entscheidungskonflikte treten häufiger auf und entfalten ein anderes Potenzial, wenn in einem Betrieb insgesamt stark belastende Rahmenbedingungen vorliegen, insbesondere zum Beispiel extremer Zeit- oder Erfolgsdruck durch überhöhte Zielvorgaben.

Verteilungskonflikte

Verteilungskonflikte treten auf, wenn knappe Ressourcen wie bestimmte Güter, Dienstleistungen, Geld, Zeit, aber auch Status zu verteilen sind. Entsprechend bergen Budgetierungen, Tarifverhandlungen, die Besetzung freier Stellen oder auch die betriebliche Urlaubsplanung immer die Gefahr von Verteilungskonflikten. Typischerweise ist hierbei der Gewinn einer Partei zugleich der Verlust einer anderen, es handelt sich um ein sogenanntes Null-Summen-Spiel. Auch hier wird offensichtlich, dass Verknappung bzw. Verdichtung bei Arbeitsmitteln, Arbeitsinhalt, und Arbeitsorganisation das Potenzial für Konflikte steigen lassen. Verteilungskonflikte lassen sich im Grunde nur beilegen, wenn ein Kompromiss erzielt wird, der alle Parteien zufrieden stellt. Ein Kompromiss hat den Vorteil, dass beide Parteien ihre Ziele zumindest teilweise erreichen und auch sehen, dass die Gegenpartei ebenfalls Abstriche gemacht hat. Die Gefahr, dass eine Partei (objektiv oder subjektiv) zu kurz kommt, ist so lange gegeben, wie es keine zuvor festgelegten und von allen akzeptierten „Spielregeln" gibt.

Wert- und Zielkonflikte

Wert- und Zielkonflikte können nicht im eigentlichen Sinne gelöst, sondern nur entschieden werden. Sie sind dadurch gekennzeichnet, dass die Konfliktparteien grundlegend nicht miteinander vereinbare Werthaltungen oder Ziele vertreten, ein klassischer Kompromiss also nicht möglich ist. Ein typischer

Zielkonflikt wäre die Befürwortung von Investitionen in den Ausbau traditioneller versus innovativer Geschäftsbereiche, oder die Debatte um eine preisgünstige versus ergonomische Büroausstattung. Bei Zielkonflikten zwischen Hierarchieebenen spielt zusätzlich hinein, dass sich oft auch unterschiedliche Generationen gegenüberstehen, so dass auch Prozesse des gesamtgesellschaftlichen Wertewandels in der Organisation mit ausgetragen werden müssen. Auch zwischen Stab und Linie oder zwischen unterschiedlichen Abteilungen kommt es oft strukturell bedingt zu Zielkonflikten. Ist ein Konsens auch nach umfassendem Austausch von Argumenten und Hintergrundinformationen nicht zu erzielen, kann eine Entscheidung nur durch übergeordnete Instanzen mit entsprechender „Richtlinienkompetenz" (Gremien, Führungskräfte) gefällt oder mit Hilfe eines externen Mediators ausgehandelt werden. Vorbeugend ist der Leitung von Organisationen zu empfehlen, dass sie von vornherein einheitliche Wertvorstellungen und Spielregeln vertritt und vorlebt, mit denen sich alle Mitarbeiter identifizieren können. Die Entwicklung einer gemeinsamen Vision und damit in Einklang stehender strategischer Leitlinien sollte grundsätzlich unter Einbezug von Mitarbeitern aller Bereiche und Ebenen erfolgen.

Sachkonflikte

Ein Sachkonflikt liegt vor, wenn über das Ziel selbst Einigkeit besteht, aber Uneinigkeit über die Maßnahmen zur Zielerreichung. Das Konfliktthema ist somit eine unterschiedliche Beurteilung der möglichen Wege, weshalb zuweilen auch von Weg- oder Beurteilungskonflikten gesprochen wird. Ein Beispiel sind unterschiedliche Konzepte zur Vermarktung eines Produkts oder einer Dienstleistung. Häufig sind Sachkonflikte auf unterschiedlichen Informationsstand und damit einhergehend auf unterschiedliche Vorstellungen der Konfliktbeteiligten zurückzuführen. Dies heißt auch, dass Sachkonflikte im betrieblichen Alltag oft durch frühzeitige und umfassende Information aller Betroffenen vermieden werden können. Regelmäßige Treffen helfen hierbei, Probleme und offene Fragen bereits im Vorfeld zu erkennen und zu klären.

Beziehungskonflikte

Auslöser für Beziehungskonflikte sind oft konkrete Ereignisse wie Rollen-, Entscheidungs-, Ziel-, Sach- oder Verteilungskonflikte, bei denen ein Kontrahent (objektiv oder subjektiv) benachteiligt wurde, und sich somit ungerecht behandelt fühlt. Beziehungskonflikte äußern sich in stark emotional aufgeladenem Verhalten, das den anderen verletzen, schwächen und z. B. auch gezielt vor anderen bloßstellen soll. Es kann den Anfang systematischen Mobbings oder auch sexueller Belästigung als Sonderformen offener Feindseligkeit und gezielter „Demontage" des Gegenübers darstellen. Eine Beilegung von Beziehungskonflikten ist nur möglich, wenn beide Seiten eine konstruktive Kommunikationsbereitschaft mitbringen: Diese umfasst den Mut, die eigenen Wahrnehmungen und Veränderungswünsche möglichst ruhig, aber deutlich zu äußern, die Bereitschaft zu einer (ernst gemeinten!) Entschuldigung sowie die Bereitschaft der Gegenseite, diese anzunehmen.

Auch hier entsteht sonst schnell ein dynamischer Teufelskreis, der dann nur noch schwer zu durchbrechen ist. Der Kommunikationspsychologe Paul Watzlawick (Watzlawick, Beavin & Jackson, 2016) hat postuliert, dass Interaktionen von den Beteiligten unterschiedlich strukturiert werden und es so häufig zu sogenannten Interpunktionskonflikten kommt. Damit ist gemeint, dass Menschen dazu neigen, ihr eigenes Verhalten in erster Linie als Reaktion auf das Verhalten des anderen wahrzunehmen. Sie setzen (interpunktieren) den Beginn von Prozessen unterschiedlich. Jeder sieht im anderen den Auslöser für das eigene Verhalten, was schnell einer spiralförmigen Eskalation führen kann. Der folgende Infobox 2.5.1.1 gibt ein Beispiel für eine solche Dynamik.

Infobox 2.5.1.1:
Fallbeispiel für einen Interpunktionskonflikt

Im Zuge von Umstrukturierungsmaßnahmen ist unter anderem geplant, dass einige Stellen aus einem Team ausgelagert und andere wahrscheinlich gestrichen werden sollen. Die Abteilungsleiterin versucht, die Information von ihren Leuten fernzuhalten, bis die Entscheidung gefallen ist. Alles andere würde, so raten ihr auch die Kollegen, nur zu extremer Verunsicherung führen. Gerüchte im Haus lassen sich natürlich trotzdem nicht vermeiden. Die Mitarbeiter beginnen zu spekulieren, wen von Ihnen es nun treffen mag, und natürlich auch darüber, warum ihre Abteilungsleitung sie nicht ins Vertrauen zieht. Das ehemals gute und herzliche Klima kühlt spürbar ab. Gespräche verstummen, sobald die Abteilungsleiterin den Raum betritt, auch der sonst übliche Small Talk an der Kaffeemaschine wird immer weniger. Die Abteilungsleiterin fühlt sich ausgegrenzt und auf dem eigenen Flur fast wie eine Fremde. Dies führt unter anderem dazu, dass sie nur noch selten gemeinsam mit ihren Leuten zum Essen geht und auch sonst jeden informellen Kontakt meidet, um sich nicht ständig dieser Ablehnung auszusetzen. Das Team deutet ihre „Abschottung" als weiteren Hinweis darauf, dass etwas Schlimmes im Busch ist. Die Gerüchte nehmen zu, der Kontakt zwischen Leitung und Team sinkt auf ein Minimum. Als es der Abteilungsleiterin nach einem halben Jahr erbitterten Kampfes in der Führungsetage gelingt, trotz der Umstrukturierung tatsächlich alle Stellen im Team zu erhalten, können sich weder sie noch die Mitarbeiterinnen und Mitarbeiter mehr gemeinsam darüber freuen.

Ist die Situation so festgefahren, sollte eine neutrale Beratung, idealerweise ein professioneller Mediator, hinzugezogen werden. Gelegentlich stellt sich im

Zuge eines solchen Mediationsprozesses heraus, dass der Ursprung der Konfliktspirale in einem relativ leicht zu lösenden oder bereits gelösten Sachproblem liegt. Im Fallbeispiel ist dies nicht so, hier kann allenfalls wechselseitig Verständnis erzeugt und möglicherweise klare Vereinbarungen für einen vertrauensvollen Neustart getroffen werden. In jedem Fall zeigen sich beide Parteien gegenseitig, dass ihnen trotz allem noch viel an der Beziehung liegt, in dem sie sich überhaupt auf den Mediationsprozess einlassen. Dies kann eine gute Grundlage dafür sein, gemeinsam an einer konstruktiven Lösung für die weitere Zusammenarbeit zu suchen. In Situationen wie unserem Fallbeispiel wird es allerdings Zeit brauchen, das auf beiden Seiten zerstörte Vertrauen wiederherzustellen, bevor die Beziehung am Ende vielleicht sogar gestärkt aus dem Konflikt hervorgehen kann.

2.5.2 Handhabung von Konflikten

Berkel (1984) unterscheidet zwischen fünf Strategien der Konflikthandhabung, und zwar danach, wie stark sich die Beteiligten jeweils an den eigenen und an den Zielen der Gegenpartei orientieren. Abbildung 2.5.2.1 veranschaulicht das zu Grunde liegende Schema.

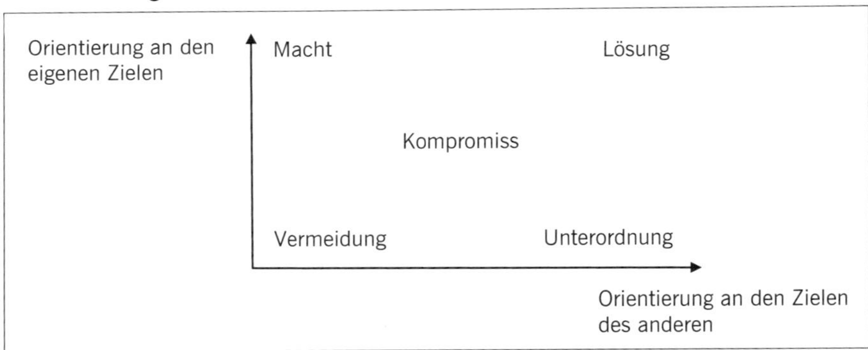

Abbildung 2.5.2.1 *Strategien der Konflikthandhabung nach Berkel (1984, eigene Darstellung)*

Die sogenannte Machtstrategie steht für das Durchsetzen der eigenen Ziele mit allen Mitteln und auf Kosten der Ziele der Gegenpartei, die so in eine Verliererrolle gedrängt wird. Das Gegenstück ist eine Strategie des Nachgebens, die die eigenen Ziele gänzlich den Zielen der Gegenpartei unterordnet, so dass man selbst in die Verliererrolle gerät. Eine Strategie der gänzlichen Konfliktvermeidung liegt vor, wenn sich beide Parteien zurückziehen und völlig auf die Realisierung ihrer Ziele verzichten. Eine echte Problemlösung besteht darin, dass beide Parteien ihre Ziele ohne Abstriche umsetzen können, da sie beispielsweise einen Weg gefunden haben, die Situation in eine sogenannte Win-Win-Situation umzuwandeln. Gerade bei Verteilungskonflikten ist dies jedoch aufgrund des Null-Summen-Charakters der Situation nicht möglich – es können nicht beide den größeren Anteil einer endlichen Ressource bekommen. Hier ist die typische Form der Konflikthandhabung der Kompromiss, bei dem beide Parteien Abstriche machen, sodass die Lösung in einer gleichmäßigen teilweisen Realisierung der Ziele aller Beteiligten besteht.

Philip und Rademacher (2002) ergänzen eine sechste Möglichkeit, die sich in dieses Schema nicht einfügt, nämlich die Delegation. Das Delegationsprinzip der Konflikthandhabung findet sich in praktisch allen Gesellschaften wie selbstverständlich in Form einer übergeordneten rechtsprechenden Instanz, gegebenenfalls einer zugehörigen Exekutive wie der Polizei. Aber auch im Kleinen werden oft Dritte um Rat gebeten beziehungsweise direkt um eine problemlösende Entscheidung. Im Arbeitsleben kann dies die Führungskraft sein, die einen Konflikt zwischen ihren Mitarbeitern schlichten soll, oder auch Interessenvertretungen wie Betriebs- und Personalrat. Philip und Rademacher (2002) siedeln den „moralischen" Wert der Delegation auf einer Entwicklungsstufe unterhalb des Kompromisses an, aber höherwertiger als die eigene Unterordnung. Auf die drei Strategien der Hauptachse im Modell von Berkel (1984) soll im Folgenden jeweils noch näher eingegangen werden, da sie die wichtigsten Konflikthandhabungsstrategien darstellen.

Echte Konfliktlösung durch sachgerechtes Verhandeln

Eine echte Lösung hat eine langfristige Aufhebung des Wert-, Ziel- oder Verteilungsgegensatzes, des Misstrauens und der Antipathie der Beteiligten zum Ziel, eventuell auch eine Aufhebung des Koordinationszwanges. Sie berücksichtigt und befriedigt folglich die Belange aller Parteien gleichermaßen und bezieht dabei auch emotionale Aspekte mit ein.

Häufig gelingt eine echte Lösung nur unter Einbezug eines unabhängigen Vermittlers, beispielsweise einer qualifizierten Führungskraft oder eines externen Beraters. Diese sollten unvoreingenommen möglichst viele Informationen von allen Seiten sammeln, Zurückhaltung bezüglich vorschneller Entscheidungen walten lassen, aktiv zur Perspektivenübernahme anregen, auf übergeordnete gemeinsame Ziele (z. B. des Projekts oder der Organisation) hinweisen und in erster Linie Kommunikationshilfen geben, die den Betroffenen ermöglichen, selbst eine tragfähige Lösung zu entwickeln.

Bewährt haben sich in diesem Zusammenhang auch die Harvard-Grundsätze der Verhandlung (Fisher, Ury & Patton, 2013). Die Harvard-Grundsätze sind aus einem eigens ins Leben gerufenen, langjährigen Projekt der Harvard-Universität hervorgegangen und haben im Wesentlichen zum Ziel, erstens die positive Beziehung zwischen den Verhandlungspartnern zu bewahren, zweitens Verhandlungen zeiteffizient zu gestalten und drittens den Nutzen des Verhandlungsergebnisses für beide Seiten zu maximieren. Ein Vermittler ist dabei zunächst nicht vorgesehen. Infobox 2.5.2.1 gibt die Grundsätze des sachgerechten Verhandelns nach dem Harvard-Prinzip wieder.

Infobox 2.5.2.1:
Die Grundsätze sachgerechten Verhandelns nach dem Harvard-Prinzip1. Behandeln Sie Menschen und Probleme getrennt voneinander

Fühlen sich Menschen in ihrem Bedürfnis nach Sicherheit, sozialer Zugehörigkeit, Kompetenzerleben, oder ihrer Autonomie bedroht, reagieren sie schnell emotional. Eine sachliche Betrachtungsweise des Problems und rationale Strategien zur Lösungssuche werden dadurch gehemmt. Die Empfehlung, die persönlichen Beziehungen und den eigentlichen Verhandlungsgegenstand getrennt voneinander zu behandeln, zielt nicht darauf ab, Emotionen aus dem Verhandlungsgeschehen zu verbannen, im Gegenteil: Wer die eigenen Gefühle kennt und versteht und sich zudem so weit in die Gegenseite hineinversetzt, dass er auch deren Bedürfnisse und Gefühle vorwegnehmen, nachvollziehen und respektieren kann, kann sie bewusst berücksichtigen. Eine gute Beziehungsgrundlage ermöglicht den Fokus auf die Sache, in der dann getrost „hart“ verhandelt werden kann.

2. Konzentrieren Sie sich auf Interessen, nicht auf Positionen

Oft reduzieren die Beteiligten das Konfliktgeschehen auf unterschiedliche Positionen. Unterschiedliche Positionen müssen aber keineswegs bedeuten, dass die Interessen gegensätzlich und unvereinbar sind. Ein klassisches Beispiel ist der Streit in einem Gemeinschaftsbüro, ob das Fenster offen oder geschlossen sein soll. Ein Feilschen um ein viertel, halb oder dreiviertel geöffnetes Fenster führt nicht weiter. Die Frage nach den zugrundeliegenden Interessen ergibt hingegen, dass der eine frische Luft hereinlassen, der andere Zugluft vermeiden möchte. Beide Interessen sind in Einklang gebracht, wenn man ein Fenster im Nebenraum öffnet. Die Frage nach dem Warum und Wozu, also den hinter der Position stehenden Bedürfnissen und Zielen beider Parteien ist es, die den Scheinwiderspruch aufdeckt und einen dritten Weg öffnet.

3. Entwickeln Sie Entscheidungsoptionen zum beiderseitigen Vorteil

Es sind im Wesentlichen vier verbreitete Irrtümer, die verhindern, dass in Situationen mit widersprüchlichen Interessen gemeinsam akzeptable Alternativen entwickelt werden: Menschen neigen erstens dazu, Ideen vorschnell zu verurteilen, zweitens dazu anzunehmen, es gäbe eine richtige Lösung, drittens, Vorteile für die anderen gingen zwangsläufig auf die eigenen Kosten, oder meinen schließlich, dass die anderen doch ihre Probleme selbst lösen sollen. Demgegenüber steht der Ansatz, zunächst per Brainstorming möglichst viele Optionen zu sammeln ohne sie zu bewerten, um dann die Vorteile und gemeinsamen Interessen ins Zentrum zu stellen. Auf der Beziehungsseite ist es ein wichtiger Aspekt, Vorschläge zu entwickeln, die den anderen die Entscheidung erleichtern. Dies gelingt nur durch Perspektivenübernahme. Hilfreich kann die Bezugnahme auf übergeordnete Normen und Werte oder einen Präzedenzfall sein, die eine Grundlage für die Entscheidung liefern.

4. Bestehen Sie auf neutralen Beurteilungskriterien

Entscheidend für eine gelungene Umsetzung ist, dass man sich nicht unter Druck setzen lässt, um zu einer Einigung zu gelangen. Letztlich müssen Kriterien gefunden werden, auf deren Basis eine Entscheidung zwischen den gemeinsam entwickelten Optionen gefällt werden kann. Dies können zum Beispiel sachbezogene Aspekte wie Effektivität, Effizienz, Marktwert, Kosten und ähnliches sein, aber auch Prinzipien wie Tradition, Gegenseitigkeit, oder Gleichbehandlung.

Stellt die Gegenseite schwer annehmbare Forderungen kann es helfen, hypothetisch zu akzeptieren, dabei aber „im lauten Denken" die inakzeptablen Konsequenzen zu benennen und den anderen um Rat für die eigenen Unannehmbarkeiten zu bitten. Eine weitere Empfehlung von Fisher und Kollegen (2013) betrifft die Verhandlungsvorbereitung: Alle Verhandlungspartner sollten sich von vorneherein die „beste Alternative" zu ihrer eigenen Wunschlösung überlegen und diese als Messlatte an mögliche Kompromisse anlegen. Oft ist die ausgehandelte Lösung im Vergleich doch noch besser.

Kompromiss

Sofern es nicht möglich ist, dass beide ihre Ziele vollständig realisieren, ist ein Kompromiss erforderlich. So sollte im Fall eines Verteilungskonfliktes fair geteilt werden, beispielsweise nach dem Grundsatz „Einer teilt (stellt also zwei gleichwertige „Pakete" zusammen), der andere wählt". Gelingt dies nicht, ist der Einbezug eines externen Mediators ratsam. Auch hier ist es hilfreich, die wechselseitige Abhängigkeit der Konfliktparteien und die Gemeinsamkeiten in Werten und Zielen zu betonen. Gerade bei vermittelten Kompromisslösungen sollte eine Nachsorgephase eingeplant sein. Regelmäßige Besprechungen, in denen Perspektiven und Ziele ausgetauscht werden können, sind geeignet, nicht nur den Erfolg der Maßnahmen zu kontrollieren, sondern auch ein Hochschaukeln neuerlicher Konflikte zu verhindern.

Konfliktvermeidung und -unterdrückung

Sowohl das Begleiten einer echten Lösung als auch eines guten Kompromisses setzen Offenheit, Engagement, Kommunikationskompetenz und Mut voraus. Häufig werden Konflikte in der Hoffnung vermieden, dass sich das „schon von selbst wieder einrenkt". Überzogenes Harmoniestreben, Furcht vor Auseinandersetzungen und nicht zuletzt vor Kritik durch die eigenen Vorgesetzten („Problemabteilung") spielen hierbei eine zentrale Rolle. Wenn sich ein Eingreifen gar nicht mehr vermeiden lässt, beschränken sich die Interventionen dann oft auf allgemeine Appelle an den Teamgeist, ohne sich mit den tatsächlichen Ursachen oder möglichen Lösungen des Konflikts auseinanderzusetzen, alternativ auf ein „Machtwort", das Ruhe einfordert. Hierbei wird nicht bedacht, dass angestaute Konflikte nach einiger Zeit umso heftiger ausbrechen und dann nur noch schwerer zu handhaben sind. Dennoch ist nicht zu leugnen, dass autoritäre Führung in einigen wenigen Fällen hilfreich sein kann: wenn die Streitpunkte wirklich trivial sind und/oder unter starkem Zeitdruck gehandelt werden muss. In jedem Fall sollte das Konfliktthema jedoch zu einem späteren Zeitpunkt wieder aufgegriffen und besprochen werden.

Grundlegend ist natürlich eine echte, gemeinsam entwickelte Lösung der Königsweg im Umgang mit Konflikten. Eine wirklich gute Führungskraft zeichnet sich jedoch nicht nur dadurch aus, dass sie eine solche Lösung selbst kompetent begleiten kann, sondern auch dadurch, dass sie erkennt, wo ihre Grenzen liegen – wann also die Hinzuziehung eines professionellen Beraters erforderlich ist, damit alle Beteiligten sowie die Organisation als Ganzes gestärkt aus dem Prozess hervorgehen können und sich die Konfliktaustragung nicht auf anderen Ebenen fortsetzt.

Extreme Formen fehlgeleiteter Konflikthandhabung können in Form von Mobbing oder sexueller Belästigung am Arbeitsplatz auftreten und werden im nächsten Unterkapitel aufgegriffen. Auf weitere Sonderformen interpersonaler psychischer Belastungen wie Stalking, Cyberstalking und körperliche Bedrohung mit nicht sexualisierter Gewalt (z. B. Amoklauf als Racheakt oder Angriffe aufgrund einer psychiatrischen Erkrankung des Täters) sei hier nicht näher eingegangen, sondern auf die weiterführende Literatur verwiesen (Hoffmann & Voß, 2006; Hoffmann, Roshdi & von Rohr, 2013).

2.5.3 Mobbing und sexuelle Belästigung als extreme Formen fehlgeleiteter Konflikthandhabung

Mobbing ist ein Begriff, der Eingang in unsere Alltagssprache gefunden hat. Verfolgt man die Berichterstattung in den Medien, scheint das Phänomen Mobbing zu einer Art „Volkskrankheit" geworden zu sein – es häufen sich Berichte von Betroffenen, die ihre Situation am Arbeitsplatz als belastend, ja unerträglich erleben. Um Mobbing jedoch nicht mit jedem „normalen Ärgernis" zu verwechseln und nicht jeden missglückten Scherz als Mobbingaktion zu bezeichnen, ist es wichtig, Mobbing genauer zu definieren.

Begriffsbestimmung und Formen von Mobbing

Das englische Verb „to mob“ bedeutet wörtlich übersetzt „sich auf etwas stürzen, über etwas/jemanden herfallen“. Ursprünglich wurde der Begriff vom Verhaltensforscher und Nobelpreisträger Konrad Lorenz für aggressives Verhalten in den von ihm untersuchten Graugansgruppen. Da man ähnliche gruppendynamische Verhaltensweisen der Schikanierung auch bei Schulklassen beobachtete, fand der Begriff Mobbing zunächst Eingang in die Schulpädagogik. Der schwedische Arzt und Psychologe Heinz Leymann (1993, 1996) prägte Anfang der 90er Jahre den Terminus für das gleiche Phänomen in der Arbeitswelt.

Nach Zuschlag (2001, S. 15) lässt sich Mobbing zusammenfassend wie folgt definieren:

„Der Begriff Mobbing beschreibt schikanöses Handeln einer oder mehrerer Personen, das gegen eine Einzelperson oder eine Personengruppe gerichtet ist. Die schikanösen Handlungen werden meistens über einen längeren Zeitraum hinweg wiederholt. Sie implizieren grundsätzlich die Täter-Absicht, das (die) Opfer bzw. sein (ihr) Ansehen zu schädigen und gegebenenfalls aus seiner (ihrer) Position zu vertreiben. Aber auch ohne Schikane-Absicht des Täters können dessen ‚normale‘ Handlungen von sensiblen Personen missverstanden und als Mobbing empfunden werden.“

Mobbing kann dabei sowohl einzelnen Personen als auch Gruppen gelten und von einer einzelnen Person, wie von einer Personengruppe ausgehen. Eine klare Grenze zu ziehen zwischen dem üblichen Klatsch und Tratsch, einem belastenden Arbeitsklima durch Überlastung oder einen cholerischen Vorgesetzten und systematischem Mobbing ist nicht möglich. Die Grenze zu erkennen erfordert ein genaues Hinsehen. Dennoch gibt es einige Merkmale, die Mobbingverhalten kennzeichnen: Mobbinghandlungen verletzen die Würde einer Person und lassen den Respekt vor ihr vermissen. Auch wenn die betroffene Person deutlich macht, dass sie dies als Demütigung empfindet, wird das Verhalten nicht eingestellt. Ganz im Gegenteil, die nun offensichtlich „wunden Punkte“ der Person bieten Angriffsfläche für weitere Attacken. Mobbinghandlungen sind also zielgerichtet und systematisch. Viele Vorgesetzte oder auch Kolleginnen und Kollegen wollen mit ihren Scherzen oder Launen niemandem schaden. Oft sind sie erschrocken, wenn sie hören, was sie damit auslösen, stellen dieses Verhalten dann auch ein und versuchen zumindest, sich zu ändern. Im Gegensatz dazu stellt Mobbing ein systematisches Vorgehen mit eindeutig destruktiver Absicht dar. Das Opfer soll für eine einzelne Person oder die Gruppe als „Blitzableiter“ fungieren oder sogar rausgeekelt und zur Kündigung gezwungen werden. Entsprechend finden die Handlungen regelmäßig und über längere Zeit statt, wobei durchaus größere Abstände oder längere Pausen auftreten können. Mobbing kann sehr unterschiedliche Formen annehmen und auf unterschiedlichen Ebenen stattfinden, wie die Fallbeispiele in Infobox 2.5.3.1 illustrieren.

Infobox 2.5.3.1:
Fallbeispiele zu Formen von Mobbing (eigene Darstellung)

A.
Von Anfang an hatte Herr Schmidt das Gefühl, dass ihn sein neuer Vorgesetzter nicht leiden kann und auf dem „Kieker" hat. Im Vergleich zu anderen bekommt er die unbeliebtesten Arbeiten. Es wird keine Gelegenheit ausgelassen, ihn zu kritisieren und herumzukommandieren. Mit der Zeit übernehmen auch seine Kolleginnen und Kollegen das Verhalten des Chefs und wenden sich von ihm ab.

B.
Nach langer Zeit hat Frau Lang wieder eine Arbeit gefunden. Die Freude darüber währt jedoch nicht lange, obwohl die Tätigkeit ihren Vorstellungen entspricht. Sie wird von sämtlichen Kontakten ausgeschlossen. Niemand fragt, ob sie mit zum Mittagessen gehen möchte. Ständig kritisiert man ihr Aussehen und ihre Kleidung. Zufällig hört sie das Gerücht, dass sie ihre Stelle einer Affäre mit einem Vorgesetzten zu verdanken habe.

C.
Herr Kurz ist der „Blitzableiter" seiner Abteilung. Er hat seine eigenen Wertvorstellungen und Standpunkte, die er vertritt. Dies macht ihn schon bald zum Außenseiter. Sticheleien und scheinbar humorvolle, aber abwertende Bemerkungen sind an der Tagesordnung. Gemeinsame Pausenzeiten und Besprechungen werden genutzt, um sich über ihn und seine Ansichten lustig zu machen – ihn als Spinner vorzuführen.

Schaut man sich diese unterschiedlichen Beispiele für Mobbing und die Beschreibungen von Mobbingopfern bezüglich des Verhaltens der Mobbingtäter genauer an, so lassen sich die auftretenden Verhaltensweisen in fünf Hauptkategorien einteilen (Zuschlag, 2001):

Es handelt sich dabei um Angriffe auf

- die Möglichkeiten sich mitzuteilen (z. B. ständiges Unterbrechen, „Niederschreien", ignorieren),
- die sozialen Beziehungen (aktive Isolation und Ausgrenzung),
- das soziale Ansehen (Verbreitung boshafter Gerüchte, Angriffe auf die Menschenwürde, z. B. Diskriminierung sowie sexuelle Belästigung),

- die Qualität der Berufs- und Lebenssituation (Zuweisung sinnloser oder deutlich unter oder über der Qualifikation liegender Aufgaben),
- die Gesundheit (Androhung oder Anwendung körperlicher Gewalt, Beschädigung von Wohnraum oder Arbeitsplatz, sexuelle Übergriffe).

Determinanten von Mobbing

Systematische Feindseligkeiten können grundsätzlich jeden treffen und von jedem ausgehen. Persönliche Gegebenheiten, Verhaltensweisen oder auch Fähigkeiten einer Person können jedoch die Entstehung von Mobbing begünstigen. Das bedeutet aber nicht, dass es das „typische Mobbingopfer" gibt. Zu den das Mobbing begünstigenden Faktoren gehören Verhaltensauffälligkeiten hinsichtlich der Sprache, der Mimik, der Gestik, der Körpersprache, aber auch des Leistungsverhaltens (z. B. hohes Engagement, das das Standing der Kollegen bedroht). Zuschlag (2001) spricht in diesem Zusammenhang von viktimologischen Anreizen, die vom potenziellen Mobbingopfer ausgehen. Mobbing jedoch geschieht zu häufig, um nur für bestimmte, potenzielle Opfer eine Gefahr darzustellen. Daher kommt es besonders darauf an, wie ein Mobbingopfer auf die Attacken reagiert. Hier können sehr wohl Persönlichkeitsmerkmale (wie z. B. Durchsetzungsvermögen, Mut) relevant dafür sein, ob das Mobbingverhalten fortgesetzt wird oder nicht.

Ursachen für die Entstehung von Mobbing sind sehr komplex, und viele der bislang behandelten Belastungsfaktoren können Konflikte und damit auch Mobbing als extreme Form fehlgeleiteter Konflikthandhabung fördern: Herrscht ein hoher Leistungsdruck, schiebt man die eigenen Fehler Kolleginnen oder Kollegen in die Schuhe, um von seinen eigenen Defiziten abzulenken. Auch Frustrationen und Neidgefühle in der Gruppe zeigen sich häufig im Vorfeld von Mobbinghandlungen. Das Streuen von Gerüchten ist eine der Strategien, die im Konkurrenzkampf mit Mitbewerbern um eine höhere berufliche Position eingesetzt wird. Konkret konnte auch chronischer Personalmangel als ein wesentlicher Faktor für Mobbing identifiziert werden. Permanente Überforderung und der damit einhergehende Leistungsdruck setzt die Beschäftigten unter Stress. Umgekehrt kann auch Unterforderung zu Mobbing begünstigen. Dabei kann die unterforderte Person sowohl Mobbingopfer als auch Täter sein (vgl. Holzbecher & Meschkutat, 1998).

Phasen von Mobbing und Folgen für Individuum, Betrieb und Gesellschaft

Mobbingprozesse lassen sich, das haben empirische Untersuchungen ergeben (Leymann, 1993; Leymann, 1996), in verschiedene Phasen einteilen. Diese verdeutlichen die Entstehung und Entwicklung des Konflikts in seinen unterschiedlichen Eskalationsstufen.

Am Anfang eines klassischen Mobbingprozesses stehen meist ungelöste Konflikte. Aus diesen resultieren Schuldzuweisungen und persönliche Angriffe. Kennzeichnend für den Beginn eines Mobbingprozesses ist der Aufbau eines Feindbildes. Es findet eine Vorverurteilung statt. Einer Person beispielsweise, die zuvor in einer angesehenen Firma gearbeitet hat und die schweigsam und zurückhaltend ist, wird per se Hochnäsigkeit unterstellt. Ein weiteres Merkmal der Anfangsphase des Mobbings ist, dass die einzelnen Aktionen der Mobbingtäter in ihrer Absicht nur schwer nachweisbar sind. Spricht man beispielsweise eine Kollegin auf zurückgehaltene Informationen an, argumentiert diese, dass es ja kein böser Wille gewesen und im Stress geschehen sei.

Phase zwei ist dadurch gekennzeichnet, dass sich das Mobbing etabliert. Im Mittelpunkt steht nun nicht mehr der Konflikt, sondern die einzelne Person, die immer häufiger gekränkt wird. Man kann sagen, dass das Opfer in dieser Phase sozusagen präpariert wird. Die seelische Verfassung wird immer schlechter, das Selbstwertgefühl nimmt ab und die Person wird zum Außenseiter. In Phase drei eskalieren die Entwicklungen. Durch die ständigen Demütigungen ist das Opfer so verunsichert, dass die Arbeit darunter leidet. Alle Augen sind auf die betroffene Person gerichtet. Man gibt ihr für alles die Schuld und bezeichnet sie als Versager/in. Das Opfer wird zum Sündenbock, zum Problemmitarbeiter, dem bereits arbeitsrechtliche Maßnahmen drohen. Die nächste Phase kennzeichnet das Ende des Mobbings. Die gemobbte Person befindet sich auf dem Weg in die Ausgrenzung. Meist handelt es sich dabei um den Verlust des Arbeitsplatzes, oft sogar kommt es zu einem Ausschluss aus der Arbeitswelt. Viele der Opfer kündigen von sich aus. Oft werden sie jedoch auch gekündigt oder stimmen einem Auflösungsvertrag zu. Während dieses Verlaufs kann es zu langen Krankschreibungen kommen, die sich auch nach der Kündigung noch fortsetzen. Manchmal steht am Ende eines Mobbingprozesses sogar die Erwerbsunfähigkeitsrente.

Kein Wunder, denn bei den Opfern von Mobbing zeigen sich vielfach körperliche Beschwerden wie Schlafstörungen, Depressionen und Magen-Darmprobleme, Kopfschmerzen, Übelkeit und Erbrechen, Appetitlosigkeit, Rückenschmerzen, Atemnot, Schwindelgefühl und Schweißausbrüche. Hinzukommen psychische Probleme, die sich negativ auf das Wohlbefinden und die Leistung auswirken. Dazu zählen beispielsweise Konzentrationsprobleme, Gedächtnisstörungen, Selbstzweifel, Selbstunsicherheit, Weinkrämpfe, Gefühle der Verzweiflung, Selbstmordgedanken, paranoide Zustände und Alpträume – um nur einige zu nennen. Leymann und Gustafsson (1996) kommen zu dem Ergebnis, dass Mobbingopfer nicht selten Symptome einer posttraumatischen Belastungsstörung aufweisen.

Mobbing wirkt sich nicht nur auf die betroffene Person, sondern auch auf deren privates Umfeld aus. Existenzängste übertragen sich oft auf den Ehepartner oder die Kinder. Schulversagen der Kinder und körperliche sowie seelische Symptome treten gehäuft in der Familie auf. Gereiztheit und Aggressionsbereitschaft überfordern das private Umfeld, Freundschaften werden belastet oder zerstört.

Insgesamt greift hier eindeutig die Fürsorgepflicht des Arbeitgebers. In einem viel beachteten Grundsatzurteil hat das Landesarbeitsgericht Thüringen schon im Jahr 2001 einem Mobbingopfer Schadensersatzansprüche gegenüber dem Arbeitgeber zugesprochen, da dieser seiner Fürsorgepflicht nicht nachgekommen war und den Mitarbeiter nicht ausreichend vor den Mobbingattacken geschützt hat (dbb, 2018). Aber auch ungeachtet der juristischen Haftung hat Mobbing für das Unternehmen gravierende wirtschaftliche Folgen. Hohe Kosten entstehen unter anderem aufgrund erhöhter Fehlzeiten, erhöhter Fluktuation, verminderter Produktivität, Qualitätseinbußen sowie Kosten für die Akquise und Einarbeitung von Ersatzkräften. Diese wird ggf. weiterhin durch Imageschaden an der Arbeitgebermarke deutlich erschwert wird, sofern sich Hinweise auf Mobbingfälle auch über soziale Medien wie Arbeitgeberbewertungsportale verbreiten.

Als volkswirtschaftliche Kosten schlagen darüber hinaus unter anderem zu Buche: Krankschreibungen, Arztbesuche, Psychotherapie, Klinikaufenthalte, Kuren und vorzeitige Arbeitsunfähigkeitsrenten. In der Mobbingbefragung von Meschkutat, Stackelbeck und Langenhoff (2002) zeigte sich, dass für Mobbingopfer insbesondere professionelle Hilfe von Psychologen hilfreich war. Dass die Kosten für die Opfer und ihr Umfeld wie auch die finanziellen Kosten für die Solidargemeinschaft hier ungleich höher ausfallen als diejenigen für innerbetriebliche Prävention und rechtzeitige Deeskalation, ist offensichtlich.

Mobbingprävention und -intervention sind wichtige Führungsaufgaben. Vorgesetzte sollten daher z. B. über Fortbildungsmaßnahmen sensibilisiert werden, Mobbing möglichst früh zu erkennen und durch entsprechende geeignete Maßnahmen zu unterbinden. In der Praxis bewährt haben sich auch Betriebsvereinbarungen, die einen Verhaltenskodex für die Mitarbeiter, d. h. klare Spielregeln für alle Beteiligten enthalten. Weiterhin sind in einer solchen Betriebsvereinbarung auch Maßnahmen niedergelegt, die im Falle von Verstößen gegen den Verhaltenskodex ergriffen werden.

Begriffsbestimmung und Formen sexueller Belästigung

Laut Allgemeinem Gleichbehandlungsgesetz liegt sexuelle Belästigung vor, „wenn ein unerwünschtes, sexuell bestimmtes Verhalten, wozu auch unerwünschte sexuelle Handlungen oder Aufforderungen zu diesen, sexuell bestimmte körperliche Berührungen, Bemerkungen sexuellen Inhaltes, unerwünschtes Zeigen oder Anbringen pornografischer Darstellungen gehören, bezweckt oder bewirkt, dass die Würde der betreffenden Person verletzt wird, insbesondere, wenn ein von Einschüchterungen, Anfeindungen, Erniedrigungen, Entwürdigungen oder Beleidigungen gekennzeichnetes Umfeld geschaffen wird“ (Allgemeines Gleichbehandlungsgesetz, 2006, § 3 (4)).

Sexuelle Belästigung hat nichts mit freundschaftlicher Beziehung oder freiwillig eingegangenen Verhältnissen zu tun, sondern wird als Verhalten dem Opfer aufgezwungen, wobei es ihm schwergemacht wird, seine Missbilligung zum Ausdruck zu bringen. Die Europäische Kommission (1998) greift in ihrem Bericht zu sexueller Belästigung am Arbeitsplatz in der EU eine Unterscheidung von drei Formen auf:

- verbale (Bemerkungen zur Figur oder dem Aussehen, sexuell anzügliche Witze oder verbale Annäherungen),
- non-verbale (anstarren, pfeifen), und
- körperliche Belästigung (von scheinbar zufälligem Körperkontakt bis hin zu sexuellen Übergriffen und Vergewaltigung).

Als besonders gravierend und unstrittig gelten Verhaltensweisen, die eine Stellenbesetzung, Gehaltserhöhung oder Beförderung von der Bereitschaft zu sexuellem Kontakt abhängig machen (vgl. auch Vanselow, Bohner, Becher & Siebler, 2010). Entscheidend ist in jedem Fall das subjektive Empfinden der Betroffenen. Wer sich sexuell belästigt fühlt, wird sexuell belästigt, unabhängig davon, ob der Belästiger dies so gemeint haben will oder nicht. So vage und dehnbar eine solche Begriffsabgrenzung auf den ersten Blick scheinen mag, so klar ist doch im Einzelfall immer (auch für den Täter), ob ein Verhalten sexuell belästigend ist oder nicht. Folgende Reihe von Fallbeispielen in Infobox 2.5.3.2 mag dies verdeutlichen:

Infobox 2.5.3.2:
Fallbeispiele zur Differenzierung potenziell sexuell belästigenden Verhaltens nach Sadrozinski (1993)

- Frau A, Anfang 20, läuft den Flur entlang. Sie trägt ein Kleid, das kurz über dem Knie endet. Ihr Kollege Z strahlt sie an und sagt in freundlichem Ton: „Schick bist Du heute. Das Kleid steht Dir wirklich gut.“ Frau A lacht und sagt: „Nicht wahr, das ist mein neues Lieblingsstück.“
- Auf der Treppe trifft Frau A den Kollegen Y. Er ist Anfang 50 und seit über 10 Jahren im Unternehmen. Als er Frau A sieht, pfeift er ihr hinterher und sagt: „So ein kurzes Kleid könntest Du uns ruhig öfter präsentieren.“ Frau

A fühlt sich peinlich berührt und würde gerne etwas entgegnen, aber ihr fällt so schnell keine schlagfertige Antwort ein.

- Frau A sucht im Archiv eine Akte. Die Regale sind sehr eng gestellt. Kollege X, ein verheirateter Mann um die 40, sucht in der gleichen Regalreihe. Plötzlich beugt er sich über sie und murmelt „Moment, diesen Ordner brauche ich" über sie und berührt sie dabei scheinbar zufällig an der Brust. Frau A ist irritiert. Der Kollege geht mit dem Ordner weg, als sei nichts passiert.

Im ersten Fall handelt es sich um ein Kompliment oder (wenn man möchte) einen kleinen Flirt, während das Verhalten des Kollegen im zweiten Beispiel eindeutig sexuell belästigend ist – auch wenn Herr Y sich vermutlich selbstsicher dahingehend verteidigen würde, dass er sich doch ebenso wie Herr Z nur anerkennend über das Kleid von Frau A geäußert habe, nicht habe ahnen können, dass sie so empfindlich sei etc. Ebenso sicher wird sich Kollege X aus dem dritten Beispiel fühlen: Es habe sich ja nur um eine zufällige Berührung gehandelt, man wird doch noch eine Akte hervorholen dürfen, eine Unverschämtheit, schließlich sei er verheiratet und so fort.

Diese Art, sich einen „ehrenvollen" Abgang zu garantieren, kennzeichnet den typischen Belästiger. Er bewahrt sich die Möglichkeit, dem Opfer Halluzinationen oder Wunschdenken („Die träumt ja, das hätte sie wohl gerne") beziehungsweise fehlenden Sinn für Humor („Versteht ja überhaupt keinen Spaß") zu unterstellen. Daher ist entscheidend, dass die Definition gemäß AGG sowohl Verhalten umfasst, das Belästigung bezweckt als auch solches, das Belästigung bewirkt (unabhängig von der behaupteten Absicht). Ähnliche Abwehrmuster finden sich bei Mobbingtätern. In beiden Fällen werden Beweislast wie Verantwortung auf das Opfer abgeschoben.

Ebenso wie bei Mobbing ist es im Fall eines wirklich nur versehentlich übergriffigen Verhaltens für den Täter ein Leichtes, sich zu entschuldigen. Eine kurze Entschuldigung hätte für das Erleben der Situation mit der Akte für Frau A sicher einen großen Unterschied gemacht, wenn Herr X sie schon nicht bitten konnte, kurz zur Seite zu gehen oder sie ihr anzureichen. Für die Wahrnehmung einer Absicht ist auch der gesamte Kontext von Bedeutung: Wirkt Herr X in Eile und sind andere Kollegen in der Nähe, ist die Situation eine ganz andere, als wenn sie allein im Archiv sind, er zunächst eine Weile in ihrem Gang herumgeschlichen ist und sich dann auch beim Weggehen viel Zeit lässt.

Verbreitung sexueller Belästigung am Arbeitsplatz

Eine Studie im Auftrag des Bundesministeriums für Jugend, Frauen, Familie und Gesundheit (Holzbecher, Braszeit, Müller & Plogstedt, 1990) legte erstmals umfassende Zahlen und Fakten zur Lage in Deutschland vor. Seither ist hierzulande keine vergleichbar umfangreiche, vielschichtige und repräsentative Untersuchung durchgeführt worden. Ein zentrales Ergebnis betrifft das Ausmaß der Betroffenheit von sexueller Belästigung am Arbeitsplatz. Eine Teilstudie, die branchenübergreifende Befragung von 1.204 Arbeitnehmerinnen aus unterschiedlichsten Tätigkeitsbereichen, zeigte, dass 93 % der Befragten über Erfahrungen mit sexueller Belästigung am Arbeitsplatz zu berichten hatten. Selbst wenn man die Art von Vorkommnissen abzieht, die nur von weniger als 50 % der Stichprobe als Belästigung klassifiziert wurden (anzügliche Witze, hinterher Pfeifen, Anstarren, zufällige Körperberührungen), verbleibt, dass 72 % aller befragten Arbeitnehmerinnen mit sexueller Belästigung einschlägige Erfahrungen am Arbeitsplatz machen mussten.

Eine im Frühjahr 2000 durchgeführte Studie zur sexuellen Belästigung am Ausbildungsplatz (DGBJ, 2000) an 1.062 weiblichen Auszubildenden aus 22 Münchner Berufsschulen bestätigt diese Ergebnisse im Wesentlichen. 42 % der minderjährigen (!) Auszubildenden berichten von sexuellen Belästigungen. Besonders häufig wurden anzügliche Bemerkungen (44 %), Po-Kneifen oder -Klapsen (27 %), sowie unerwünschte Einladungen mit eindeutiger Absicht (19 %) und das Zeigen pornografischer Bilder am Arbeitsplatz (18 %) genannt. Die Belästigungen gingen in den meisten Fällen (60 %) von Arbeitskollegen aus, aber auch von Mitschülern, Kunden, Vorgesetzten und Ausbildern/Lehrern. Besonders häufig waren Berufsschülerinnen in technischen Berufen und im Handwerk, in Gastroberufen und der Hotelbranche sexueller Belästigung ausgesetzt.

Der umfassende Bericht der Europäischen Kommission (1998) zur Thematik macht länderübergreifend eine Prävalenz von 30–50 % für Frauen und 10 % für Männer dafür aus, im Laufe des Berufslebens irgendeine Form sexueller Belästigung am Arbeitsplatz erfahren zu haben. Die Zahlen variieren naturgemäß abhängig davon, wie ausführlich gefragt wurde, auf welchen Zeitraum sich die Fragen bezogen, und ob diese das Erleben konkreter Verhaltensweisen erfassen, oder ob man sich davon sexuell belästigt gefühlt hat. Allerdings liegt die Prävalenzrate in Deutschland mit Österreich und Luxemburg an der Spitze der verglichenen europäischen Länder.

Determinanten sexueller Belästigung

Ähnlich wie Mobbing kann sexuelle Belästigung am Arbeitsplatz grundsätzlich jeden treffen. Dennoch zeigen sich einige Auffälligkeiten: Vielfach sind Frauen betroffen, die nicht verheiratet und zwischen 20 und 30 Jahren alt sind. Sie befinden sich noch in der Ausbildung oder der Probezeit, sind erst kurz oder auch nur als Aushilfe im Betrieb. Es ist also ein Personenkreis betroffen, der sich besonders schlecht wehren kann: Die Betreffenden verfügen über (noch) kein festes soziales Netz in der Kollegenschaft und sind mit den Umgangsnormen wenig vertraut, also relativ leicht zu verunsichern. Vielfach trifft sexuelle Belästigung auch Frauen, die in so genannten typischen Männerdomänen arbeiten (z. B. Kfz-Mechatronikerinnen, Polizistinnen), wobei gern ins Feld geführt wird, dass sie es hier eben nicht so zimperlich zugehe.

Demgegenüber sind die Täter häufig im Durchschnitt ältere Männer, die schon längere Zeit und in gefestigten Positionen im Betrieb arbeiten (Holzbecher et al., 1990). Diese Konstellation von Täter- und Opfer-Merkmalen macht deutlich, dass bei sexueller Belästigung weniger Sexualität oder zwischenmenschliche Attraktion eine Rolle spielt als ein Machtgefälle (Vanselow et al., 2010). Die Mehrheit der Belästiger sind gleichgestellte männliche Kollegen, an zweiter Stelle werden Vorgesetzte genannt, Personen also, zu denen die Belästigte in einem formalen Abhängigkeitsverhältnis steht (Europäische Kommission, 1998). Je nach Branche und Tätigkeit spielt auch sexuelle Belästigung durch Kunden oder Patienten eine nicht unerhebliche Rolle.

Was das Geschlecht angeht, erleben Frauen überwiegend Belästigung durch Männer, es folgt mit großem Abstand gemischtgeschlechtliche Urheber/innenschaft. Die gravierenden Formen wie sexuelle Erpressung, Begrabschen, Küssen und unerwünschte Einladungen mit sexueller Absicht erfolgen nahezu ausnahmslos durch das andere Geschlecht. Kollegen stehen auch hier als Urheber der Belästigung an erster Stelle. Männer erleben sexuelle Belästigung am Arbeitsplatz zumeist durch gleichrangige und auch etwa gleich alte Personen. Hier geht die Belästigung in etwa der Hälfte der Fälle von anderen Männern aus, gemischtgeschlechtliche und von Frauen initiierte Belästigung wurde von je einem Viertel berichtet. Im Gegensatz zu Frauen berichten die betroffenen Männer jedoch weit weniger über Gefühle der Erniedrigung und Herabwürdigung, obwohl auch sie natürlich deutlich verunsichert und peinlich berührt sind. Sie geben an, sich in den meisten Fällen erfolgreich gewehrt zu haben, erleben sexuelle Übergriffe offenbar in aller Regel als weniger bedrohlich und können entsprechend angstfreier und selbstbewusster reagieren als die weiblichen Opfer (Holzbecher et al., 1990; DGBJ, 2000).

Folgen für Individuum und Gesellschaft

Dass die Erfahrung insbesondere wiederholter sexueller Belästigung zu enormen psychischen und gesundheitlichen Problemen führt, ist unleugbar. Gefühle wie Angst, Ekel und Wut belasten die Betroffenen, sie zweifeln häufig an der eigenen Wahrnehmung und leiden unter Scham- und Schuldgefühlen. Häufig können diese Gefühle nicht offen gezeigt werden, ohne dass weitere Schikanen und Demütigungen drohen. Die Unterdrückung dieser Emotionen sowie erhöhte Empfindsamkeit, tiefes Misstrauen nicht nur gegen den/die Täter, sondern auch gegen andere Kollegen, Aggressivität und ein geschwächtes Selbstvertrauen gehen mit psychosomatischen Beschwerden einher

(Gutek & Koss, 1993). Die Opfer berichten über chronische Kopfschmerzen, Schweißausbrüche, Magenbeschwerden sowie über gravierende Schlaf- und Essstörungen. Weitere langfristige Folgen sind die Ablehnung des eigenen Körpers, selbst zugefügte körperliche Verletzungen und Depressionen. Laut der Erhebung der Europäischen Kommission (1998) leiden 80 % der Betroffenen infolge des Vorfalls oder der Vorfälle an psychischen oder physischen Symptomen.

Es fällt den Betroffenen schwer, sich auf die Arbeit zu konzentrieren, sie verlieren den Spaß an ihrer Tätigkeit und haben Angst, dass man ihnen ihre Verunsicherung anmerkt. Zweifel an der eigenen Belastbarkeit und Berufseignung („Das gehört als Assistentin nun mal dazu“) schränken die Arbeitsfähigkeit zusätzlich ein. In der Folge verschlechtert sich die Arbeitsatmosphäre, es kommt in Folge von Leistungsminderungen zu Klatsch und Schikanen, die neuerliche Ängste, Verunsicherung und Isolation nach sich ziehen. Die Symptomatik ist denen von Mobbing-Opfern in weiten Teilen ähnlich, gerade was langfristige Folgen angeht. Gelingt es dem Opfer nicht rechtzeitig, sich anderen anzuvertrauen und/oder bei den kompetenten Stellen Rat und Unterstützung zu holen, gerät es in einen Teufelskreis, da Unsicherheit und Rückzug die Täter zunehmend provoziert.

Auch die Folgen für das soziale Umfeld der Betroffenen für betriebswirtschaftliche Kennzahlen wie Krankenstand, Fluktuation, Produktivitätseinbußen, möglicher Schaden am Arbeitgeberimage, Kosten für Personalneubeschaffung und -einarbeitung etc., ebenso wie die gesundheits- und damit volkswirtschaftlichen Kosten der Opferhilfe durch Psychotherapie, Kuren bis hin zu Einschränkungen der Erwerbsfähigkeit ähneln denen für Mobbingfälle.

Insgesamt herrschen immer noch eine starke Unsicherheit und ein Hang zum Wegschauen, zur Bagatellisierung und Tabuisierung, wo klare Grenzen und Sanktionen gefordert sind. Konkret kann bereits das Auslegen entsprechenden Informationsmaterials mit weiterführenden Adressen (wie es z. B. bei Gleichstellungsräten der Stadt, Ministerien und anderen öffentlichen Stellen kostenlos erhältlich ist) Sensibilität und Offenheit für die Thematik signalisieren. Diese Form der Unterstützung ist für die Betroffenen gleichermaßen diskret und anonym wie hilfreich. Eine weitere Möglichkeit besteht darin, Themenabende zu organisieren oder eine Projektgruppe zu bilden, die eine Dienst- oder Betriebsvereinbarung Mobbing und zu sexueller Belästigung erarbeitet und deren Umsetzung begleitet.

Es wird deutlich, dass im Umgang mit Konflikten, Mobbing und sexueller Belästigung Führungskräfte und betriebliche Ansprechpartner sowie letztlich jeder einzelne Mitarbeiter in besonderem Maße gefragt sind, Vertrauenswürdigkeit, Kompetenz und Handlungsbereitschaft zu kommunizieren und umzusetzen. Insbesondere besteht die Aufgabe von Vorgesetzten und betrieblichen Ansprechpartnern darin, Betroffene im Zweifelsfall (z. B. auf eigene Beobachtungen oder Gerüchte zu Mobbing- oder Belästigungsvorfällen hin) anzusprechen und ihnen Gesprächsbereitschaft und Unterstützung zuzusichern, ihnen also beispielsweise ganz konkret bei einer offiziellen Dienstbeschwerde zur Seite zu stehen. Der Besuch eines Schulungsseminars zum Thema ist dringend zu empfehlen. Weiterhin ist es für Führungskräfte und Ansprechpartner wichtig, die Grenzen ihrer eigenen Handlungsmöglichkeiten zu kennen und den Betroffenen gegenüber aufzuzeigen, sie also rechtzeitig an juristische oder psychotherapeutische Fachkräfte weiter zu vermitteln.

Darüber hinaus ist selbstverständlich die gesamte Belegschaft gefordert, einer mobbing- und belästigerfreundlichen Atmosphäre am Arbeitsplatz konsequent entgegenzuwirken, indem beobachtete Vorfälle weder aktiv, z. B. Mitlachen über sexuell anzügliche Sprüche, noch passiv durch Ignorieren mitgetragen werden. Dies gilt in ganz besonderem Maße für Belästigungen durch Ausbilder, Vorgesetzte und andere Personen mit Personalverantwortung, zu denen das Opfer in einem dienstlichen Abhängigkeitsverhältnis steht oder wenn das Opfer gar minderjährig ist. Ebenso sind alle gemeinsam in der Verantwortung, sich klar gegen jede Diskriminierung von Minderheiten z. B. anderer sexueller Orientierung zu stellen, die ebenfalls eine hohe Prävalenz aufweisen, Opfer von Mobbing, sexueller Belästigung und anderer Formen gezielter Benachteiligung am Arbeitsplatz zu werden (vertiefend hierzu siehe Frohn, 2014)

2.5.4 Veränderte interpersonale Anforderungen als neuer Belastungsfaktor

Auch wenn wir an dieser Stelle noch nicht detailliert auf konkrete Maßnahmen zur Prävention und Intervention eingegangen sind, sollte doch deutlich geworden sein, dass die veränderten Rahmenbedingungen und das damit einhergehende Konfliktpotenzial auch neue Anforderungen an die soziale Kompetenz aller Beteiligten stellen. Mehrfach wurde argumentiert, wie wichtig ein rechtzeitiges Eingreifen und die sensible, aktive Steuerung eines Konfliktgeschehens durch die Führungskräfte sind, um weitergehende Eskalationen zu vermeiden bzw. Mobbing und sexuelle Belästigung im Frühstadium zu unterbinden. Keineswegs alle Führungskräfte sind auf diese Aufgaben angemessen vorbereitet, geschweige denn dafür ausgebildet. Es ist in kleinen und mittelständischen Unternehmen nach wie vor nicht ungewöhnlich, dass Mitarbeiter aufgrund ihrer hohen fachlichen Qualifikation in Leitungsfunktion befördert werden und nicht unbedingt aufgrund von Managementkompetenz.

Dass damit ein gravierender Wechsel im Aufgabenportfolio einhergeht, und Führungsaufgaben in der Regel völlig andere Fähigkeiten erfordern, wird in der Praxis oft unterschätzt. Dies ist an sich nichts Neues. Neu ist allerdings, dass sich eben durch die massiv gestiegene Komplexität und Dynamik der Umfeldfaktoren auch Häufigkeit, Form und Verlauf von Konflikten verändert haben, was quantitativ wie qualitativ neue Herausforderungen an die soziale Kompetenz von Führungskräften stellt. Dazu kommt eine gesteigerte Erwartungshaltung im Zuge des modernen Führungsverständnisses von transformationaler Führung, der Führungskraft als Coach, etc., die stets visionär begeistert, ihre Mitarbeiter individuell abgestimmt fördert und zu deren persönlicher und beruflicher Weiterentwicklung beiträgt.

Aus organisationspsychologischer Sicht ist dies absolut wünschenswert, ebenso aus der Perspektive der Mitarbeiter. Auch aus Sicht der Führungskräfte ist es selbstverständlich erfüllender, in einem komplexen dynamischen Umfeld zum Kompetenzaufbau im Team beitragen zu können, als in statischen Kontexten transaktional Aufgaben zu übertragen. Allerdings ist eben auch festzuhalten, dass diese Anforderungen nicht nur eine erstrebenswerte neue Führungs- und Organisationskultur, sondern auch hohe Anforderungen und damit gegebenenfalls neue psychische Belastungen mit sich bringen.

Kommunikationskompetenz, soziale Gewandtheit, politische Fertigkeiten, Sensitivität im Umgang mit mehreren Stakeholdern in komplexen Entscheidungssituationen, Mediation bei Konflikten und so fort sind Schlüsselqualifikationen, um die mit den Veränderungen einhergehenden Herausforderungen zu bewältigen. Letztlich gilt dies ebenso für alle Mitarbeiter ohne Führungsaufgaben, wenn auch zumeist in milderer Form. Auch sie sind zunehmend gefordert, sich im Umgang mit häufig wechselnden Umwelten, Aufgabenbereichen oder internen Zuständigkeiten sowie im Umgang mit möglicherweise überlasteten und damit gestressten Kollegen sozial kompetent zu verhalten, eigenverantwortlich zu kommunizieren und aufkeimende Konflikte konstruktiv zu handhaben. Diese Fähigkeiten sind weder bei Führungskräften noch bei Mitarbeitern einfach vorauszusetzen, auch sie müssen erworben werden. Das setzt neben der Bereitschaft und Fähigkeit zur kritischen Selbstreflektion und Auseinandersetzung mit entsprechenden Ansätzen nicht zuletzt eine Zeitinvestition voraus. Diese zusätzliche Anforderung stellt für viele Arbeitnehmer und Führungskräfte eine weitere Quelle psychische Belastungen dar.

Dennoch gilt an dieser Stelle zweifellos das Argument, dass dies wirklich gut und nachhaltig investierte Zeit ist. Wenn Seminare und Coachings einen frühzeitigen und konstruktiven Umgang mit Konflikten ermöglichen, werden diese von allen Beteiligten weniger belastend erlebt und können im Idealfall als Ressource gemeinsamer innovativer Weiterentwicklung genutzt werden.

3 Ganzheitliche Ansätze für Prävention und Intervention

3.1 Möglichkeiten der Erfassung psychischer Belastungsfaktoren

Spätestens seit den im Jahr 2014 von der GDA (Gemeinsame Deutsche Arbeitsschutzstrategie) vorgelegten Empfehlungen zur Umsetzung der Gefährdungsbeurteilung psychischer Belastung stellt sich die ganz praktische Frage, mit welchen Methoden und Instrumenten psychische Belastungen erfasst werden können. War man in Arbeitsschutz und Arbeitssicherheit schon lange vertraut mit der Erhebung, Erfassung, Eindämmung und Prävention physischer Gefahren und Belastungen am Arbeitsplatz, kommt nun eine neue Herausforderung hinzu: Wie erfasst man psychische Belastungen von Mitarbeiterinnen und Mitarbeitern am Arbeitsplatz? Und welche Maßnahmen zur Prävention und Intervention bei psychischen Belastungen lassen sich nach solchen Gefährdungsbeurteilungen durchführen? Wer sind die Verantwortlichen, wer die Treiber bei der Vorbereitung, Durchführung und Auswertung von Gefährdungsbeurteilungen?

3.1.1 Ziele und Methoden der psychischen Gefährdungsbeurteilung

Zur Beantwortung dieser Fragen ist es sinnvoll, sich noch einmal zu vergegenwärtigen, was mit einer Gefährdungsbeurteilung erreicht werden soll (BAuA, 2014).

1. Die Gefährdungsbeurteilung dient der Prävention von Unfällen und arbeitsbedingten Erkrankungen durch eine Gefahren vorbeugende, menschengerechte Gestaltung der Arbeit. Dazu ist zu beurteilen, ob bei der Ausübung der Arbeit eine „Gefährdung“, also die Möglichkeit eines Schadens oder einer gesundheitlichen Beeinträchtigung besteht.
2. Die Gefährdungsbeurteilung ist ein Analyse- und Gestaltungsprozess, der nicht nur die Beurteilung der Arbeitsbedingungen im engeren Sinne umfasst, sondern auch die Entwicklung, Umsetzung und Wirksamkeitskontrolle der daraufhin ggf. als erforderlich erachteten Maßnahmen des Arbeitsschutzes.
3. Gegenstand der Gefährdungsbeurteilung ist die Beurteilung und Gestaltung der Arbeit bzw. der Arbeitsbedingungen und nicht die Beurteilung von Beschäftigten oder deren Gesundheit. Gleichwohl sind spezielle Gefahren für besonders schutzbedürftige Beschäftigungsgruppen zu berücksichtigen, so zum Beispiel von Jugendlichen, werdenden oder stillenden Müttern,

Beschäftigten ohne ausreichende Deutschkenntnisse, Menschen mit Behinderungen, Leiharbeitnehmern, Praktikanten oder Berufsanfängern.

4. Die Gefährdungsbeurteilung ist kein Einmalprojekt, sondern als ein kontinuierlicher Verbesserungsprozess angelegt. So ist eine Fortschreibung der Gefährdungsbeurteilung unter anderem dann angezeigt, wenn sich die Arbeitsbedingungen verändern oder wenn Weiterentwicklungen der arbeitswissenschaftlichen Erkenntnisse, des Stands der Technik und von Arbeitsschutzvorschriften Anpassungen von Arbeitsschutzmaßnahmen erforderlich machen.

Nachfolgende Merkmalsbereiche und Inhalte der Gefährdungsbeurteilung ergeben sich dabei nach der „GDA-Checkliste" (Tabelle 3.1.1.1) (BAuA, 2014).

Das Arbeitsschutzgesetz gibt nicht genau vor welche Methoden zur Ermittlung der psychischen Belastung verwendet werden sollen. Janetzke und Ertel (2017) zeigen, dass es nicht nur national, sondern auch auf europäischer Ebene keine einheitlichen Standards und Vorgaben gibt, wie genau eine GBU Psyche durchgeführt, ausgewertet und umgesetzt werden soll.

Tabelle 3.1.1.1 *Merkmalsbereiche und Inhalte der Gefährdungsbeurteilung nach der „GDA-Checkliste" (BAuA, 2014)*

Merkmalsbereiche	Belastungsfaktoren
Arbeitsinhalt/Arbeitsaufgabe	– Vollständigkeit der Aufgabe – Handlungsspielraum – Variabilität (Abwechslungsreichtum) – Information/Informationsangebot – Verantwortung – Qualifikation – Emotionale Inanspruchnahme
Arbeitsorganisation	– Arbeitszeit – Arbeitsablauf (Zeitdruck/hohe Arbeitsintensität, häufige Störungen/Unterbrechungen, hohe Taktbindung) – Kommunikation/Kooperation
Soziale Beziehungen	– Zu den Kollegen – Zu den Vorgesetzten
Arbeitsumgebung	– Physikalische und chemische Faktoren – Physische Faktoren – Arbeits- und Informationsgestaltung – Arbeitsmittel
Neue Arbeitsformen	*(wird gemäß den Ausführungen in der „GDA-Checkliste" nicht als Gegenstand des Aufsichtshandelns betrachtet)*

Folgt man der einschlägigen Literatur, werden vor allem drei methodische Verfahren in der betrieblichen Praxis zur Erfassung von psychischen Belastungen am Arbeitsplatz genutzt:

(1) **Beobachtung/Beobachtungsinterviews:** Fachkundige Personen ermitteln die psychische Belastung bei der Arbeit anhand von Beobachtungen der jeweiligen Tätigkeit, in der Regel ergänzt um (Kurz-)Interviews mit den Beschäftigten zu Merkmalen ihrer Arbeit.

(2) **Standardisierte schriftliche Mitarbeiterbefragungen:** Zur Ermittlung der psychischen Belastung bei der Arbeit werden die Einschätzungen der Beschäftigten mit einem standardisierten Fragebogen erfasst.

(3) **Moderierte Analyseworkshops:** Die psychische Belastung bei der Arbeit wird in einem moderierten Workshop bestimmt und beschrieben, unter Bezugnahme sowohl auf das Erfahrungswissen der Beschäftigten und Führungskräfte als auch auf das Fachwissen von Experten.

Angesichts der Vielzahl von Instrumenten zur Erfassung von psychischen Belastungen am Arbeitsplatz und mit Verweis auf einschlägige Quellen zu diesem Thema (z. B. BAuA, 2010; BAuA, 2014; Berufsgenossenschaft Holz und Metall, 2015) soll hier auf die Darstellung einzelner Verfahren verzichtet werden. Stattdessen soll ein Überblick (Tabelle 3.1.1.2) über unterschiedliche Herangehensweisen zur Gefährdungsbeurteilung psychischer Belastungen sowie deren Vor- und Nachteile gegeben werden.

3.1.2 Ein Praxisbeispiel: Durchführung einer Gefährdungsbeurteilung psychischer Belastungen im Logistikbereich

Nachfolgend wird ein Datenerhebungs-, Auswertungs- und Umsetzungskonzept zur Vorbereitung, Durchführung und Evaluation von Maßnahmen zur Gefährdungsbeurteilung psychischer Belastungen im Logistikbereich vorgestellt. Es handelt sich dabei um einen integrativen Ansatz, in dem technisch-ingenieurwissenschaftliche Aspekte ebenso zum Tragen kommen wie medizinische sowie arbeits- und organisationspsychologische Perspektiven. Grundsätzliches Ziel ist es, die betroffenen Mitarbeiterinnen und Mitarbeiter ebenso in den Verbesserungsprozess einzubinden wie auch Führungskräfte unterschiedlicher Hierarchieebenen, die Bereichsleitung und nicht zuletzt auch die Personalvertretung (Betriebsrat). Denn nur wenn alle relevanten Personen sowohl an der Analyse der Problemsituation und der Ermittlung potenzieller Ursachen beteiligt werden, können nachfolgend entwickelte und gemeinschaftlich abgestimmte Maßnahmen und Interventionen wirksam werden.

Insgesamt kommen drei Instrumente zur Ist-Analyse bzw. zur Entwicklung von potenziellen Präventions- und Interventionsansätzen zum Einsatz, deren Anwendung eine hohe Einbindung aller Betroffenen und Beteiligten garan-

Tabelle 3.1.1.2 *Vergleich verschiedener Herangehensweisen zur Gefährdungsbeurteilung psychischer Belastungen*

	Vorteile	Nachteile
Betriebliche Dokumentenanalyse	– Vorhandene Datenquellen, z. B. Gefährdungsbeurteilung, Unfallanzeigen, Verbandbücher, BEM-Statistik, Fehlzeitenstatistik können genutzt werden – Daten sind betriebsspezifisch aufbereitet – Grundlage für Entwicklungsverläufe	– Daten wurden für andere Zwecke erstellt – Eingeschränkter Aussagegehalt – Daten müssen spezifisch ergänzt werden
Schriftliche Befragung (mit nicht-standardisierten Verfahren)	– Analyse von Arbeitsbedingungen – Fragen können betriebsspezifisch angepasst werden – Antworten sind anonym – Einfache Auswertung durch Auszählung möglich – Vorschläge für Maßnahmen möglich	– Die Befragung weckt Erwartungen – Es können keine statistischen Aussagen getroffen werden – Auswertung nur auf Basis einzelner Aussagen möglich – Erwartungen können enttäuscht werden, wenn Vorschläge für Maßnahmen nicht umgesetzt werden
Workshops	– Kompaktes Verfahren – Konkret und arbeitsplatzbezogen – Förderung der internen Kommunikation – Starke Partizipation der Beschäftigten durch aktive Beteiligung – Nutzen der Beschäftigten als Experten in eigener Sache – Konstruktiv durch Vorschlagen von Maßnahmen – Hohe Akzeptanz beim Umsetzen von Maßnahmen	– Höherer Zeitaufwand – Sollten (extern) moderiert werden – Eingeschränkte Anonymität – Ergebnisse sind abhängig von der Auswahl der Teilnehmer – Der Handlungsrahmen muss klar benannt werden – Auswahl und Umsetzung der Maßnahmen muss umfassend kommuniziert werden – Vorgesetzte sollten ein eigenes Forum erhalten

	Vorteile	Nachteile
Vorgesetzten-Mitarbeiter-Gespräch	– Dialogorientiertes Verfahren – Anerkennung der Beschäftigten als Experten in eigener Sache – Stärken der Eigenverantwortung der Mitarbeiter für den eigenen Arbeitsbereich – Stärken der Führungsrolle – Förderung lösungsorientierter Kommunikationsstrategien	– Aufwand zu Beginn recht hoch – Die Führungskräfte müssen zum Verfahren geschult werden – Vorbehalte wegen direkter Ansprache ohne Anonymität – Für das Ableiten von Maßnahmen und die Kontrolle der Wirksamkeit ist eine sehr gute Dokumentation und strukturelle Einbindung jeder Führungskraft in die Arbeitsschutzorganisation erforderlich
Schriftliche Befragung – standardisierte Fragebögen	– Analyse von Arbeitsbedingungen, Belastungen und Ressourcen – Die Antworten sind anonym – Gewinnung umfassender Daten möglich – Es können statistische Aussagen getroffen werden – Wiederholbar und vergleichbar	– Aufwändige Vorbereitungen zur Information der Beschäftigten, Sicherung hoher Beteiligung erforderlich – Eine umfassende Befragung weckt umfassende Erwartungen – Zuverlässige Ergebnisse erhält man nur mit geprüften Instrumenten – Auswertung und Interpretation oft nur mit Hilfe von Experten möglich – Maßnahmen nicht direkt ableitbar

tiert. Dies ist wiederum die Voraussetzung für eine erfolgreiche Konzeption, Konfektionierung und Umsetzung von Maßnahmen zur Reduktion von psychischen Belastungen und Gefährdungen.

1. Eine Mitarbeiterbefragung dient zur Erhebung der aktuellen Situation
2. Workshops mit den Führungskräften sollen das Führungsverhalten optimieren
3. Die Gesundheitszirkelarbeit stellt die Umsetzung der sich aus der Befragung ergebenden Ergebnisse und ableitbaren Handlungsempfehlungen dar
4. Evaluation der Maßnahmen

Mitarbeiterbefragung

Eine Mitarbeiterbefragung stellt ein ideales Instrument dar, um Informationen über die Einschätzungen, Einstellungen, Erwartungen und Bedürfnisse der

Mitarbeiter zu gewinnen. Speziell im Bereich der psychischen Belastungen ermöglicht die Mitarbeiterbefragung eine Ist-Zustandserfassung aus Sicht der Stelleninhaber. Sie hat auch motivations- und engagementfördernden Charakter, da das Erfahrungswissen der Belegschaft aktiviert wird. Im Sinne eines Aufbau- und Einbindungsmanagements dient die Befragung dazu, Feedback zu geben und zu erhalten, kritische Themen offen anzusprechen und auf den Ergebnissen aufbauende Maßnahmen zu ergreifen.

Eine Mitarbeiterbefragung ist mehr als eine Umfrage im Unternehmen. Sie ist ein umfassendes Veränderungsprojekt, das bei allen Beteiligten Erwartungen weckt und Potenziale freisetzt. Genau deswegen sollte eine Mitarbeiterbefragung – speziell, wenn es um heikle Themen wie zum Beispiel psychische Belastungen geht – sorgfältig vorbereitet, in das Unternehmen hineingetragen und umgesetzt werden. Insbesondere bei Themen, die sensibel sind und Vertraulichkeit erfordern, ist die Einbindung eines externen Dienstleisters für die Konzeption, Durchführung und Auswertung der Mitarbeiterbefragung zu empfehlen.

Dabei sind folgende Ziele einer Mitarbeiterbefragung wesentlich:

- Die Ergebnisse sollen als „Stimmungsbarometer" dienen. Wie schätzt die Belegschaft die Problematik der psychischen Belastungen und Beanspruchungen ein? Welche Gründe/Ursachen werden gesehen? Welche Maßnahmen können aus Sicht der Belegschaft Abhilfe schaffen?
- Motivation, Leistungsbereitschaft und eine positive Einstellung sollen gefördert werden. Die Mitarbeiter sollen erkennen, dass ihre Erfahrungen aktiv erbeten werden und dass eine gemeinsame Bewältigung der Problematik angestrebt wird.
- Schwachstellen und Optimierungspotenziale der aktuellen Abläufe und Zuständigkeitsbereiche sollen identifiziert und anschließend beseitigt werden.
- Eine höhere Arbeitszufriedenheit, eine höhere Produktivität und Loyalität sollen bewirkt werden.

Die Vorbereitung, Konzeption, Durchführung und Auswertung einer Mitarbeiterbefragung umfasst folgende Schritte:

Konzeption

- Abstimmungsgespräche zwischen dem externen Dienstleister und den Verantwortlichen im Unternehmen zur Festlegung der Projektzielsetzung

Es muss im Vorfeld geklärt werden, was genau mit der Mitarbeiterbefragung erreicht werden soll. Zentral ist die Bereitschaft, mit den ggf. auch problematischen und kritischen Ergebnissen der Befragung aktiv arbeiten zu wollen. Eine Mitarbeiterbefragung zu psychischen Belastungen, die bei den Fragen stehen bleibt und keine Antworten auf die erhaltenen Ergebnisse gibt, wird nachhaltige negative Effekte auf die Motivation und das Engagement der Belegschaft haben. Daher ist frühzeitig die Bereitschaft der Geschäftsführung bzw. der Führungsverantwortlichen zu sichern, aus den erzielten Ergebnissen auch sichtbare und zielführende Maßnahmen zur Reduktion der psychischen Belastungen und Gefährdungen abzuleiten und umzusetzen.

– Vorbereitung und Konzeption der Befragung als Einzel-/Gruppenbefragung

In Arbeitsbereichen wie der Logistik, die durch Schichtdienst und sehr diskontinuierliche Arbeitsprozesse und einen mitunter hohen Anteil an fremdsprachigen Mitarbeitern mit relativ wenig Erfahrung in partizipativen Organisationsentwicklungsprozessen gekennzeichnet sind, empfiehlt sich die Durchführung einer Mitarbeiterbefragung zu psychischen Belastungen in Form einer Einzel- oder Gruppenteilnahme der Mitarbeiter direkt am Arbeitsplatz. So können die Mitarbeiter unmittelbar zur Teilnahme an der Befragung gewonnen werden, offene Fragen können direkt geklärt, Verständnisprobleme überwunden und Hintergründe und Zielsetzung der Befragung persönlich verdeutlicht werden. Zusätzlichen Auftrieb bekommt die Teilnahmebereitschaft an der Mitarbeiterbefragung, wenn Personalvertretungen (Betriebsrat, Personalrat) und Arbeitgebervertreter (Personalabteilung, ausgewählte Führungskräfte) die Mitarbeiter zur Teilnahme motivieren.

– Vorbereitung von Anschreiben (ggf. auch Aushänge, Präsentationen etc.) zur Ankündigung der Befragung

Klappern gehört zum Handwerk – auch und gerade bei Mitarbeiterbefragungen. Deswegen sind eine frühzeitige und wiederholte Ankündigung der Befragung sowie die Erklärung des Vorgehens und der Zielsetzungen der Befragung durch unterschiedliche Protagonisten (Geschäftsführung, Betriebsrat, externer Dienstleister) zwingend notwendig. Dabei sollte auch auf eventuelle sprachliche Barrieren Rücksicht genommen werden. Die Durchführung der Gefährdungsbeurteilung in unterschiedlichen Sprachen – je nach Zusammensetzung der Belegschaft – kann teilnahmefördernde Wirkung haben. Allerdings ist bei der Auswertung der Daten dann auch auf kulturspezifische Besonderheiten sowie auf die Problematik der Interpretation von Übersetzungen zu achten.

– Vorstellung des Projekts bei der Personalvertretung

Die Einbeziehung der Personalvertretung bei der Konzeption, Durchführung und Evaluation von partizipativen Personal- und Organisationsentwicklungsmaßnahmen ist nicht nur häufig eine betriebsverfassungsgesetzliche Pflicht, sie ist auch ein Erfolgsgarant für solcherlei Aktivitäten. Speziell bei sensiblen Themen wie psychischen Belastungen und Gefährdungen sollten Arbeitgeber-

und Arbeitnehmervertreter eine konsensuale Abstimmung vornehmen, bevor Maßnahmen zur Problembewältigung angegangen werden.

– Entwicklung des Fragenkatalogs sowie Vortestung des Fragebogens

Der Fragenkatalog zur Gefährdungsbeurteilung psychischer Belastungen entsteht idealerweise in einem iterativen Prozess unter Hinzuziehung eines externen Beratungsunternehmens und unter Beteiligung von ausgewählten Personen aus unterschiedlichen Bereichen des Unternehmens/der Organisation.

Der Fragenkatalog zur Erfassung des Ist-Zustands sowie zu den Ursachen und Gründen für eine erhöhte psychische Belastung sollte neben soziodemographischen und organisatorischen Daten insbesondere folgende Themenfelder abdecken:

– Zusammenarbeit im Team/mit den Kollegen

Gefragt wird nach Teamklima, Konfliktkultur in der Gruppe, Cliquenbildung, Umgangsformen etc.

– Verhalten des Vorgesetzten

Abgefragt wird das Führungsverhalten des Vorgesetzten, seine Fähigkeit Mitarbeiter zu motivieren, der Einsatz von Lob und Anerkennung, die Konsequenz und Fairness im Verhalten des Vorgesetzten etc.

– Arbeitszufriedenheit

Wie gerne arbeitet der befragte Mitarbeiter an seinem Arbeitsplatz? Wie „sicher“ ist sein Arbeitsplatz (und zwar sowohl im Sinne von Arbeitssicherheit als auch Arbeitsplatzsicherheit)? Welche Weiterentwicklungsmöglichkeiten gibt es? etc.

– Einschätzung der psychischen Belastungen

Erfragt wird u. a., für wie schwerwiegend der Mitarbeiter das Problem der psychischen Belastungen erachtet, welche Gründe und Ursachen er hierfür sieht und welche Maßnahmen aus Sicht des Mitarbeiters Abhilfe bei der Problematik schaffen könnten.

Letztlich soll über den Fragenkatalog ein umfänglicher Eindruck von den subjektiven Einschätzungen und Ideen der Mitarbeiter zum Thema „psychische Gefährdungen“ generiert werden. Die Subjektivität der Einschätzungen ist dabei von besonderer Bedeutung.

Durchführung

– Durchführung der Befragung mit ca. dreiwöchiger Feldzeit

Um eine möglichst hohe Beteiligung an der Befragung zu erreichen, sind mehrere den Schichtdienst und damit auch unterschiedliche Schichtgruppen erreichende Termine für Mitarbeiterbefragungen vor Ort zu koordinieren. Jeder Mitarbeiter sollte mindestens einmal die Gelegenheit haben, an der Mitarbeiterbefragung teilzunehmen. Die Befragungen sollten „niederschwellig" angeboten werden, d. h. die Mitarbeiter sollten in unmittelbarer Nähe zum Arbeitsplatz befragt werden. Dabei füllen die Mitarbeiter den Fragebogen eigenständig aus. Auf Nachfrage stehen ihnen aber Ansprechpartner (Personalvertretung, Personalabteilung, externes Beratungsunternehmen) zur Verfügung. Die ausgefüllten Fragebögen werden in einer verschlossenen Einwurfbox gesammelt, die erst nach Abschluss der Befragung geöffnet wird. Auch so kann die Anonymität der Daten gewährleistet werden.

Auswertung

– Dateneingabe und Auswertung

Nach dem Abschluss der Befragung werden die Daten eingegeben und statistisch ausgewertet. Die Ergebnisse werden graphisch und inhaltlich aufbereitet und sowohl der Geschäftsführung als auch der Personalvertretung und in geeigneter Form (Betriebsversammlung, Aushänge, interne Kommunikationsmedien etc.) den Mitarbeitern präsentiert. Handlungsempfehlungen, die sich aus den Ergebnissen ergeben, werden vor der Kommunikation abgestimmt.

Zur Einbindung der Führungskräfte, zur Verdeutlichung ihrer Rolle und zur Optimierung ihrer Kompetenzen im Hinblick auf eine gesundheitsgerechte Mitarbeiterführung sind Workshops für Vorgesetzte und Personalverantwortliche zu empfehlen.

Führungskräfteworkshops

Auf der Grundlage der Ergebnisse der Befragung zu psychischen Gefährdungen am Arbeitsplatz werden Führungskräfteworkshops mit organisationsspezifischen Inhalten und Zielsetzungen konzipiert. Gerade an dieser Stelle wird der Tatsache Rechnung getragen, dass die Gründe und Ursachen hoher psychischer Belastungen hohe Variabilität aufweisen können und daher organisationsbezogen erfasst werden müssen. Entsprechend müssen auch je nach Sachlage organisationsindividuelle Maßnahmen ergriffen werden. Natürlich sind bestimmte Themen zur Optimierung der Führungsarbeit im Bereich Logistik wiederkehrend und auch über verschiedene Unternehmen hinweg feststellbar. Zu nennen sind hier beispielhaft

– eine fehlende Wertschätzung der Mitarbeiter durch die Vorgesetzten. Lob und Anerkennung finden viel zu selten statt. Gute Arbeitsleistungen werden als „normal" erlebt. Auf Fehler und Abweichungen wird mit – zum Teil auch unangemessen harscher – Kritik reagiert. Das motivationale Potenzial von Lob und Anerkennung wird bei weitem nicht ausgenutzt.

- fehlende Kommunikation und Informationsweitergabe seitens der Vorgesetzten. Oftmals finden weder regelmäßig Teambesprechungen noch Mitarbeitergespräche statt. Führungskräfte müssen heute mehr denn je Kommunikations- und Informationsdrehscheiben sein. Oftmals trifft jedoch das Gegenteil zu. Es wird unvollständig, zu spät, ungleichmäßig oder auch gar nicht informiert.
- fehlende Konsequenz im Verhalten von Vorgesetzten. Fehler und Versäumnisse von Mitarbeitern werden toleriert. Angekündigte Konsequenzen bei fehlerhaftem, unkollegialem oder organisationsschädlichem Verhalten werden nicht vollzogen.

Die Führungskräfteworkshops werden in Gruppen von sechs bis acht Personen durchgeführt. Zur Integration der Maßnahme in den beruflichen Alltag sind die Veranstaltungen zeitlich auf drei bis vier Stunden beschränkt. In einem ersten Schritt werden vor allem die unmittelbaren Vorgesetzten einbezogen, also zum Beispiel Oberlader, Sektions- und Schichtleiter. Die Zielsetzung des Workshops ist, die Ergebnisse der Gefährdungsbeurteilung Psyche gemeinsam mit den Vorgesetzten aufzuarbeiten und daraus auf Seiten der Führungskräfte notwendige Maßnahmen und Optimierungspotenziale abzuleiten. Die Führungskräfte werden also in zweierlei Hinsicht in den Prozess der Fehlzeitenreduktion eingebunden: Zum einen sollen sie notwendige Einstellungs- und Verhaltensänderungen bei der Belegschaft vorbereiten, begleiten und unterstützen. Zum anderen müssen sie aber auch selbst neue, veränderte Verhaltensmuster erlernen und umsetzen, denn nicht selten ist eben gerade das Vorgesetztenverhalten Ursache und Auslöser für Belastungen und Erkrankungen am Arbeitsplatz.

Zentrale Themen der Führungskräfteworkshops sind daher insbesondere

- die Optimierung der Kommunikationsfähigkeiten von Führungskräften, speziell konstruktives Feedback geben,
- die Verbesserung der Kompetenzen im Bereich Konfliktmanagement, insbesondere das Aufdecken, Ansprechen und Auflösen von Konflikten zwischen einzelnen Mitarbeitern oder innerhalb oder zwischen Teams,
- die bessere Motivierung der Mitarbeiter, besonders durch ein transparentes und konsequentes Handeln der Führungskräfte, den Einsatz von Lob und Anerkennung für gezeigte Leistungen, die regelmäßige Kommunikation mit den Mitarbeitern sowie das – soweit mit den dienstlichen Notwendigkeiten vereinbar – Eingehen auf Wünsche und Belange der Belegschaft.

Die Führungskräfte erhalten im Workshop kurze theoretische Hintergrundinformationen zu den relevanten Themenfeldern (z. B. Grundlagen der Kommunikation, Entwicklungsstufen von Konflikten, Feedbackregeln etc.). Der Hauptteil der Workshops wird jedoch für praktische Übungen und die Besprechung der Umsetzung dieser Erkenntnisse in den Berufsalltag verwandt. Über Fallschilderungen, Rollenspiele, kurze Übungen in dialogischen Sequenzen, die Erstellung von Argumentationsschemata, aber auch die Erarbeitung genereller Kommunikations-, Informations- und Führungsstrategien wird eine hohe Anwendungsorientierung erreicht. Insbesondere dieser Praxisbezug ist von zentraler Bedeutung für den Erfolg der Maßnahme, zumal viele der angesprochenen Führungskräfte nur sehr wenig Erfahrung mit Trainings- und Schulungsmaßnahmen im Bereich der Führung haben. Eine unmittelbare Verwendbarkeit der Workshopinhalte ist daher für diese ebenso von Bedeutung wie ein gezieltes enges Verknüpfen mit ihren alltäglichen Arbeitsproblemen.

Einrichtung eines Gesundheitszirkels

Halten wir fest: Durch die Gefährdungsbeurteilung Psyche werden Stärken und Schwächen im Unternehmen herausgearbeitet. Diese Analyse führt zur Ableitung von Handlungsempfehlungen, deren Umsetzung einerseits gestützt werden soll durch eine zielorientierte und themenbezogene Führungskräfteentwicklung. Darüber hinaus müssen aber auch weitere Personen der Organisation aktiv in den Prozess der Maßnahmenkonzeption und -umsetzung eingebunden werden. Dies ist zwingend zu empfehlen, weil zum einen die von einem externen Beratungsunternehmen nahe gelegten Handlungsempfehlungen – selbst wenn sie auf den Ergebnissen einer Mitarbeiterbefragung beruhen – nur dann Aussicht auf Umsetzung haben, wenn sie auch intern als überzeugend erlebt und vorangetrieben werden. Man benötigt „interne Förderer“ für diese Maßnahmen. Zum anderen lassen sich durch die Einbindung von Mitarbeitern unterschiedlicher Funktionen und Hierarchieebenen in einem Gesundheitszirkel mehr Ideen und Prozesse generieren als ausschließlich auf der obersten Führungsebene.

Generell versteht man unter einem Gesundheitszirkel ein für eine begrenzte Zeit stattfindendes regelmäßiges Treffen von Mitarbeitern unterschiedlicher Funktionen und Hierarchieebenen. Durch das kommunikative und gestaltungsorientierte Instrument der betrieblichen Gesundheitsförderung sollen gesundheitliche Probleme aus der Sicht der Betroffenen angegangen und Verbesserungsvorschläge erarbeitet werden.

Ein Gesundheitszirkel sollte sich aus ca. 8–12 Personen unterschiedlicher Ebenen und Funktionen zusammensetzen. Im Logistikbereich könnten dies zum Beispiel sein:

- Lader
- Oberlader
- Schichtführer
- Abteilungs-, Betriebs-, Sektionsleiter
- Verantwortliche Mitarbeiter für Arbeits- und Gesundheitsschutz

- Vertreter der Personal-/Rechtsabteilung
- Vertreter Betriebsrat

Der Gesundheitszirkel tagt unter externer Moderation ca. 8 Mal pro Jahr. Die Sitzungen dauern etwa 3 Stunden. Sie werden protokolliert und dokumentiert. Es werden Maßnahmen zur Reduktion der Fehlzeiten diskutiert, erarbeitet und zur Beschlussreife geführt. Das Gremium hat lediglich eine vorschlagende Funktion. Die letztliche Entscheidung darüber, ob und welche Maßnahmen tatsächlich umgesetzt werden, trifft die oberste Führungsebene. Umsetzungsfähige Maßnahmen werden vom Gesundheitszirkel weiter ausgearbeitet. Benötigte Informationen und Personen für die Umsetzung von Maßnahmen werden durch die Mitglieder des Gesundheitszirkels gewonnen. Einzelne Mitglieder oder kleine Teams aus dem Gesundheitszirkel sind als „Projektmanager" für die Umsetzung beschlossener Maßnahmen verantwortlich.

Neben den Ergebnissen der Gefährdungsbeurteilung soll der Gesundheitszirkel durchaus auch „eigene" Themen und Ideen zur Verbesserung der Bedingungen am Arbeitsplatz aufgreifen. Denkbare weitere Ansatzpunkte wären beispielsweise:

- Technische Maßnahmen (Anschaffung von Hebehilfen, Optimierung vorhandener Werkzeuge, Verbesserung der Schutzkleidung),
- Organisationale Maßnahmen (Veränderung der Schicht- oder Pausenzeiten, Verbesserung von Kommunikationswegen, klare Regelung von Zuständigkeiten),
- Kulturelle Maßnahmen (gemeinsame Aktivitäten wie einen Tag der offenen Tür, ein Fußballturnier oder ähnliches zur Förderung von Identifikation und Zusammenarbeit),
- Personelle Maßnahmen (Personalentwicklung, Qualifikation von eigenen Mitarbeitern, aber auch Personalüberlassungskräften).

Die Ziele der Gesundheitszirkelarbeit lassen sich folgendermaßen zusammenfassen:

- Die Treffen dienen der Diskussion von Maßnahmen aus den Handlungsempfehlungen auf der Basis der Gefährdungsbeurteilung.
- Es sollen Maßnahmen entwickelt werden, wie psychischen Belastungen und Gefährdungen begegnet werden kann.
- Die Vorschläge sollen auf ihre Umsetzbarkeit geprüft werden. Die Abteilungsleiter stehen zur Diskussion dieser Vorschläge zur Verfügung.
- Durchführbare Vorschläge sollen ausführlicher ausgearbeitet werden.
- Ausgearbeitete Vorschläge werden der Geschäftsleitung und dem Betriebsrat vorgelegt und dort abgestimmt.

Evaluation der Maßnahmen

Zur Einschätzung der Effektivität der durchgeführten Maßnahmen sind diese einer systematischen formativen und summativen Evaluation zuzuführen (s. hierzu auch Abschnitt 4.2). Das bedeutet, dass die Maßnahmen sowohl im Verlauf ihrer Konzeption und Umsetzung als auch abschließend nach ihrer Beendigung zu überprüfen sind. Das aussagekräftigste Evaluationskriterium stellt hierbei die Höhe der Fehlzeitenquote nach Ablauf eines definierten Zeitrahmens (mindestens ein Jahr) dar. Darüber hinaus sind aber auch Einschätzungen der Mitarbeiter hinzuziehen, beispielsweise in Form einer erneuten Durchführung der Mitarbeiterbefragung. Schließlich können auch Experteninterviews mit Funktionsinhabern innerhalb (Führungskräfte, Personalvertretung, Arbeitsschutz-/Arbeitssicherheitskräfte) und außerhalb (externe Berater, Krankenkasse, Betriebsarzt) der Organisation Erkenntnisse über die Sinnhaftigkeit und Effizienz der durchgeführten Maßnahmen bringen.

3.2 Prävention und Intervention auf Organisationsebene

Im Folgenden werden unterschiedliche Instrumente der Prävention von und Intervention bei Gesundheitsbelastungen und Gefährdungen am Arbeitsplatz vorgestellt. Im Einzelnen handelt es sich um das Betriebliche Gesundheitsmanagement (BGM), die Betriebliche Gesundheitsförderung (BGF) und das Betriebliche Wiedereingliederungsmanagement (BEM).

3.2.1 Betriebliches Gesundheitsmanagement

Als Folge der in diesem Buch bislang beschriebenen Entwicklungen, aber auch aufgrund der massiven Veränderungen im Arbeits- und Berufsleben gewinnt das Betriebliche Gesundheitsmanagement (BGM) zunehmend an Bedeutung. Das BGM ist dabei als Teil einer modernen Unternehmensstrategie zu verstehen, bei der betriebliche Rahmenbedingungen, Prozesse und Strukturen etabliert, systematisch gesteuert und kontinuierlich überprüft werden, die der Erhaltung, Wiederherstellung und/oder Förderung von Gesundheit und Wohlbefinden der Beschäftigten dienen (Kiesche, 2013; Wienemann, 2008).

Dabei verfolgt das BGM nicht nur ethisch-moralische sowie humanitäre Zielsetzungen, es soll auch den langfristigen wirtschaftlichen Unternehmenserfolg sicherstellen. Das BGM ist keineswegs ein kurzzeitiges und in sich geschlossenes Projekt in einer Organisation, sondern dadurch gekennzeichnet, dass es als Ergänzung des herkömmlichen Arbeits- und Gesundheitsschutzes fest im Unternehmensmanagement etabliert und ständig auf seinen Erfolg hin evaluiert wird.

Ein erfolgreiches Gesundheitsmanagement kann nur bei einer Zusammenarbeit sowohl des Managements als auch der Beschäftigten funktionieren. Das

(Top-)Management trägt dabei die Verantwortung für die Gewährleistung menschengerechter Arbeitsbedingungen in der gesamten Organisation. Dazu gehören u. a. Maßnahmen des ergonomischen, technischen und medizinischen Arbeitsschutzes, störungsfreie Abläufe, aber auch eine wertschätzende Führungskultur (Verhältnisprävention). Gleichzeitig müssen auch die Beschäftigten selbst eine gesunde Lebensführung in ihr Verhalten integrieren, idealerweise sowohl im Arbeits- als auch im Privatleben. Hierzu sollten Unternehmen geeignete Maßnahmen anbieten, um die Belegschaft bei der Entwicklung eines kompetenten Gesundheitsbewusstseins und -verhaltens zu unterstützen (Verhaltensprävention) (Mollenkopf, 2010). Dafür lassen sich beispielsweise Gesundheits-Workshops oder Informationsmaterial im Unternehmen nutzen.

Für die gesundheitserhaltende bzw. -förderliche Gestaltung der Arbeit sind im Rahmen des BGM-Prozesses unterschiedliche Akteure und Institutionen innerhalb und außerhalb der Organisation zu integrieren. Neben dem klassischen Arbeitsschutz sind hier beispielsweise das Personalmanagement oder auch die Suchtprävention zu nennen. Sicherheitsbeauftragte könnten zudem in den Bereichen BGM, BGF und BEM entsprechend weiterqualifiziert werden. Auch Maßnahmen zum Fehlzeitenmanagement, worunter auch das betriebliche Eingliederungsmanagement von Langzeiterkrankten fällt, sowie der Fachbereich der Gesundheitsförderung sind Bausteine eines ganzheitlichen BGM. Die beiden letztgenannten Teilaspekte des BGM werden später differenzierter dargestellt.

Unmittelbar für die Umsetzung des BGM verantwortlich ist meist ein eigens zu diesem Zwecke gegründeter Steuerungskreis. Dieser besteht gewöhnlich aus internen sowie externen Akteuren (Uhle & Treier, 2011). Zu den internen Akteuren zählen Mitglieder der Unternehmensleitung, der Betriebsrat, Vertreter der Personalabteilung, der Betriebsarzt, der Gleichstellungsbeauftragte, die Schwerbehindertenvertretung, ggf. die Auszubildendenvertretung und der Sicherheitsbeauftragte. Optional wird der Steuerkreis durch externe Vertreter ergänzt, wie z. B. Akteure aus Krankenkassen und/oder Dienstleister wie Gesundheitsberater oder Arbeitspsychologen. Auch Vertreter aus Kliniken oder Selbsthilfegruppen können im Rahmen des Betrieblichen Gesundheitsmanagements mitwirken (Roland Berger Strategy Consultants, 2016).

Eine sinnvolle Maßnahme kann sein, den Arbeitssicherheitsausschuss (ASA) mit BGM-Themen zu betrauen bzw. dessen Sitzungen um entsprechende Themen zu ergänzen/erweitern.

Letztlich ist ein BGM nur dann erfolgreich, wenn alle Beteiligten gemeinsam mit den Mitarbeitern an der Zielerreichung mitwirken. An dieser Stelle sei allerdings die besondere Rolle der Führungskräfte im BGM-Prozess hervorgehoben. Immer mehr rückt das Thema „gesunde Führung“ in den Fokus des

Gesundheitsschutzes. Führungskräfte stehen im direkten Kontakt zu den Mitarbeitern und haben durch ihre Vorbildfunktion und ihren Führungsstil direkten Einfluss darauf, wie das Thema „Gesundheit am Arbeitsplatz“ bei ihren Mitarbeitern kommuniziert und umgesetzt wird (Kiesche, 2013). Aus einer repräsentativen Befragung des Wissenschaftlichen Instituts der AOK (WIdO) aus dem Jahre 2016 geht hervor, dass es einen direkten Zusammenhang zwischen der Unternehmenskultur und dem gesundheitlichen Status der Beschäftigten gibt (siehe Abbildung 3.2.1) (WIdO, 2016).

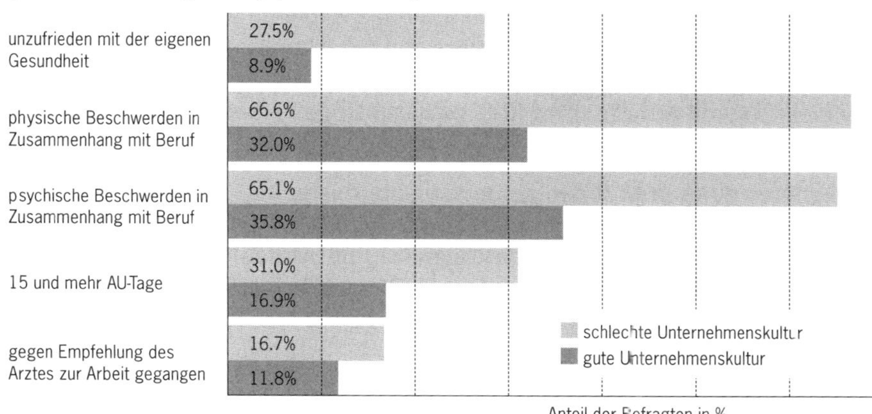

Abbildung 3.2.1 *Gesundheitsindikatoren in Abhängigkeit von der Bewertung der Unternehmenskultur (in Anlehnung an WIdO, 2016)*

Etwa 2.000 Beschäftigte im Alter von 16–65 Jahren wurden nach ihrer Zufriedenheit mit der Unternehmenskultur gefragt, z. B. also nach dem in ihrem Unternehmen praktizierten Führungsstil, der gegebenen Mitarbeiterorientierung und der Entlohnungsgerechtigkeit. Dabei erleben 55 % der Befragten wenig Loyalität und Unterstützung des Arbeitsgebers, wie beispielsweise das Loben im Arbeitsalltag. Die Befragung zeigt außerdem, dass 27,5 % der unzufriedenen Beschäftigten auch über Unzufriedenheit mit ihrer eigenen Gesundheit berichten, während dies nur auf etwa 9 % derjenigen Beschäftigten zutrifft, die mit der Unternehmenskultur zufrieden sind. Weiterhin zeigen die Ergebnisse, dass die mit der Unternehmenskultur Unzufriedenen häufiger über körperliche und psychische Beschwerden klagen (WIdO, 2016). Langzeit-Krankheitsfälle sind bei der Gruppe der unzufriedenen Beschäftigten mit 31 % gegenüber 17 % der zufriedenen Beschäftigten ebenfalls deutlich häufiger zu finden (WIdO, 2016). Dem Klima und der Kultur in einer Organisation scheint also eine wesentliche gesundheitsförderliche Bedeutung zuzukommen.

Gerade Führungskräften muss demnach eine hinreichende Gesundheitskompetenz nahegebracht werden, damit sie als Vorbilder ihren Mitarbeitern ein gesundheitsbewusstes Verhalten vorleben und auch entsprechend fördern können. Zusammen mit einem mitarbeiterorientierten Führungsstil, wozu beispielsweise Lob und Anerkennung im Arbeitsalltag, aber auch konstruktives Feedback gehören, tragen klare Zielvereinbarungen und ein angemessener Handlungsspielraum für die Mitarbeiter zu einem „gesunden" Betriebsklima bei, welches sich wiederum positiv auf die Gesundheit, die Motivation und die Leistungsbereitschaft der Mitarbeiter auswirkt (Kiesche, 2013). In diesem Rahmen sind Coachings und Seminare für Führungskräfte oder auch Gesundheitszirkel geeignete Instrumente, um das Führungsverhalten der Verantwortlichen zu optimieren. Regelmäßige Mitarbeiterbefragungen sowie Führungskräftefeedbacks bieten zusätzlich Raum für Kritik und Anregungen an die Führungsebene und somit Ansatzpunkte für eine nachhaltige Verbesserung der Gesundheit im Unternehmen.

Im Rahmen eines BGM sollen gesundheitsoptimierende Tätigkeiten innerhalb eines Unternehmens im Sinne eines kontinuierlichen Verbesserungsprozesses (KVP) zielgerichtet ausgewählt, durchgeführt und schließlich weiterentwickelt werden (Mollenkopf, 2010). Abbildung 3.2.2 veranschaulicht einen typischen Verlauf für einen Optimierungsprozess innerhalb eines BGM in einem Unternehmen.

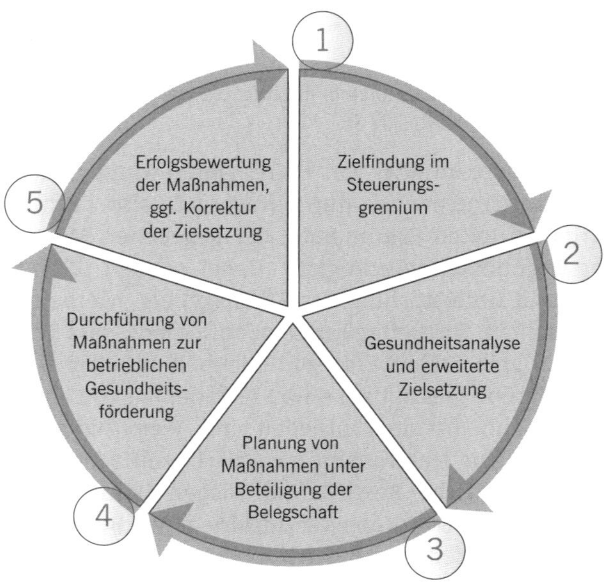

Abbildung 3.2.2 *Ablauf eines typischen BGM-Prozesses (in Anlehnung an BDP, 2016)*

In einem ersten Schritt ist es notwendig, eine IST-Analyse des aktuellen Fehlzeiten-, Fluktuations- und Unfallgeschehens im Unternehmen und damit implizit auch eine Schlussfolgerung hinsichtlich des „Gesundheitszustands" der Belegschaft im Unternehmen durchzuführen, um die vorliegenden objektiven und subjektiven Belastungsfaktoren und deren mögliche Ursachen zu ermitteln (UGBM, 2016). Diese Bestandsaufnahme kann zunächst auf Grundlage interner Unternehmensdaten geschehen, welche mit Hilfe geeigneter Instrumente gewonnen werden. Diese sind z. B. die Fehlzeitenanalyse, die Analyse von Arbeitsunfall-Statistiken, Tätigkeitsanalysen oder Mitarbeiterbefragungen. Letztere sind besonders bedeutsam, da es sich bei der Wahrnehmung von Beanspruchungen immer um subjektive Eindrücke handelt.

An dieser Stelle sei bei den eingesetzten Analyseinstrumenten besonders auf ihre Methodik hingewiesen. Um aussagekräftige Daten zu erhalten, sollte auf die wissenschaftlichen Qualitätskriterien und die Datengüte, einen möglichst hohen Standardisierungsgrad bei der Erfassung und eine ausreichend hohe Datenmenge (z. B. möglichst umfassende und damit auch repräsentative Stichproben bei Mitarbeiterbefragungen) geachtet werden. Hierbei ist es aus Ressourcen-, aber auch Erfahrungsgründen durchaus sinnvoll, externe Experten hinzuzunehmen.

Nachdem die Daten ausgewertet worden sind, werden in einem zweiten Schritt gemeinsame, auf die konkrete Situation des Unternehmens angepasste Veränderungs- bzw. Optimierungsziele definiert. Die Zielformulierungen sollten dabei nicht nur Strategien zur Senkung der Arbeitsbelastungen berücksichtigen, sondern vor allem auch Handlungsfelder einbeziehen, welche die Gesundheitsressourcen der Beschäftigten stärken. Das Ziel sollte vor allem sein, Belastungsschwerpunkte zu erkennen und zu reduzieren. Als Folge davon sollten Fehlzeiten sinken, Arbeitsunfälle (noch) seltener werden oder die Vereinbarkeit von Familie und Beruf gefördert werden (UGBM, 2016).

Im Sinne eines ganzheitlichen Gesundheitsmanagements ist es empfehlenswert, hinsichtlich der Zieldefinition parallel zwei Arten von Zielen zu unterscheiden: Präventive Ziele betreffen vor allem die Erhaltung gesundheitsrelevanter Faktoren, wie körperliche und geistige Unversehrtheit, aber auch Motivation, Zufriedenheit und Leistungsfähigkeit der Mitarbeiter. Korrektive Ziele streben an, eventuell vorhandene Missstände oder Gefahren für die Gesundheit im Unternehmen zu reduzieren oder idealerweise zu eliminieren. Darüber hinaus befassen sich korrektive Zielsetzungen aber auch mit der Frage, wie erkrankte, unmotivierte oder abwesende Mitarbeiter wieder optimal in die Unternehmensstruktur und in den Arbeitsprozess eingegliedert werden können (UGBM, 2016).

Auf der Grundlage solcher Zieldefinitionen lassen sich anschließend geeignete gesundheitsförderliche Maßnahmen zur Erreichung der geplanten Ziele auswählen sowie deren Umsetzung planen. Diese Maßnahmen reichen von verhältnispräventiven Aktivitäten zur Arbeitsgestaltung, wie etwa der Optimierung der Arbeitsmittel oder der Durchführung von Gefährdungsbeurteilungen (zu denen Unternehmen sowieso gesetzlich verpflichtet sind), bis hin zu informativen Maßnahmen zur Stärkung des Gesundheitsbewusstseins der Beschäftigten im Sinne einer Verhaltensprävention. Hierzu zählen beispielsweise eine Ernährungsberatung, Stressbewältigungsseminare oder Gesundheitstage im Unternehmen.

Am Ende eines erfolgreichen BGM-Prozesses ist eine eingehende Evaluation hinsichtlich der Wirksamkeit der durchgeführten Maßnahmen erforderlich. Es ist zu überprüfen, ob und inwieweit die geplanten Gesundheitsziele erreicht werden konnten: Hat sich die objektive oder subjektive Gesundheitsbeurteilung – zum Positiven oder zum Negativen – verändert? An welchen Stellen müssen Umsetzungsmaßnahmen optimiert werden? Bei Bedarf müssen Maßnahmen nach einer neuen Ist-Analyse also angepasst oder neu gestaltet werden oder gar Zielformulierungen erneuert werden, um nachhaltige Erfolge im BGM-Prozess erzielen zu können. Infobox 3.2.1.1 gibt ein Beispiel für die Ausgestaltung eines Betrieblichen Gesundheitsmanagements.

Infobox 3.2.1.1:
Beispiel für ein Betriebliches Gesundheitsmanagement (aus Nowotny & Poppelreuter, 2017)

Der jährliche Gesundheitsbericht der Firma X zeigt, dass die Fehlzeiten im Unternehmen im Vergleich zu den vergangenen Jahren deutlich gestiegen sind. Besorgt stellt das Unternehmensmanagement fest, dass bei einer Vielzahl von Mitarbeitern längere Ausfallzeiten wegen „psychischer Überlastungen" auftraten. Zudem hat sich bei der diesjährigen Mitarbeiterbefragung herausgestellt, dass viele Mitarbeiter aufgrund von Umstrukturierungsmaßnahmen über eine hohe Auslastung und daher schwindende Freude an ihrer Tätigkeit klagen. Die aktuelle Ausgangslage veranlasst Firma X, einen Wandel hin zu einer gesunden Organisation zu schaffen, um den Unternehmenserfolg auch nachhaltig durch motivierte und gesunde Mitarbeiter zu sichern. Außerdem soll dieses Ziel von der gesunden Organisation auch nach außen getragen werden, um für neue Bewerber attraktiv zu sein. Im Rahmen eines betrieblichen Gesundheitsmanagements gründet Firma X einen Gesundheitszirkel, bestehend aus der Betriebsleitung, dem Betriebsrat, einem Vertreter der Personalabteilung und dem Betriebsarzt. Gemeinsam definiert diese Gruppe das übergeordnete Ziel, den Krankenstand sowie die allgemeine Zufriedenheit bei der nächsten Mitarbeiterbefragung – diese lässt Firma X in einem Zweijahresrhythmus durch einen externen Dienstleister durchführen – zu verbessern. Zu diesem Zweck soll eine Gesundheitskommunikation im Unternehmen etabliert werden, deren

Ziel es ist, Mitarbeiter und auch Führungskräfte für das Thema Gesundheit zu sensibilisieren sowie gesundheitsförderliches Verhalten durch Aufklärung und Information anzuregen. Durch die Bereitstellung von Informationen und Gesundheits-Workshops soll die Belegschaft erfahren, welche Notwendigkeit Gesundheit im Privaten wie im Beruflichen hat und was getan werden kann, um den eigenen Gesundheitszustand, und in Folge dessen auch das Wohlbefinden und die Leistungsfähigkeit, zu steigern. Bei der Beratung über die gezielten Aktivitäten, setzt die Arbeitsgruppe auf Informationsbeiträge in der internen Betriebszeitung sowie unter der Überschrift „Gesundes Unternehmen" auf der Unternehmens-Homepage. Außerdem sollen in jedem Quartal interaktive und wissensvermittelnde Workshops zum Thema „Gesundheit am Arbeitsplatz" für alle Mitarbeiter angeboten werden. Einen besonderen Schwerpunkt legt die Arbeitsgruppe auf die Verantwortung der Führungskräfte. Ihnen sollen im Rahmen von Führungskräfteseminaren gezielte Umsetzungshilfen vermittelt werden. Dazu zählen konkrete Maßnahmen, um die Mitarbeiter durch ein entsprechendes Vorbildverhalten zu (noch) mehr Eigenverantwortung zu befähigen und ihnen auch entsprechende Ressourcen (z. B. Handlungsspielräume) zur Verfügung zu stellen. Des Weiteren beschließt die Arbeitsgruppe, externe Arbeitspsychologen mit der Durchführung der Workshops zu beauftragen. Die Beträge in der Betriebszeitung sollen von Betriebsangehörigen (und nicht von einer Agentur) verfasst werden, namentlich einem Arbeitskreis aus Betriebsärzten, Suchbeauftragten und Fachkräften für Arbeitssicherheit. Der Erfolg der durchgeführten Maßnahmen soll in der künftigen Fehlzeitenanalyse sowie in der kommenden Mitarbeiterbefragung ersichtlich sein.

3.2.2 Betriebliche Gesundheitsförderung

Wie bereits erwähnt stellt die Betriebliche Gesundheitsförderung eine Teildisziplin des Betrieblichen Gesundheitsmanagements mit eigener Definition und Zielsetzung dar. Im Folgenden sollen diese differenziert dargestellt und anhand eines Beispiels illustriert werden.

Nach der Luxemburger Deklaration zur betrieblichen Gesundheitsförderung in der EU umfasst die Betriebliche Gesundheitsförderung (BGF) alle gemeinsamen Aktivitäten des Arbeitgebers, der Arbeitnehmer und der Gesellschaft zur Verbesserung von Gesundheit und Wohlbefinden am Arbeitsplatz. Während beim Betrieblichen Gesundheitsmanagement die kontinuierliche Diagnose, Planung, Intervention und Evaluation gesundheitsförderlicher Strukturen als fester Bestandteil des Unternehmensmanagements bewusst gesteuert wird (vor allem Verhältnisprävention), werden bei der Gesundheitsförderung gezielt präventive Maßnahmen eingesetzt, um die psychische wie körperliche Gesundheit aller Mitarbeiter aktiv zu unterstützen (vor allem Verhaltensprävention).

Laut Luxemburger Deklaration geschieht dies durch die Verknüpfung dreier Ansätze:

- Verbesserung der Arbeitsorganisation und der Arbeitsbedingungen
- Förderung einer aktiven Mitarbeiterbeteiligung
- Stärkung persönlicher Kompetenzen der Mitarbeiter

Auch der klassische Arbeitsschutz, durch den insbesondere die Verhütung vor körperlichen Gefahren am Arbeitsplatz durch den Arbeitgeber gesichert werden soll, kann als Teil der BGF verstanden werden. Nichtsdestotrotz ist die BGF eine freiwillige Leistung des Arbeitgebers, welche über den Arbeitsschutz hinaus für das Unternehmen konkrete verhaltens- und verhältnispräventive Maßnahmen liefert: Stärkung der Gesundheit durch die Umwelt sowie durch die Person selbst (Uhle & Treier, 2011). Gesunde Beschäftigte kann es laut BGF also nur dann geben, wenn die Arbeitsumgebung Angebote bereitstellt, die die Beschäftigten auf der Verhaltensebene zu gesundheitsbewussten Werten, Kompetenzen und hoher Selbstwirksamkeit anhalten und es gleichzeitig Angebote gibt, welche auf Verhältnisebene eine gesundheitsfördernde Organisationsgestaltung sowie Führungskultur gewährleisten.

Die Bandbreite der Maßnahmen im Rahmen der BGF ist groß. Laut Uhle und Treier (2011) wirkt BGF auf den beiden Feldern Individuum/Umfeld einerseits und Wissen/Handeln andererseits. Damit meinen die Autoren, dass auf Seiten des Individuums Kompetenzen entwickelt und Sensibilisierung geschaffen werden sollen, damit sich die Beschäftigten selbst über Möglichkeiten eines eigenen gesundheitsgerechten Handelns bewusst werden. Als beispielhafte Intervention könnte der Arbeitsgeber diesbezüglich Gesundheitstage durchführen, bei denen die Beschäftigten in die geplanten gesundheitsbezogenen Prozesse eingeführt werden. Gesundheitstage bieten außerdem die Möglichkeit, den Beschäftigten durch Tipps zu Ernährung, Bewegung, Stressabbau oder Raucherentwöhnung und vor allem die Bedeutung von Gesundheit am Arbeitsplatz nahezubringen und ihren eigenen Gesundheitszustand zu überprüfen. Konkretes Gesundheitsverhalten kann bei den Beschäftigten durch das Angebot von Entspannungskursen (z. B. Autogenes Training), Kochkursen, Rückenschulen oder einem regelmäßigen Lauftreff sensibilisiert werden. Generell sollte Informationsmaterial am Arbeitsplatz zur Verfügung gestellt sowie ein Zugang zu Beratungsportalen sichergestellt werden (Uhle & Treier, 2011).

Allerdings sollte explizit beachtet werden, dass die Durchführung von Gesundheitstagen nur ein Element eines ganzheitlichen BGM ist. Leider ist immer wieder festzustellen, dass zahlreiche Organisationen ihre Aktivitäten im Bereich des BGMs damit als ausreichend betrachten, einzelne Aktivitäten – und das häufig leider auch nur einmalig – durchzuführen. So kann keine Nachhaltigkeit und somit weder Effektivität noch Effizienz der Maßnahmen erwartet werden. Oder, um es prägnant auszudrücken: BFG geht nicht ohne BGM.

Auf der Umwelt-Ebene sprechen Uhle und Treier (2011) eine notwendige Organisationsfitness und ein Wertemanagement des Unternehmens an. Damit ist gemeint, dass das Unternehmen eine nachhaltige Gesundheitsförderung nur dann etablieren kann, wenn auch die äußeren Rahmenbedingungen und Strukturen dies unterstützen. Um als Organisation „fit" zu sein, bedarf es zum einen einer gesunden, das heißt effektiven und effizienten, aber auch gerechten Strukturierung der Arbeitsaufgaben/-inhalte und der Aufgabenverteilung. Daraus wird ersichtlich, dass BGF auf Struktur- und Prozessmodellen der Organisation aufbauen muss, was auch Stellenbeschreibungen und Aufgaben- und Anforderungsprofile miteinschließt. Diese Daten ergeben sich immer aus dem BGM-Ansatz heraus.

Ebenso relevant sind die Faktoren einer gesundheitsförderlichen Gestaltung der Arbeitszeiten und des Arbeitsplatzes (z. B. altersgerecht und ergonomisch) sowie die allgemeine Sicherheit am Arbeitsplatz. Ein gesundheitsrelevantes Wertemanagement wird vor allem durch die Führungs- und die Organisationskultur vermittelt, beispielsweise durch soziale Unterstützung, Vertrauen und eine angemessene Vereinbarkeit von Familie und Beruf (Uhle & Treier, 2011). Auch auf dieser Ebene kann der Arbeitgeber auf einen breiten Pool an Maßnahmen zurückgreifen: Hierzu zählen z. B. Modelle flexibler Arbeitszeitgestaltung oder das Ermöglichen von Arbeitsortwechseln (mobiles Arbeiten, auch innerhalb des Büros), der Einsatz von höhenverstellbaren Tischen, ein rauchfreier Betrieb, Führungskräfte-Coachings und Weiterbildungskurse für motivierendes und unterstützendes Führungsverhalten, psychosoziale Beratung und Betreuung im Unternehmen oder auch Workshops zur Mobbing-Prävention.

Wie aus einer Online-Befragung des Online-Magazins randstadkorrespondent (2016) mit über 2.000 Teilnehmern hervorgeht, gehören zu den drei zentralen Interventionen der Betrieblichen Gesundheitsförderung, welche tatsächlich in Unternehmen Anwendung finden, flexible Arbeitszeitmodelle (61 %), ergonomische Arbeitsplätze (58 %) und medizinische Angebote (53 %), wie z. B. Physiotherapie. Verhaltenspräventive Maßnahmen bezüglich Sport und Bewegung, Ernährung oder Sucht finden sich in der tatsächlichen Umsetzung deutlich seltener.

Zwar liegt die Verantwortung für die Gestaltung der Gesundheitsförderung je nach Präferenzen und Mitteln letztlich beim Unternehmensmanagement, dennoch kann eine Kooperation, z. B. mit Krankenkassen, Berufsgenossenschaften oder externen Gesundheitsberatern und Dienstleistern von großer Bedeutung sein, um sich in diesem „Maßnahmen-Dschungel" zurechtzufinden. Der aktuelle Stand der Forschung zu Betrieblicher Gesundheitsförderung sollte den

Betrieben daher weiterhin nahegebracht werden, damit das gemeinsame Interesse an einer gesunden Gesellschaft im Arbeits- wie auch im Privatleben realisiert werden kann. Infobox 3.2.2.1 beschreibt ein Beispiel für Betriebliche Gesundheitsförderung.

Infobox 3.2.2.1:
Ein Beispiel für Betriebliche Gesundheitsförderung (aus Nowotny & Poppelreuter, 2017)

Im Rahmen seines ganzheitlichen Betrieblichen Gesundheitsmanagements plant Firma Y gezielte Aktivitäten, um das Ernährungsbewusstsein und Ernährungsverhalten ihrer Mitarbeiter zu fördern. Die Betriebsleitung, Vertreter des Betriebsrats und der Personalbereich entscheiden sich dafür, dieses Ziel auf zwei Ebenen zu verfolgen: Zum einen sollen konkrete Maßnahmen zur Veränderung des Ernährungsverhaltens angeboten werden. Dazu wird zunächst eine Optimierung der Kantinenverpflegung durch die Hinzunahme externer Ernährungsberater veranlasst. Das Angebot soll künftig neben den standardmäßigen Tagesgerichten auch eine Salattheke sowie diverse Obstkörbe beinhalten. Ebenfalls wird die Belegschaft über Startort und -zeit eines 1x-wöchentlich stattfindenden Lauftreffs informiert.

Auf einer zweiten Ebene soll den Beschäftigten nötiges Wissen um gesunde und bewusste Ernährung vermittelt werden. Dazu wird ein umfangreicher Gesundheitstag im Betrieb durchgeführt. An diesem Tag erhalten die Beschäftigten neben vielen anderen Gesundheitstipps grundlegende Informationen über Risiken von Über- und Untergewicht. Ihnen wird besonders der Zusammenhang zwischen Ernährung, psychosozialem Wohlbefinden und Stress aufgezeigt. Ebenfalls werden der Belegschaft die geplanten gesundheitsförderlichen Aktivitäten der Firma präsentiert. U. a. stellt die Firma die Kooperation mit einem regionalen Fitness-Studio vor, in dem Beschäftigte der Firma Y eine ermäßigte Mitgliedschaft erwerben können. Dazu ist ein Mitarbeiter des Fitness-Studios anwesend, der den Beschäftigten bei Fragen zur Verfügung steht. Schließlich können die Mitarbeiter den Gesundheitstag nutzen, um einen eigenen Gesundheitscheck durch den Betriebsarzt durchführen zu lassen.

3.2.3 Betriebliches Eingliederungsmanagement

Betrachtet man das Betriebliche Gesundheitsmanagement als eine umfassende Unternehmensstrategie, um die Gesundheit der Beschäftigten zu erhalten und zu fördern, so sind nicht nur präventive Aktivitäten nötig, wie sie bisher unter dem Stichwort Betriebliche Gesundheitsförderung beschrieben wurden, sondern weiter auch rehabilitative Maßnahmen des Gesundheitsschutzes. Als solche rehabilitative Teildisziplin des BGM gilt das Betriebliche Eingliederungsmanagement (BEM).

Allgemein gilt in der betrieblichen Gesundheitspolitik seit der Luxemburger Deklaration, dass eine humane und gesundheitsförderliche Arbeitsplatzgestaltung sowohl den Beschäftigten als auch dem Unternehmenserfolg zugutekommt, etwa durch eine Verringerung der Zahl krankheitsbedingter Ausfälle, der Reduktion von Kündigungen oder auch der Vermeidung belastungsbedingten Leistungsabfalls. Betrachtet man die heutige Entwicklung der Arbeitsbedingungen sowie die Folgen des demografischen Wandels, so wird klar, dass die Erhaltung von Gesundheit zu einer dauerhaften Aufgabe für die Gesellschaft und somit auch für den Arbeitgeber wird. Dabei ist es in erster Linie die Pflicht des Arbeitgebers, für die Sicherheit und die Gesundheit der Arbeitnehmer am Arbeitsplatz zu sorgen, und zwar sowohl vorsorglich als auch akut. Bereits das Arbeitsschutzgesetz sieht vor, dass der Arbeitgeber eine „menschengerechte Arbeitsgestaltung unter Einsatz und Überprüfung geeigneter Maßnahmen schaffen muss“ (Giesert & Wendt-Danigel, 2011). Ergänzend müssen in einer ganzheitlichen Gesundheitspolitik weiterhin aber gerade auch diejenigen Beschäftigten fokussiert werden, bei denen es auf Grund der Arbeitsbedingungen oder anderer Gründe zu einer (Langzeit-)Erkrankung gekommen ist. Diese Personen benötigen gesonderte Unterstützung und Begleitung in ihrer Arbeitstätigkeit.

Seit 2004 ist diesbezüglich die betriebliche Wiedereingliederung von Beschäftigten, welche innerhalb eines Jahres über einen Zeitraum von 6 Wochen oder mehr wiederholt oder ununterbrochen krank sind, als Pflicht des Arbeitgebers und als Recht des Mitarbeiters im § 84 Abs. 2 SGB IX festgeschrieben. Arbeitgeber sind aufgefordert, betroffenen Personen ein Eingliederungsmanagement als Hilfsmittel anzubieten, um die Arbeitsunfähigkeit des Betroffenen zu überwinden, erneuter Arbeitsunfähigkeit vorzubeugen und seinen Arbeitsplatz zu erhalten.

§ 84 Abs. 2 SGB IX:

„Sind Beschäftigte innerhalb eines Jahres länger als sechs Wochen ununterbrochen oder wiederholt arbeitsunfähig, klärt der Arbeitgeber mit der zuständigen Interessenvertretung im Sinne des § 93, bei schwerbehinderten Menschen außerdem mit der Schwerbehindertenvertretung, mit Zustimmung und Beteiligung der betroffenen Person die Möglichkeiten, wie die Arbeitsunfähigkeit möglichst überwunden werden und mit welchen Leistungen oder Hilfen erneuter Arbeitsunfähigkeit vorgebeugt und der Arbeitsplatz erhalten werden kann (betriebliches Eingliederungsmanagement).“ (SGB IX, 2016).

Die Gründe für den Einsatz eines BEM können vielfältig sein: Möglicherweise ist ein Mitarbeiter auf Grund einer Erkrankung oder Behinderung für längere Zeit von seinem Arbeitsplatz abwesend bzw. benötigt spezielle Hilfsmittel an seinem Arbeitsplatz. Sobald er seine Arbeitstätigkeit wieder aufnimmt, sollte die Arbeitsgestaltung also an den Gesundheitszustand des Mitarbeiters angepasst werden. Ziel ist es, die Leistungsfähigkeit des Mitarbeiters so weit wie möglich wiederherzustellen. Möglicherweise lässt sich dies durch einen Arbeitsplatzwechsel, die Bereitstellung neuer Arbeitsmittel oder eine Neuregelung der Arbeitszeiten realisieren.

Andererseits bietet das BEM auch die Chance, präventiv auf die vorliegenden Arbeitsbedingungen einzuwirken: Gefährdungsbeurteilungen physischer und psychischer Belastungen am Arbeitsplatz gehören daher ebenso zu einem umfassenden Eingliederungsmanagement. Durch die Identifikation belastender oder gar gesundheitsschädlicher Faktoren, mit welchen einzelne Beschäftigte an ihrem Arbeitsplatz konfrontiert werden (z. B. toxische Stoffe, elektrische Geräte), können bei einzelnen Personen Hinweise auf Zusammenhänge zwischen Erkrankungen und Arbeitstätigkeit gefunden werden und, bei geeigneter Modifikation, langfristige Schädigungen der Person vermieden werden.

Durch das BEM wird somit bereits auf rechtlicher Grundlange nicht nur das wirtschaftliche Interesse der Unternehmen gedeckt, nämlich weniger Fehlzeiten, weniger krankheitsbedingte Kündigungen und weniger weitere (chronische) Erkrankungen zu haben, sondern auch das Eigeninteresse der Arbeitnehmer, gesund und leistungsfähig bis ins hohe Alter bzw. gerade im hohen Alter zu sein. Nichtsdestotrotz unterliegt das BEM dem Gebot der Freiwilligkeit. Diejenigen Personen, welche aufgrund ihrer krankheitsbedingten Fehlzeiten Anspruch auf eine Wiedereingliederung haben, sollen freiwillig entscheiden können, ob dieses bei ihnen durchgeführt werden soll oder nicht, ohne dass eine Ablehnung einen Nachteil mit sich bringen darf (Giesert & Wendt-Danigel, 2011).

In der Regel ist für die Vorbereitung, Durchführung und Auswertung von BEM-Maßnahmen innerhalb einer Organisation ein Integrationsteam, bestehend aus betriebsinternen Mitgliedern, verantwortlich. In erster Linie sind Vertreter des Arbeitgebers und die betrieblichen Interessenvertretungen, wie etwa der Betriebsrat/Personalrat oder die Schwerbehindertenvertretung, am BEM-Prozess beteiligt. Bei Bedarf werden weitere interne wie auch externe Mitglieder hinzugezogen, z. B. der Betriebsarzt, Sicherheitsfachkräfte, technische Berater, Krankenkassen, das Integrationsamt oder auch Arbeitspsychologen (Giesert & Wendt-Danigel, 2011). Aufgabe dieses Integrationsteams ist es schließlich, einzelne Fälle im BEM-Prozess zu identifizieren, den jeweils vorliegenden Sachverhalt zu analysieren und im gemeinsamen Austausch mit dem Betroffenen die Planung und Durchführung sowie die Überprüfung geeigneter Reintegrationsmaßnahmen am Arbeitsplatz zu steuern. Wesentliche Voraussetzung ist, dass das Team in den nötigen fachlichen, sozialen, organisatorischen und methodischen Kompetenzen ausreichend geschult ist, um die verschiedenen Aufgaben im Eingliederungsprozess managen zu können.

Während das Vorhandensein eines BEM auf rechtlicher Ebene gefordert ist, gibt es bisher keine gesetzlichen Vorschriften, wie Eingliederungsmaßnahmen in der Praxis tatsächlich umgesetzt werden sollen. Individuell stehen in Unternehmen unterschiedliche Ressourcen zur Verfügung, wodurch ein BEM-Ablauf durchaus unterschiedliche Formen annehmen kann. Allgemein existieren jedoch diverse Handlungsleitfäden, welche den Unternehmen als nützliche Orientierungshilfe dienen. Vergleichbar mit der Herangehensweise beim BGM ist auch das BEM-Verfahren als ein strukturierter Prozess im Sinne der kontinuierlichen Verbesserung zu verstehen. Die wesentlichen Bestandteile bilden die Analyse, Planung, Umsetzung und Evaluation der durchgeführten Maßnahmen (Reuter & Stadler, 2015).

Der Handlungsleitfaden für ein Betriebliches Eingliederungsmanagement, herausgegeben von der Hans-Böckler-Stiftung beispielsweise definiert von der Einführung bis hin zur Abschlussevaluation des BEM „10 Schritte zum Ziel", welche in Abbildung 3.2.3.1 veranschaulicht sind (Giesert & Wendt-Danigel, 2011).

Hierbei werden die Problemanalyse, die Entwicklung von Lösungsmöglichkeiten, das Initiieren und Begleiten von Maßnahmen und schließlich die Abschlussdokumentation zu den zentralen Aufgaben der für das BEM Verantwortlichen gezählt. Nachfolgend werden die wesentlichen Phasen dieses Handlungsleitfadens genauer beschrieben.

In einer ersten Phase müssen die BEM-Verantwortlichen über die Gestaltung und die Ziele des BEM in ihrem Unternehmen beraten sowie sich über die geltenden rechtlichen Grundlagen informieren. Ein wichtiger Baustein dieser Aufbau-Phase ist die Kommunikation mit den Beschäftigten. Diese müssen über das BEM ausreichend informiert werden, damit eine Vertrauensbasis zwischen Belegschaft und Arbeitgeber geschaffen werden kann. Betriebsveranstaltungen, Informationsschreiben oder Flyer sind hier hilfreiche Hilfsmittel. Des Weiteren ist es in dieser Phase nötig, die wesentlichen Strukturen für das BEM zu schaffen und in einer Betriebsvereinbarung festzuhalten. Auf personeller Ebene sind Verfahrensabläufe und Entscheidungsverantwortlichkeiten zu klären – Wer macht was und wie? Wie werden die notwendigen zeitlichen Ressourcen auf Seiten der BEM-Verantwortlichen gesichert? Sind die Beteiligten ausreichend geschult und qualifiziert? (Reuter & Stadler, 2015). Hinzu kommt die Klärung der nötigen materiellen Voraussetzungen für BEM-Maß-

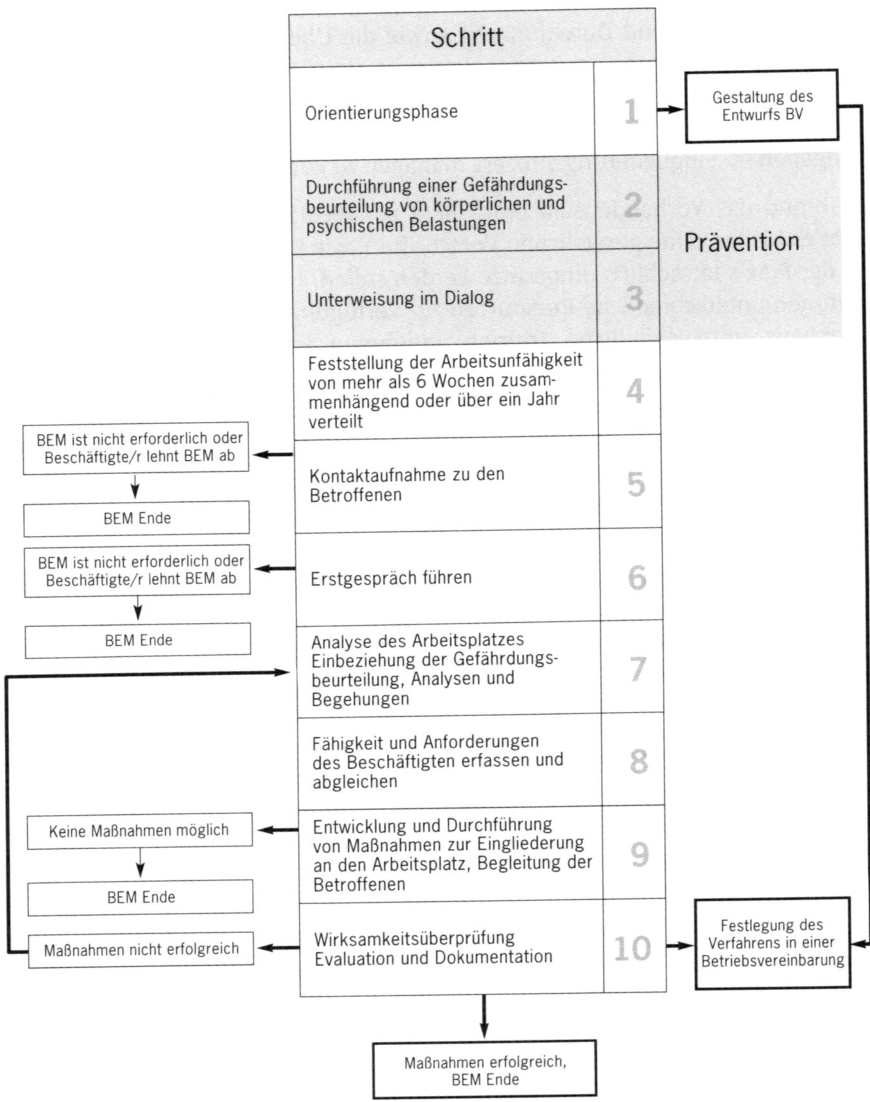

Abbildung 3.2.3.1 *10 Schritte zum Ziel – Handlungsleitfaden für ein Betriebliches Eingliederungsmanagement (Giesert & Wendt-Danigel, 2011)*

nahmen, wie z. B. die Verfügbarkeit nutzbarer Räumlichkeiten oder eine genügende technische Ausstattung, um unter anderem den Datenschutz gewährleisten zu können. Zuletzt sind organisationale Strukturen herzustellen, bei denen die Kommunikation und die Vernetzung der beteiligten Akteure des

BEM-Prozesses im Vordergrund stehen. Arbeiten alle Verantwortlichen erfolgreich zusammen? Werden Informationen nach innen und außen getragen? Gibt es Betriebs- oder Dienstvereinbarungen? (Reuter & Stadler, 2015). Ist geklärt, welche Mitglieder das Integrationsteam bilden, welche Schritte im BEM-Verfahren verfolgt werden und wie die Belegschaft für dieses Thema sensibilisiert wird, so ist die Grundlage des BEM geschaffen. In einer nächsten Phase gilt es, den Bedarf an BEM-Maßnahmen festzustellen und betroffene Personen zu kontaktieren.

Eine durch die Personalabteilung regelmäßig durchgeführte Auswertung der Krankenstände liefert die notwendigen Informationen darüber, welche Mitarbeiter in den letzten 12 Monaten sechs Wochen oder mehr – und das ununterbrochen oder aber auch durch mehrere kürzere Fehlzeiten – arbeitsunfähig waren bzw. sind und welche Mitarbeiter bereits durch mehrfache Arbeitsunfähigkeit in ihrer Arbeits- und Lebensqualität massiv beeinträchtigt wurden. Die identifizierten Mitarbeiter werden kontaktiert – schriftlich oder in einem persönlichen Gespräch – und über ihren Anspruch zur Wiedereingliederung informiert.

Bei der Kontaktaufnahme ist der berechtigten Person das Angebot der Durchführung des BEM-Verfahrens zu unterbreiten. Gleichzeitig muss sie auf ihr Recht der freiwilligen Zustimmung oder Ablehnung der Teilnahme am BEM hingewiesen werden. Außerdem werden dem Berechtigten die Bedingungen, Abläufe und Instrumente des BEM, wie sie bereits resultierend aus der Orientierungsphase in der Betriebsvereinbarung festgehalten wurden, offengelegt. Entscheidet sich der Betroffene für die Durchführung eines Eingliederungsprozesses, so wird für das weitere Verfahren ein Termin für ein Erstgespräch vereinbart. In diesem werden auf vertraulicher Basis die individuelle Lage und die Probleme aus Sicht des Betroffenen besprochen. Dazu gehört sowohl seine Einschränkungen als auch sein Leistungspotenzial zu ermitteln. Außerdem wird gemeinsam analysiert, welche betrieblichen Ursachen zu der gegebenen Erkrankung bzw. Häufung von Zeiten der Arbeitsunfähigkeit möglicherweise beigetragen haben. Vertraulichkeit und Datenschutz sind an dieser Stelle wesentliche Klärungspunkte.

Es werden Fragen des Betroffenen geklärt und Unsicherheiten beseitigt. Hierzu ist es vorteilhaft, einen oder mehrere kompetente(n) Ansprechpartner zu nennen, an den sich die Person im gesamten Verlauf des BEM wenden kann. Am Ende des Gesprächs sollen gemeinsame Ziele und Lösungsideen entwickelt werden, mit welchen Unterstützungsmaßnahmen der Betroffene seine Arbeitsunfähigkeit überwinden und seine Arbeitstätigkeit wiederaufnehmen bzw. einer weiteren Erkrankung und/oder einem Rückfall vorbeugen kann. Auch in dieser Phase ist dem Betroffenen freigestellt, das BEM abzulehnen. Ist dies der

Fall, ist der BEM-Prozess beendet. Stimmt er zu, werden die weiteren Schritte besprochen, zu denen unter anderem die Analyse des Arbeitsplatzes und die Ermittlung der individuellen Stärken und Einschränkungen des Betroffenen gehören.

Ziel des Integrationsteams ist es, umfassende Informationen über die Arbeitstätigkeit zu erhalten, welche relevant für die Beschwerden des Betroffenen sein können. Dies können Belastungen der Arbeitsumgebung oder der Arbeitsorganisation sein, aber auch Gefährdungen, welche die Tätigkeit selbst betreffen, wie etwa die Arbeitsmittel. Die entsprechenden Informationen lassen sich aus Arbeitsplatzbegehungen und Gefährdungsbeurteilungen körperlicher und psychischer Belastungsfaktoren filtern. Hierbei dienen diagnostische Instrumente, wie das Screening Instrument zur Bewertung und Gestaltung von menschengerechten Arbeitstätigkeiten (SIGMA) oder die Anforderungs-Belastungsanalyse (ABA) als gute Hilfsmittel, um eine angemessene Beurteilung des Arbeitsplatzes zu erstellen (Richter, 2010). Auch die jährlichen Gesundheitsberichte der Krankenkassen können als Informationsquelle über vorherrschende Belastungen am Arbeitsplatz genutzt werden. Für den Abgleich mit den individuellen Fähigkeiten des Betroffenen ist wiederum die Einschätzung des Betriebsarztes, idealerweise ergänzt um eine psychologische Potenzial- und Ressourcenanalyse, nötig. Liegen fundierte Aussagen zu den Anforderungen der Arbeitstätigkeit sowie zu den Ressourcen des betroffenen Mitarbeiters vor, so sollte im nächsten Schritt gemeinsam beraten werden, welche Maßnahmen notwendig, möglich und umsetzbar sind.

Generell sollten bei Vorliegen krankheitsförderlicher Gefährdungen zugleich präventive, rehabilitative sowie integrative Maßnahmen zum Einsatz kommen, um die betroffene Person wieder vollständig und leistungsfähig in das Unternehmen einzugliedern. An erster Stelle steht im Allgemeinen die Abmilderung oder Beseitigung der identifizierten Belastungen. Dies geschieht in der Regel durch Veränderungen der Arbeitsbedingungen (Arbeitsplatz, Arbeitsumgebung, Arbeitszeiten). Hierzu gehört auch die allgemeine Unterweisung der Mitarbeiter zu gesundheitlichem Verhalten durch die Führungskräfte.

Eine weitere Option ist die stufenweise Wiedereingliederung des Betroffenen an seinen Arbeitsplatz. Dies geschieht quantitativ durch ein entsprechendes medizinisches Attest, in dem die Anzahl der Stunden, die ein wiedereinzugliedernder Mitarbeiter täglich maximal leisten kann, festgeschrieben wird. Auf qualitativer Ebene ist es aber zusätzlich sinnvoll, auf Seiten des Mitarbeiters fachliche, soziale und methodische Kompetenzen durch Qualifizierungsangebote zu stärken. Hierbei bieten sich neben Trainings (die auch webbasiert angeboten werden können) vor allem individuelle Einzelcoachings als Alternative an. Angebote medizinischer Rehabilitation sowie eine betriebliche Nachsorge gehören ebenfalls zum individuellen Maßnahmenrepertoire. Auf der Managementebene stehen die Führungskräfte in der Pflicht, zu einer erfolgreichen Eingliederung beizutragen, indem sie dem Betroffenen nach seinem Wiedereinstieg Chancen und Möglichkeiten geben, sich wieder mit größtmöglicher Energie und Freude in den Arbeitsprozess einzubringen. Außerdem ist es Aufgabe der Führungskraft, die psychischen Belastungen im Sinne eines Konfliktmanagements und eines unterstützenden Teamklimas abzubauen.

Am Ende eines jeden BEM-Prozesses steht die abschließende Evaluation der eingeleiteten Maßnahmen. Diese sollte möglichst in regelmäßigen Abständen, beispielsweise einmal jährlich, geschehen. Ziel ist es, die Ergebnisse der einzelnen BEM-Prozesse auf ihren Erfolg hin zu überprüfen. Wurden die geplanten Maßnahmen umgesetzt? Konnte der Betroffene seine Tätigkeit wieder aufnehmen? Ist der Betroffene wieder vollständig integriert? Sind Anschlussmaßnahmen erforderlich? Grundvoraussetzung, um aussagekräftige Antworten auf diese Fragen zu finden und um langfristige Erfolge zu erzielen, ist eine systematische Dokumentation des gesamten Verfahrens sowie der durchgeführten Maßnahmen bereits zu Beginn des BEM-Verfahrens. Welche Maßnahmen waren erfolgreich, welche weniger effektiv? In einem Abschlussgespräch sollte der Betroffene außerdem stets über seine Zufriedenheit mit dem gesamten BEM-Verfahren befragt werden. Mit Hilfe einer systematischen Dokumentation ist es ebenso möglich, Ergebnisse auf Grund interner Statistiken des Betriebs zu überprüfen. Betrachtet man beispielsweise die Anzahl der Mitarbeiter, welche nach sechs Wochen krankheitsbedingter Fehlzeit angeschrieben worden sind und wie viele von diesen auf die Kontaktaufnahme reagiert bzw. letztlich ein BEM-Verfahren in Anspruch genommen haben, lassen sich daraus bereits aussagekräftige Schlüsse hinsichtlich der Unternehmenskultur ziehen. Infobox 3.2.3.1 beschreibt beispielhaft eine BEM-Maßnahme.

Infobox 3.2.3.1:
Beispiel für eine Arbeitsplatzgestaltung für einen Tischler mit Bandscheibenvorfall im Rahmen einer BEM-Maßnahme (aus Nowotny & Poppelreuter, 2017)

Herr Fischer, 49 Jahre, arbeitet seit 20 Jahren als Tischler in einem mittelständischen Betrieb. Dort fertigen seine Kollegen und er Möbel, Küchen und Treppen aus Holz in Handarbeit an. Während seiner Arbeitstätigkeit muss Herr Fischer schwere Holzplatten auf ein bestimmtes Maß zurecht sägen, fräsen und diese anschließend auf einem Montagegestell anbringen, um das fertige Holzstück mit weiteren Kleinteilen zu verbinden. Schwere Hebe- und Tragearbeiten sowie ständiges Bücken gehören zu seinem Arbeitsalltag. Vor kurzem erlitt Herr Fischer nach jahrelanger krankheitsloser Anstellung einen schweren Bandscheibenvorfall und musste operiert werden. Er fiel zunächst für vier Wochen aus. Anschließend befand sich Herr Fischer acht Wochen in einer stationären Reha-Klinik. Nach den insgesamt drei Monaten Ausfall kehrte er in seinen Betrieb zurück und führte dort ein persönliches Gespräch mit seinem Vorgesetzten, dem Betriebsrat sowie dem Betriebsarzt. Es wurde in vertraulicher Runde besprochen, welche Leistungen der Betrieb seinem Mitarbeiter bieten kann, um Herrn Fischer in seiner Genesung zu unterstützen. Gemeinsam wurde entschieden, dass Herr Fischer zunächst mit verkürzten Arbeitszeiten eingesetzt werden solle und dass er außerdem das Tragen und Heben von Lasten oberhalb eines vom Arzt definierten Gewichts vermeiden solle. Die Kollegen aus seiner Abteilung wurden in einem Mitarbeitergespräch darüber unterrichtet und gebeten, Herrn Fischer in seinem Arbeitsalltag zu unterstützen. In kurzen Wochenabständen wurden seine Arbeitszeiten wieder schrittweise angehoben, so dass Herr Fischer nach vier Wochen wieder in Vollzeit arbeiten konnte. Gleichzeitig einigte man sich darauf, an seinem Arbeitsplatz eine höhenverstellbare Werkbank sowie einen Schwenkarm zum Anheben schwerer Baustücke an der Fräsmaschine zu montieren. Diese Maßnahmen wurden durch die Deutsche Rentenversicherung finanziell gefördert.

Zusätzlich wurde Herrn Fischer das Angebot gemacht, im Rahmen der Wiedereingliederung durch einen persönlichen Gesundheitscoach unterstützt zu werden. Mit diesem traf sich Herr Fischer zu insgesamt sechs Terminen, in denen gemeinsam praktische Vorgehensweisen beim Tragen, Heben und Transportieren von Lasten besprochen und trainiert wurden. Darüber hinaus analysierte der Coach zusammen mit Herrn Fischer aber auch seine Arbeitszufriedenheit, seine Arbeitsmotivation und möglicherweise ein Fehlverhalten fördernde Einstellungen und Überzeugungen Herrn Fischers. So ergab sich, dass Herr Fischer in der Vergangenheit seine Arbeiten immer möglichst schnell erledigen wollte und daher mitunter auf Hilfestellung von außen oder den Einsatz entsprechender Werkzeuge wie zum Beispiel Hebehilfen verzichtet hat.

Ein halbes Jahr später äußerte sich Herr Fischer in einem weiteren persönlichen Einzelgespräch durchaus positiv zu den neuen Arbeitsmitteln und fühlte sich im gesamten Verlauf seiner Wiedereingliederung in den Betrieb sowohl von der Führungsebene als auch von seinen Kollegen bestens betreut und unterstützt.

3.2.4 Gesundheitszirkel

Unter Gesundheitszirkeln versteht man Arbeitskreise innerhalb eines Unternehmens oder einer Organisation, in denen unter aktiver Einbeziehung der Mitarbeiter neue Ideen zur Planung und Durchführung betrieblicher Gesundheitsförderung entwickelt werden sollen. Mit Hilfe dieser Methode soll das betriebliche Alltagswissen und die alltäglichen Erfahrungen der Mitarbeiterinnen und Mitarbeiter genutzt werden, um gesundheitsbelastende oder -gefährdende Faktoren am Arbeitsplatz zu erkennen und Möglichkeiten zur Reduktion der Gefahren oder Belastungen zu erarbeiten. So kann das Ideen- und Wissenspotenzial der Mitarbeiter optimal zur betrieblichen Gesundheitsförderung genutzt werden. Durch die proaktive Einbindung der Mitarbeiterinnen und Mitarbeiter können zudem Motivation und Arbeitszufriedenheit gestärkt, aber auch das Verantwortungsbewusstsein der Belegschaft für die eigene Gesundheit am Arbeitsplatz gefördert werden.

Ein Gesundheitszirkel wird mit Vertretern unterschiedlicher Bereiche/Interessengruppen einer Organisation beschickt. Er arbeitet immer im Interesse der Beschäftigten und des Unternehmens gleichermaßen.

Der Gesundheitszirkel dient dazu,

- die Einflussvariablen zu identifizieren, die die Gesundheit und Sicherheit der Beschäftigten negativ beeinflussen und
- diese Einflussvariablen zu analysieren, zu beurteilen und Vorschläge zu erarbeiten, wie die Situation verbessert werden könnte.

Dafür bietet sich ein mehrstufiges Vorgehen an:

1. Systematische Ermittlung von gesundheitsbelastenden und -gefährdenden Arbeitssituationen und Arbeitsabläufen auf der Grundlage vorhandener Daten (z. B. Unfallstatistik, Krankenstand, Personalfluktuation, Qualitätskennzahlen etc.), d. h. Sammlung aller als möglicherweise beanspruchend empfundenen Arbeitsaspekte,
2. Herstellen eines Beschwerden- und Belastungszusammenhangs, d. h. Ermittlung der gesundheitlichen Beschwerden, die die Beschäftigten in unmittelbarer Verbindung mit bestimmten Arbeitssituationen wahrnehmen (z. B. über eine Mitarbeiterbefragung, Arbeitsplatzinterviews, Begehungen etc.),
3. Erarbeitung und Diskussion von verhältnis- und verhaltensbezogenen Verbesserungsvorschlägen, d. h. Entwickeln technischer, organisatorischer und/oder personenbezogener positiver Änderungsvorschläge für die als beschwerderelevant identifizierten Arbeitssituationen,
4. Vorstellen der Vorschläge vor Entscheidungsträgern (Geschäftsführung, Vorstand etc.) und Abstimmung des weiteren Vorgehens.

Ob und inwieweit Gesundheitszirkel erfolgreich sind hängt nicht zuletzt auch davon ab, zu welchen Ergebnissen sie führen. Schnell wird ersichtlich, wenn es sich um reine „Diskussionszirkel“ handelt, in denen zwar – mitunter hochtrabende – Pläne entwickelt werden, letztlich aber keiner dieser Pläne umgesetzt wird. Ein nachhaltiges Engagement aller beteiligten Personen in einem Gesundheitszirkel ist nur zu erwarten, wenn die Zirkelarbeit ernst genommen wird und – zumindest in bestimmten Bereichen – zu konkreten Maßnahmen führt. In jedem Fall sind ein konstruktiver Umgang mit den Ergebnissen und deren rationale Diskussion zu vereinbaren. Vor allem dann, wenn sie in abgewandelter Form oder gar nicht umgesetzt werden, muss dies von den Verantwortlichen sehr gut begründet werden.

Wer sollte in einem Gesundheitszirkel mitarbeiten? Idealerweise sollten hier Personen aus unterschiedlichen Bereichen einer Organisation zusammengebracht werden. Dabei geht es weniger um eine repräsentative Abbildung aller Belegschaftsmitglieder einer Organisation, sondern um eine Zusammenarbeit von Mitarbeiterinnen und Mitarbeitern, deren Tätigkeit im Unternehmen in einem Zusammenhang steht und die – in unterschiedlicher Form – voneinander abhängig sind. Arbeiten unterschiedliche Personengruppen im Arbeitsbereich, so ist dies bei der Zusammensetzung des Gesundheitszirkels zu berücksichtigen (Angestellte/Facharbeiter/angelernte Arbeiter/Mitarbeiterinnen und Mitarbeiter mit Migrationshintergrund etc.). Sprachbarrieren können sich hier als hinderlich erweisen, sollten aber keinesfalls zum Ausschluss bestimmter Personengruppen führen. Gerade in Produktionsbetrieben, in denen viele Mitarbeiterinnen und Mitarbeiter unterschiedlicher Nationalitäten beschäftigt sind, ist die angemessene Berücksichtigung dieser Thematik von immenser Bedeutung.

Idealerweise sind die Teilnehmerinnen und Teilnehmer an dem Gesundheitszirkel mit dem Unternehmen schon etwas länger vertraut. Sie sollten einen „guten Draht" in das Unternehmen haben, um sowohl Problemfelder als auch mögliche Hinderungsfaktoren bei der Umsetzung von Maßnahmen frühzeitig benennen und angehen zu können. Schließlich sind gewisse kommunikative Kompetenzen von Vorteil, denn die Maßnahmen müssen ja sowohl gegenüber den Entscheidern als auch gegenüber der Belegschaft vermittelt werden.

Gesundheitszirkel leiten sich aus Qualitätszirkeln ab. Ende der Achtziger Jahre wurden in Deutschland gleichzeitig zwei verschiedene Modelle von Gesundheitszirkeln entwickelt und in die Praxis umgesetzt (siehe z. B. Ballach, 2013):

1. Homogen zusammengesetzte Gesundheitszirkel: Berliner bzw. Hannoveraner Modell
2. Inhomogen, hierarchieübergreifend zusammengesetzte Gesundheitszirkel: Düsseldorfer Modell

Darüber hinaus existieren viele Modelle für die Zusammensetzung von Gesundheitszirkeln. Sie sind unter verschiedenen Voraussetzungen entwickelt und erprobt worden.

Wie unterscheiden sich die beiden Ansätze? Im Berliner Modell besteht der Gesundheitszirkel aus einer gleichartigen Zusammensetzung auf einer hierarchischen Ebene (z. B. gewählte Beschäftigte einer Arbeitsgruppe oder Abteilung, eventuell mit Meistern, in der Regel aber ohne Vorgesetzte). Unter diesen Voraussetzungen ist ein Erfahrungsaustausch ohne Druck durch Vorgesetzte möglich, eine solche Form des Gesundheitszirkels eignet sich daher besonders gut zur Problembeschreibung aus der Sicht der Betroffenen.

Ein weiterer Vorteil einer solchen Zirkelkonstellation ist es, dass so festgefahrene Wahrnehmungs- und Kommunikationsstrukturen vorsichtig aufgelöst und die Beteiligten in einen fruchtbaren Dialog gebracht werden können. Gesundheitsgerechtes Verhalten, psychosoziale Belastungen, Probleme mit dem Führungsverhalten der Vorgesetzten oder der Arbeitsorganisation und anderes mehr können so leichter angesprochen werden. Im besten Fall werden die Zirkelmitglieder zeitgleich zu Multiplikatoren in ihrem Arbeitsbereich.

Im Düsseldorfer Modell hingegen werden gemischte Kleingruppen aus vier bis fünf gewählten Beschäftigten eines Arbeitsbereiches, Meister oder Gruppenleiter (= Vorgesetzter), Sicherheitsfachkraft, Betriebsrat, Betriebsarzt und Betriebsleiter (mehrere hierarchische Ebenen) gebildet. Ziel ist auch hier eine quantitative Behandlung aller als gesundheitlich negativ erlebten Arbeitsanforderungen. Ein möglicher Vorteil liegt darin, dass erarbeitete Lösungsvorschläge unterschiedliche Perspektiven wiedergeben und direkt im Zirkel auf ihre Durchführbarkeit überprüfbar sind. Gemeinsam gefundene Lösungen sind besonders tragfähig. Als problematisch hingegen könnte sich erweisen, dass durch Vorurteile bzw. Vorbehalte der verschiedenen Hierarchieebenen die für einen Gesundheitszirkel notwendige Offenheit nicht erreicht wird.

Den Beschäftigten im angesprochenen Bereich muss der Plan, Gesundheitszirkel einzurichten, vorgestellt und erläutert werden. Am besten geschieht dies in Gruppenversammlungen, bei denen die jeweiligen Vorgesetzten und Vertreter des Betriebsrats anwesend sind. Interessierte und Skeptische sollen dabei die Möglichkeit erhalten, offene Fragen zu klären (Netzwerk bgf, 2017). Dabei ist die Teilnahme an einem Gesundheitszirkel grundsätzlich freiwillig. Gesundheitszirkel brauchen etwa fünf bis acht Sitzungen von ca. zwei Stunden Dauer, um ihre Aufgabe sicher erledigen zu können. Diese Sitzungen finden im Interesse des Betriebs statt und sollen daher in der bezahlten Arbeitszeit abgehalten werden. Die personelle Zusammensetzung eines Gesundheitszirkels sollte während seiner Laufzeit nicht verändert werden. Ausfall oder Wechsel von Mitgliedern stört die Arbeitsfähigkeit der ganzen Gruppe. Die Teilnehmenden müssen sich daher verpflichten, bei allen Sitzungen anwesend zu sein.

Die optimale Größe für Arbeitsgruppen dieser Art sind fünf bis zehn Personen. Größere Gruppen werden unüberschaubar, außerdem wird in ihnen die Verständigung schwieriger und die Möglichkeit, sich einzubringen, für einzelne Mitglieder immer geringer.

Für die Sitzungen benötigen die Gesundheitszirkel einen geschlossenen Raum und die entsprechenden Arbeitsmaterialien (Tafel mit Flip-Chart-Papier, Metaplanmaterialien).

Gerade Personen, die in der betrieblichen Hierarchie weiter unten stehen, tun sich zumindest anfänglich schwer, in einer derartigen Arbeitsgruppe mitzuarbeiten (Netzwerk bgf, 2017). Eine Moderation sorgt dafür, dass alle Teilnehmenden gut zu Wort kommen, dass Themen nicht unter den Tisch fallen, dass sich die Gruppe nicht verzettelt. Der Moderator der Gruppendiskussion sorgt für die Einhaltung von Gesprächsregeln und eine angstfreie Atmosphäre.

Das Netzwerk bgf (2017) schlägt nachfolgende Regeln für die Gruppenarbeit in Gesundheitszirkeln vor:

1. Jeder ist Experte auf seinem Gebiet.
2. Jeder hat die Möglichkeit, seine Meinung frei zu äußern.
3. Meinungen sollen nicht der Person angelastet werden.
4. Was in der Gruppe gesagt wird, soll in der Gruppe bleiben.
5. Die Gruppe soll beim Thema bleiben, vermeidet ausufernde Nebendiskussionen.
6. Abweichende Meinungen sollen begründet werden.
7. Nicht alle geäußerten Anregungen und Vorschläge können verwirklicht werden.
8. Es sollen gemeinsame Vorschläge erarbeitet werden.

Es hat sich bewährt, die Arbeit in einem Gesundheitszirkel in verschiedenen Phasen zu betrachten. So wird deutlich, welche Aufgaben der Zirkel mit welchen Methoden und Zielsetzungen zu bearbeiten zu welchem Zeitpunkt zu bearbeiten hat.

Erste Phase:

In der ersten Phase erarbeiten die Zirkelmitglieder die entscheidenden gesundheitsgefährdenden Faktoren. Diese Ursachensuche der arbeitsbedingten Gesundheitsbeschwerden füllt die ersten Sitzungen der Zirkelarbeit. Dabei ist es wichtig, dass eine offene Gesprächsatmosphäre besteht, in der alle Themen angesprochen werden können und tabulos besprochen werden dürfen.

Zweite Phase:

In der zweiten Phase fokussiert sich die Arbeit der Beteiligten auf die Lösungssuche. Hierbei können technische, ergonomische, organisatorische und personenbezogene Veränderungsideen entwickelt werden, die die Arbeitssituation der Beschäftigten verbessern.

Dritte Phase:

In den abschließenden Sitzungen der dritten Phase werden die Verbesserungsvorschläge des Gesundheitszirkels systematisiert. Es muss entschieden werden, welche Ideen umgesetzt werden können und dabei die größte Verbesserungswirkung nach sich ziehen. Hierfür empfiehlt sich ein konkreter Umsetzungsplan für die einzelnen Maßnahmen. So kann leichter abgewogen werden, welche Veränderungsvorschläge priorisiert verfolgt werden sollten.

Vierte Phase:

Im letzten Schritt werden die beschlossenen Maßnahmen abschließend im Zirkel diskutiert. Möglicherweise bietet sich hier die Hinzuziehung eines (externen) Moderators an, um eine möglichst neutrale Darstellung zu gewährleisten.

Ob es zu einer erfolgreichen Implementierung der entwickelten Maßnahmen kommt, hängt letztlich entscheidend von der Bereitschaft und Offenheit der Unternehmensführung ab. Beschäftigte sollten in jeden Fall eine Begründung für abgelehnte Maßnahmen der Geschäftsleitung verlangen.

3.2.5 Wandel der Unternehmenskultur im Gesundheitsbereich – Change Management

Unter Veränderungsmanagement (englisch Change Management) lassen sich alle Aufgaben, Maßnahmen und Tätigkeiten zusammenfassen, die eine umfassende, bereichsübergreifende und inhaltlich weitreichende Veränderung – zur Umsetzung neuer Strategien, Strukturen, Systeme, Prozesse, Verhaltensweisen, Denkmustern und Werte – in einer Organisation bewirken sollen. Die Etablierung eines Betrieblichen Gesundheitsmanagements ist mit Sicherheit ein Eingriff in die Struktur und auch die Kultur eines Unternehmens. Deshalb sollen im Folgenden zentrale Aspekte eines erfolgreichen Change-Prozesses kurz beschrieben und auf den Bereich der Betrieblichen Gesundheitsförderung bzw. des Betrieblichen Gesundheitsmanagements angewendet werden.

Voraussetzungen für ein erfolgreiches Change Management

Es lassen sich Veränderungsprozesse nur erfolgreich umsetzen, wenn folgende Faktoren im Unternehmen berücksichtigt werden bzw. gegeben sind (Poppelreuter, 2017, siehe auch Abschnitt 2.3.4):

- Change Management muss von jedem Mitarbeiter als persönliche Aufgabe verstanden werden. Nur wenn alle Mitarbeitenden von der Veränderung überzeugt sind und diese mittragen, kann es zu einem erfolgreichen Adaptationsprozess kommen.

- Verkrustungen müssen aufgebrochen und vermieden werden. Vor allem Haltungen wie „das haben wir ja noch nie so gemacht" oder „da könnte ja jeder kommen" sind massiv veränderungshinderlich.
- Es muss Toleranz gegenüber Instabilitäten und Fehlern herrschen. Jede Veränderung führt auch dazu, dass alte Routinen aufgegeben und neue Verhaltensmuster und Vorgehensweisen eingeübt werden müssen.
- Eine Streit- und Lernkultur muss aufgebaut werden (oder bereits vorhanden sein). Veränderungsprozesse führen auch dazu, dass man eben nicht auf Erfahrungswissen zurückgreifen kann. Das gemeinsame Lernen kann im Rahmen von Veränderungsprozessen eine großartige Möglichkeit sein, Teams zusammenzubringen und menschliche Ressourcen sich ergänzend zu nutzen. Dabei muss es auch Konflikte und Streit geben, ein Ringen um bessere Lösungen. Gerade hierfür eignen sich Gesundheitszirkel beispielsweise hervorragend.
- Die Führungskräfte müssen als Promotoren des Wandels einen aktiven Beitrag leisten. Wie so oft kommt dem Führungsverhalten in Situationen des Wandels und der Veränderung eine zentrale Bedeutung zu. Führungskräfte nehmen hier in vielerlei Hinsicht eine Vorbildfunktion ein. Sie müssen den Wandel nicht nur vorbereiten, sondern auch kommunizieren, begründen, einleiten, umsetzen und vorleben.
- „Change Agents" sollten als Missionare, Vorbilder und methodische Experten eingesetzt werden. Eher noch als von ihren Vorgesetzten lassen sich die Mitarbeitenden von ihren Kolleginnen und Kollegen überzeugen, wenn es um die Umsetzung von Veränderungen geht. Eine solche Rolle können (oder müssen) in den Betrieben beispielsweise die Fachkräfte für Arbeitssicherheit einnehmen. Sie müssen neue Standards und Regeln in der Arbeitssicherheit einführen und umsetzen, was mitunter auf Seiten der Belegschaft größere Verhaltensänderungen bedeutet.

Gefahren und Risiken im Change Management-Prozess

Es ist eine immer wieder gemachte Erfahrung in Unternehmen, dass Veränderungen nur schwer und zäh umsetzbar sind, dass sie Zeit brauchen, nur teilweise umgesetzt werden oder völlig scheitern. Schätzungen zufolge scheitern bis zu 70 % aller Change Prozesse! Welche Rahmenbedingungen erweisen sich immer wieder als Risiko für den Erfolg eines Veränderungsprozesses? Hier sind zu nennen:

- Unklare Ziele

„Wenn man nicht weiß, wo man hin möchte, darf man sich nicht wundern, wenn man ganz woanders ankommt." Diese von Mark Twain gemünzte Lebensweisheit gilt auch und gerade für Change Management-Prozesse. Viele Maßnahmen werden angestoßen, *ohne* dass klar und allgemein verbindlich herausgearbeitet wurde, welche Ziele man mit einer Veränderungsmaßnahme verfolgt. Unklare Ziele können zu vermeintlichen Zielkonflikten führen, wenn nämlich beispielsweise Mitarbeitende das Ziel einer Veränderungsmaßnahme anders interpretieren als das, was die Geschäftsführung als Ziel vorgibt. Gerade im Bereich Betriebliche Gesundheitsförderung entsteht schnell der Verdacht, dass manche Maßnahmen ja nur dazu dienen, „noch mehr aus der Belegschaft herauszupressen".

– Kein Einbezug/keine Mobilisierung der Betroffenen

Nur überzeugte Mitarbeitende werden bereit und in der Lage sein, sich dem Veränderungsprozess zu stellen und die damit verbundenen Gefahren, Belastungen und Unsicherheiten auszuhalten. Eine solche Überzeugung kann nur entstehen, wenn transparent und aufrichtig, aber auch wertschätzend und motivierend über den (anstehenden) Veränderungsprozess kommuniziert wird. Viele Unternehmen scheuen diesen Aufwand gerade zu Beginn des Change Prozesses. Aber speziell hier sind Austausch und Kommunikation von zentraler Bedeutung für den späteren Erfolg einer Maßnahme. Über Mitarbeiterbefragungen, Konferenzen, Workshops und andere Kommunikationsfördermaßnahmen kann sowohl die Einbeziehung als auch die Mobilisierung der Mitarbeitenden gefördert werden.

– (Zu) große Widerstände verhindern eine Verhaltensänderung

Wenn es nicht gelingt, eine substanzielle Zahl von Mitarbeitenden für den Veränderungsprozess zu gewinnen, ist ein Scheitern vorprogrammiert. Dabei tun Unternehmen gut daran, jeden einzelnen Mitarbeitenden anzuhören und einzubinden. Sollte sich ein zu großes Widerstandspotenzial gegen einen Veränderungsprozess abzeichnen, gibt es zwei Handlungsmöglichkeiten: man versucht, bestehende Zweifel und Widerstände aufzulösen, oder aber eine Veränderung wird „per ordre de mufti" durchgesetzt. Zweiteres kann zur Folge haben, dass der Widerstand gegen die Veränderung eskaliert und im Untergrund weitergeführt wird. Ein Mangel an Arbeitszufriedenheit, Arbeitsmotivation, Arbeitsleistung und Arbeitsqualität kann resultieren, ebenso können Absentismus und Fluktuation zunehmen.

– Verhaltensänderungen sind nicht nachhaltig

Change Prozesse haben, wie der Name schon sagt, Prozesscharakter. Sie benötigen Zeit und Raum, um sich zu etablieren. Das veränderte Verhalten muss sich stabilisieren, durch Einübung, Reflexion, Anpassung und gegebenenfalls auch Individualisierung verfestigt werden. Hierfür sind Evaluationen notwendig, Überprüfungen, wo man im Veränderungsprozess steht. Nur so kann sich eine neue Methode, ein neues Vorgehen, ein neuer Prozess auch nachhaltig etablieren. Oftmals fehlt Veränderungsprozessen ein solcher Begleitmechanismus, was zur Folge haben kann, dass Veränderungen „versanden".

– Fehlende Ressourcen (Zeit, Personal)

Ob sich Veränderungen erfolgreich umsetzen lassen hängt nicht zuletzt auch davon ab, wann sie angestoßen werden und wieviel Zeit für die Umsetzung zur Verfügung steht. Gerade wenn sich technologische Veränderungen abzeichnen ist es wichtig, frühzeitig und mit entsprechenden Ressourcen – zeitlich wie personell – darauf zu reagieren.

– (Zu) hohe Erwartungen

Die mit Veränderungen verbundenen Erwartungen sind mitunter unrealistisch. Dies zeigt sich beispielsweise dann, wenn man sich als Unternehmen von Prozessveränderungen oder neuen Managementsystemen zu hohe Einsparungen und Effizienzsteigerungen verspricht. Insbesondere bei der Einführung neuer Arbeitsschutz- und Arbeitssicherheitsmaßnahmen ist dies zu berücksichtigen, werden diese doch nicht selten durch Verordnungen und Gesetze angestoßen. Aber nur weil etwas im Gesetz steht, wird es noch lange nicht von den handelnden Akteuren verstanden, umgesetzt und auch nachhaltig beibehalten. Auch hier müssen realistische Erwartungen, begleitet von unterstützenden Maßnahmen, etabliert werden.

Die Rolle der Kommunikation im Change Management

Es wird deutlich, dass Veränderungsprozesse in ihrer Vorbereitung, Umsetzung und langfristigen Etablierung vor allem kommunikativer Begleitung bedürfen. Die Entwicklung eines Kommunikationskonzepts zur Unterstützung des Veränderungsprozesses ist zentrale Aufgabe und wesentlicher Bestandteil des Change Managements. Dabei muss die Kommunikation intensiv, gut strukturiert und gesteuert sein. Nur so lassen sich ein Kenntnisstand und eine Transparenz gewährleisten, die zu einer hinreichenden Beteiligung der Betroffenen an Veränderungsprojekten führt.

In der Regel ist eine Vielzahl von Mitarbeitern eines Unternehmens von Veränderungsprozessen betroffen. Wenn es um die Einführung eines Betrieblichen Gesundheitsmanagement geht, sind alle Mitarbeiterinnen und Mitarbeiter involviert. Die Zielgruppen des Wandels sollten fortlaufend und umfassend informiert werden, denn eine gute Kommunikation wird die Einstellung der Belegschaft gegenüber den Veränderungen beeinflussen. Dabei sollte die Kommunikation über eine Veränderung über die Dauer der Veränderung hinausgehen, es sollte also vor- und nachgelagerte Kommunikationsaktivitäten geben. Hierzu gehören vielfältige Rückkopplungen bzw. Feedbackschleifen ebenso wie die Nutzung formeller und informeller Kommunikationsstrukturen.

Es gilt im Rahmen von Veränderungsprozessen immer wieder, Erfolge und/oder Misserfolge zu benennen, Leistungen anzuerkennen, Konsequenzen aufzuzeigen und mögliche weitere Entwicklungen zu erarbeiten, sowohl auf horizontaler als auch auf vertikaler Ebene.

Die 8 Aspekte des guten Change Managements

Auch wenn jedes Change Projekt individuell und einzigartig ist und von seinen Zielsetzungen, Rahmenbedingungen und beteiligten Personen her betrachtet und entsprechend strukturiert werden muss, so gibt es dennoch acht grundlegende Aspekte (neben einer klaren Zielsetzung und einer Auftragsklärung unter allen Beteiligten), deren Berücksichtigung den Erfolg einer Veränderungsmaßnahme zwar nicht garantieren, wohl aber befördern können (Poppelreuter, 2017).

1. Bildung Projektteam/Steuerungsgruppe

Jedes Unternehmen, das einen Veränderungsprozess anstößt, sollte – insbesondere, wenn es sich um strategisch wichtige und langfristig relevante Veränderungen handelt – ein eigenes Projektteam oder eine Steuerungsgruppe für diesen Prozess einrichten. Die Zusammenstellung eines solchen Gremiums erfordert eine umsichtige Planung von zeitlichen, personellen und finanziellen Mitteln sowie geeigneter Kompetenzen (z. B. Fachkompetenzen, Entscheidungskompetenzen). Die „optimale" Konstellation bringt sowohl Entwickler der Strategien als auch operative Umsetzer aus allen beteiligten Unternehmensbereichen („Change Agents" als Ansprechpartner) zusammen. Hilfreich ist es, wenn hier Personen agieren, die als Team eine gemeinsame Vergangenheit oder schon früher in anderen Projekten zusammen gearbeitet haben. Allerdings liegt der Fokus bei der Kooperation auf den gemeinsamen Aufgaben und Zielen der Gegenwart und Zukunft. Zentral ist, dass alle Mitglieder dieses Teams den (bevorstehenden) Wandel als positiv erleben. Dies erfordert, dass jeder Einzelne aus dem Team den Wert des Wandels – auch ganz persönlich – erkennt und so eine Motivation zum und Begeisterung für den Wandel entsteht. Gerade im Bereich des Arbeitsschutzes ist es nicht immer leicht, „Überzeugungstäter" zu finden. Entsprechende Aktivitäten werden häufig als lästig, kostentreibend, unnötig und störend erlebt. Umso wichtiger ist es, eine überzeugende und auch tatsächlich absolut priorisierte Sicherheitskultur in einem Unternehmen zu entwickeln („safety first").

2. Entwicklung von Leitlinien

Bevor das Change-Management-Team inhaltlich zu arbeiten beginnt, sollte es sich auf Regeln verständigen, wie man innerhalb des Unternehmens vor, während und nach der Veränderung miteinander umgehen möchte. Solche Regeln müssen unbedingt zu Beginn des Prozesses vorliegen und transparent sein, denn solche Leitlinien wirken den Sorgen und Ängsten der Beteiligten positiv entgegen. Folge ist eine Erhöhung der Identifikation mit den Zielen des Veränderungsprozesses. Hierbei trägt das Management Verantwortung dafür, dass Entscheidungen transparent kommuniziert werden. Jeder Mitarbeiter sollte die Richtlinien kennen, verstehen und annehmen, denn so wird die Entwicklung von Vertrauen und Solidarität gefördert. Ebenso wesentlich ist eine klare Formulierung der Ziele des Wandels.

3. Vernetzung

Da Veränderungsprozesse, insbesondere solche umfänglicherer Natur, immer mehr oder weniger große Teile des Unternehmens betreffen, ist eine bereichsübergreifende Verzahnung von Kompetenzen, Fähigkeiten und Ressourcen der betroffenen Unternehmensbereiche unabdingbar. Dies erfordert zum Beispiel die Entwicklung neuer projektspezifischer Kommunikationsstrukturen, eine Gesamtvernetzung der einzelnen Einheiten eines Projektes und eine klare Definition von Schnittstellen zu Verhinderung unkoordinierter Aktivitäten.

4. Festlegung von Verantwortlichkeiten

In jedem Change Projekt müssen Verantwortlichkeiten eindeutig festgelegt werden. Dies sollte klar und eindeutig geschehen, bevor der Veränderungsprozess gestartet wird, um so den Mitarbeitenden ein Gesamtbild über den geplanten Veränderungsprozess und eine Orientierung für die Zukunft zu geben. Dabei ist die oberste Führung des Unternehmens für die nachhaltige Umsetzung des Wandels verantwortlich.

5. Zeitplanung

Die Festlegung von Zwischenzielen („Milestones") ist wesentlicher Bestandteil der Planung eines Veränderungsprozesses. Dabei sollte der zeitliche Aufwand von Veränderungsschritten (Vorbereitung, Durchführung und Nachbereitung) zur Effektivität der Maßnahmen im Verhältnis stehen. Die Frage, wann welche Informationen an welche Zielgruppen gegeben werden, ist sorgfältig zu diskutieren und zu planen. Auf dieser Grundlage müssen zielgruppenspezifische Aktivitäten (Information, Partizipation, operative Umsetzung) – auch hinsichtlich ihres Ausmaßes und ihrer Frequenz – vorbereitet werden.

6. Initiierung von Partizipation

Wo immer möglich sollte im Rahmen von Veränderungsprozessen eine maximale Beteiligung der Betroffenen an den verschiedenen Phasen bzw. Stufen des Veränderungsprozesses gewährleistet werden. So lassen sich Phasen der Unsicherheit verkürzen, die Gerüchtebildung wird verhindert und das Vertrauensverhältnis wird gestärkt. Ein gutes Beispiel hierfür ist die frühzeitige Einbindung der betroffenen Mitarbeiterinnen und Mitarbeiter in den Auswahlprozess von Teilen der persönlichen Schutzausstattung, denn diese muss von den Beteiligten künftig im Alltag zuverlässig genutzt werden.

7. Einplanen von Flexibilität

Zwar heißt es, dass nichts so praktisch ist wie eine gute Theorie, aber man weiß auch, dass zwischen (theoretischer) Planung und (praktischer) Umsetzung in den seltensten Fällen eine 1:1-Beziehung besteht. Daher sollte die Planung von Change Projekten selbstverständlich richtungweisenden Charakter haben, aber es sollte auch zumindest mitgedacht werden, dass sie in der Umsetzung nicht immer hundertprozentig bindend sein kann. Dies gilt nicht zuletzt deswegen, weil jedes System in der Zusammensetzung seiner Elemente und Beziehungen einzigartig ist. Eine gewisse flexible Anpassungsfähigkeit der Planung an die sich zeigende Realität ist daher unbedingt zu empfehlen.

8. (Weiter-)Entwicklung der Unternehmenskultur

Veränderungsprozesse, deren erfolgreiche Umsetzung vor allem davon abhängt, dass alle im Unternehmen „an einem Strang ziehen", müssen auf eine entsprechende Unternehmenskultur aufbauen können, denn ansonsten erweisen sie sich allzu oft als „Rohrkrepierer". Mit anderen Worten: Bevor das Projekt gestartet wird, sollten Fehlwahrnehmungen und organisationskulturelle Hindernisse möglichst beseitigt werden. Dies setzt voraus, dass man eine realistische Einschätzung der bestehenden Unternehmenskultur, mithin eine Aussage über die Veränderungsfähigkeit und -bereitschaft des Unternehmens und seiner Mitarbeitenden vornehmen kann. Zudem sollten Veränderungsprozesse unbedingt einer „Gewinner-Verlierer-Mentalität" beraubt werden, was bei zahlreichen Change-Projekten, speziell wenn sie auf Effizienzsteigerungen abzielen oder aber auf ein „komplizierteres Handeln" (wie es bei Schutz- und Sicherheitsmaßnahmen häufig der Fall ist), nur schwerlich oder auch gar nicht möglich ist. Je mehr es gelingt, echte „Win-Win-Situationen" zu schaffen, umso eher darf man auf eine erfolgreiche Umsetzung des Veränderungsprozesses hoffen.

Infobox 3.2.5.1 schildert ein Beispiel für einen gelungenen Change Management-Prozess nach einem Arbeitsunfall.

Infobox 3.2.5.1:
Change Management nach einem Arbeitsunfall (aus Poppelreuter, 2017)

Ein Unternehmen der Luftfahrtindustrie will nach einem schweren Arbeitsunfall die Führungskräfte und Projektleiter zu einem (noch) größeren Sicherheitsbewusstsein und einer (noch) zuverlässigeren Wahrnehmung eigener Verantwortung im Feld der Arbeitssicherheit schulen. Die Teilnehmer der Schulung sollen (am konkreten Beispiel) Fehler erkennen, geeignete Maßnahmen ableiten und ihre eigene Verantwortung erkennen.

Dadurch soll ein Umdenkprozess initiiert werden: Zum einen sollen die internen Fachkräfte im Bereich der Arbeitssicherheit als Dienstleister und Partner gesehen werden, zum anderen soll das Selbstverständnis der Führungskräfte und Projektleiter geschärft werden: *Ich* bin verantwortlich für die Sicherheit meiner Mitarbeiter, *ich* bin Vorbild, *ich* profitiere von sicheren Arbeitsplätzen.

Unter Einbezug eines Beratungsunternehmens erarbeitet die Geschäftsführung zusammen mit der Fachkraft für Arbeitssicherheit ein Schulungskonzept. Darüber hinaus soll aber auch ein Kommunikationsplan erstellt werden, um die Konsequenzen des Unfalls, der im Unternehmen weitreichende Wirkung gezeigt und vielfältigste Diskussionen ausgelöst hat, und die daraus abgeleiteten Veränderungen und Präventionsmaßnahmen bekannt zu machen und auch einer Umsetzung zuzuführen.

Die große Frage in solchen Situationen, wo innerhalb eines Unternehmens ein mitunter erheblicher (und an manchen Stellen auch schmerzhafter) Umbruch ansteht ist, ob, und wenn ja wie und was die Mitarbeitenden über die aktuelle Situation erfahren sollen. Ein solcher Kommunikationsprozess muss gut vorbereitet, strukturiert und diszipliniert umgesetzt werden. Somit ist die Frage nach dem „ob" der Kommunikation eine rhetorische. Die Belegschaften von Unternehmen, in denen ein schwerer Arbeitsunfall passiert ist, bekommen a) das aktuelle Geschehen tatsächlich oder aber über den „Flurfunk" vermittelt mit, und sind b) möglicherweise selbst „Betroffene" von Folgemaßnahmen. In solchen Fällen einfach zu schweigen, gibt Spekulationen, Gerüchten und auch Panikmache ein unbestelltes Feld. Von daher ist Transparenz das Gebot der Stunde, denn nur so – wenn überhaupt – lässt sich Vertrauen gewinnen und eine „Wir ändern das"-Mentalität stärken. Wie sollte das Unternehmen also vorgehen?

Strategische Planungsphase des Kommunikationsprozesses

Was passiert?

Auf der Grundlage der (absehbaren) Veränderungen und Einschnitte werden zentrale Botschaften erarbeitet, die in der Kommunikation immer wieder „gespielt" werden müssen, z. B. welche Ursachen zur gegebenen Situation geführt haben (ohne hierfür zu viel Zeit und Raum einzuräumen und ohne persönliche Schuldzuweisungen auszusprechen), dass diese Ursachen nun aber identifiziert worden sind und Maßnahmen erarbeitet werden/wurden, die eine Veränderung herbeiführen werden, dass hierfür die Mitarbeit aller erforderlich ist, welche Ziele in welchen Schritten erreicht werden sollen, welche Folgen die Maßnahmen für den Einzelnen haben, welche Unterstützung die Mitarbeitenden erhalten etc.

Was ist zu tun?

Sammlung von Informationen, Generierung von Wissen, Durchführung von Analysen, Entwicklung von Strategien.

Thematisierungsphase, Überraschungs- oder Schockphase

Was passiert?

Die Geschäftsführung stellt im direkten persönlichen Gespräch (z. B. Betriebsversammlung, Besuch an einzelnen Standorten/in einzelnen Abteilungen), aber auch über indirekte Kommunikation (z. B. Aushänge, Intranet, persönliche Anschreiben) ungeschönt das aktuelle Geschehen dar, thematisiert die Mängel und Probleme, die den Veränderungsprozess unumgänglich machen und beschreibt die Maßnahmen, die beschlossen wurden (Schulung der Führungskräfte und Projektleiter, Erlass einer neuen Arbeits- und Sicherheitsrichtlinie, Anschaffung neuer Werkzeuge und Hilfsmittel etc.). Zudem werden die neuen Ziele und Anforderungen eindeutig und klar formuliert. Augenfällig ist, dass solche Kommunikationsprozesse hohe Anforderungen an die handelnden Akteure stellen, und das nicht nur an die Geschäftsleitung, sondern auch an den Betriebsrat. Zweiterer muss den Veränderungsprozess – durchaus kritisch – begleiten und mittragen, andernfalls wird sich seitens der Belegschaft keine Identifikation mit den neuen Zielen und den notwendigen Veränderungsmaßnahmen einstellen können.

Was ist zu tun?

Informationen über die bevorstehenden Veränderungen geben, Ängsten vorbeugen, Gründe erläutern, Vorlegen eines (groben) Aktionsplans.

Verneinungs-, Abwehr- und Positionierungsphase

Was passiert?

Wenn „die Katze aus dem Sack“ ist, wird sofort und umfassend Bewegung in die Belegschaft kommen. Je nach Mentalität, Persönlichkeit und (persönlicher) Lebenssituation wird es ablehnende und befürwortende Haltungen geben. Ängste oder zumindest Unmut, ob berechtigt oder nicht, werden das Verhalten und die Haltung der Mitarbeitenden beeinflussen. Wut und Frustration werden aufkommen ob der Fehler, die in der Vergangenheit gemacht wurden. Es können offene Aggressionen und Feindseligkeiten auftreten. Wenn Gefühle ins Spiel kommen, ist ein offener und transparenter Kommunikationsprozess umso wichtiger. Alle Beteiligten, vor allem aber Geschäftsführung und Führungskräfte, müssen diese Emotionen offen ansprechen, zulassen und ggf. sogar einfordern. Gleichfalls müssen auch sie selbst zu ihren Gefühlen stehen. Eine bloße Behauptung, dass „man das alles schon schaffen“ werde, kann desaströse Folgen haben, denn sie schafft kein Vertrauen. Eine hohe Kommunikationsqualität sollte auf allen Ebenen sichergestellt werden. Gegebenenfalls sollte hier auch externe

Beratung und Unterstützung hinzugezogen werden, denn Kommunikationsfehler können jedes noch so erfolgversprechende Sicherheitskonzept torpedieren oder sogar exekutieren.

Was ist zu tun?

Emotionen der Beteiligten müssen adressiert werden, Verständnis muss gezeigt werden, über entsprechende Kommunikation muss auch bei den Mitarbeitenden ein Veränderungswunsch erzeugt werden („wenn es nicht zu vermeiden ist, dann werde ich den Weg mit gehen").

Rationale Akzeptanz, Klärungs- und Entscheidungsphase

Was passiert?

Die transparente und fortgesetzte Kommunikation zeigt erste Wirkung. Nach der „Schockphase" und den nachfolgenden Positionierungsfindungen kommt es zu einer schrittweisen Akzeptanz von Veränderungsprozessen. Hier ist es wichtig, insbesondere Erfolge, aber auch aufgetretene Probleme und Schwierigkeiten engmaschig zu berichten und daraus wahlweise Freude, Motivation, Animation und Ehrgeiz oder auch eine „jetzt-erst-recht"-Mentalität zu beziehen. Im besten Fall kommt es in spätestens dieser Phase zu einem Wachsen des Realitätsbewusstseins auf Seiten aller Beteiligten. Es werden selbst wenn der Sicherheitsplan ambitioniert und strikt ist, Handlungsoptionen auch für den Einzelnen erkennbar. Change funktioniert nur, wenn er von (möglichst) allen getragen wird. So können in Unternehmen aber auch sich gegenseitig stützende und motivierende Teams entstehen. Unfälle können zusammenschweißen. Feste (Kommunikations-)Rituale wie Aushänge. Breaking News im Intranet, Standup Meetings, „management by walking around" und andere Maßnahmen mehr können hier nicht nur die (dringend notwendige) Redundanz, sondern auch Vertrauen und Überzeugung durch (Wieder-)Erkennen schaffen. Die Botschaften müssen sich tief in das Bewusstsein der Mitarbeitenden verankern. Ein Slogan („Yes, we can!"), gemeinsame Symbole (Arbeitskleidung) oder Rituale (Kurzmeeting zum Stand der Dinge) sind hier wichtige (emotionale) Begleiter der sich mehr und mehr festsetzenden rationalen Überzeugungen.

Was ist zu tun?

Aufzeigen von Handlungsperspektiven, Übertragung von Verantwortung, „Penetranz ist wichtig".

Emotionale Akzeptanz- und Testphase

Was passiert?

Es werden neue Prozessabläufe eingeführt. Die Mitarbeitenden müssen andere Wege gehen, vielleicht mit anderen Kolleginnen und Kollegen zusammenarbeiten, neue Werkzeuge nutzen, andere Prozesse einhalten. Eine „neue Realität" am Arbeitsplatz stellt sich ein. Vieles wird zunächst argwöhnisch betrachtet, eine „früher war es aber besser"-Mentalität behindert möglicherweise die Veränderungsprozesse. Die Abwehr von Veränderungen kann mitunter – auch unbewusst – zu sabotierendem Verhalten führen. Die Mitarbeitenden arbeiten langsamer, kommunizieren weniger, sind unachtsamer, stellen sich „dumm" an. Auf solche Reaktionen müssen Geschäftsleitung und Führungskräfte eingestellt sein. Sie mit Druck und Gewalt, oder gar mit Unterstellungen und Abwertungen zu kontern, wäre völlig verfehlt. Vielmehr müssen die Change Manager mit Geduld und Wertschätzung insbesondere die Mitarbeitenden abholen und mitnehmen, denen die Veränderung schwerer fällt als anderen. Hierfür bieten sich spezielle Maßnahmen, z. B. Tutorien oder auch Einzelunterweisungen, an für diejenigen, die das „Tempo" (noch) nicht mitzugehen bereit oder in der Lage sind.

Eine gelungene Change Begleitung schafft es in dieser Phase aber, die Chancen und Möglichkeiten der „neuen Realität" in den Vordergrund zu stellen. Die Mitarbeitenden erleben (im Idealfall), welche Vorteile die neuen Sicherheitsmaßnahmen, die neuen Werkzeuge, die Bewusstmachung der eigenen Verantwortung haben. Diese gilt es an Beispielen und Erfolgen, mögen diese auch noch so klein sein, immer wieder zu zeigen. Also gilt auch hier, dass ein permanenter Kommunikations- und Informationsaustausch geboten ist, auf allen zur Verfügung stehenden Kanälen, im persönlichen Gespräch, in Teambesprechungen, in Betriebsversammlungen, auf Aushängen, im Intranet. So kann es gelingen, die Mitarbeitenden in der neuen Realität ankommen zu lassen und, mehr noch, sie dort zum Mitdenken zu motivieren. Erfahrungswissen führt zu weiteren Vorschlägen aus der Belegschaft, wie die Dinge (noch) besser gemacht werden können. Das Festhalten am Alten tritt in den Hintergrund, das Gestalten der „neuen Welt" wird von den Mitarbeitenden mehr und mehr als Möglichkeit wahrgenommen und proaktiv aufgegriffen. So können, von der Belegschaft entwickelt und damit auch in viel stärkerem Maße von ihr getragen, neue Pläne entwickelt und zusätzliche Energien mobilisiert werden.

Was ist zu tun?

Konkretisierung von Strategien und Zielen, bestmögliche Integration aller Beteiligten (Einbringen von Ideen und Erfahrungen mit dem Arbeitsablauf).

Erkenntnisphase

Was passiert?

Der Change Prozess läuft eine gewisse Zeit. Erste Resultate liegen vor. Wie haben sich die Unfallzahlen entwickelt? Wie sieht die Einhaltung der Arbeitszeiten aus? Wie viele Behinderungen und Störungen, welche Nachteile sind mit der Einführung der neuen Richtlinie aufgetreten? Wie ist die Stimmung in der Belegschaft?

In dieser Phase sollten nicht nur die Kennzahlen eine Rolle spielen, auch „weiche Faktoren" wie zum Beispiel die Stimmung in der Belegschaft, die Wahrnehmung der Kommunikationsprozesse, das Vertrauen sollten „gemessen" werden. Dies kann geschehen über eine Mitarbeiterbefragung, aber auch über moderierte Gruppendiskussionen oder Einzelinterviews.

Was ist zu tun?

Aus Fehlern lernen, Förderung der Lernbereitschaft, kontinuierliche Optimierung von Fähigkeiten, ggf. Überarbeitung und Neujustierung von Zielen.

Integrations- und Konsolidierungsphase

Was passiert?

Das Change Projekt ist umgesetzt. Die Entwicklungen sind positiv, die neue Sicherheitsrichtlinie wurde umgesetzt, Führungskräfte und Projektleiter sind geschult. Es stellt sich das Gefühl ein, dass das Ziel erreicht ist. Die große Gefahr, die sich dann einstellt ist, dass die eingeleiteten und umgesetzten Veränderungen – zumindest zum Teil – wieder zurückzunehmen versucht werden.

Was ist zu tun?

Veränderungen in das Unternehmen integrieren, Aufrechterhaltung der Unternehmenskultur, Überwindung von „Mini-Krisen" mittels „Learning by Doing".

3.3 Prävention und Intervention auf Führungsebene

Die Gestaltung eines gesunden Arbeitsklimas und einer offenen Kommunikationskultur sind wichtige Führungsaufgaben. Wir haben bereits gesehen, dass beides auch im Rahmen von Präventions- und Interventionsmaßnahmen auf Organisationsebene eine Schlüsselrolle spielt. Im Folgenden soll daher noch einmal vertiefend auf die Rolle der Führungskräfte bei der Förderung von Motivation und Kommunikation eingegangen werden. Ein weiterer Abschnitt behandelt die Rolle der Mitarbeiter als Gestalter ihrer individuellen Arbeitsorganisation und ihres Zeit- und Selbstmanagements.

3.3.1 Ursachen von De-Motivation

Im Rahmen der seit 2001 jährlich durchgeführten Untersuchungen des Gallup-Instituts wird wiederholt darüber berichtet, dass das Engagement am Arbeitsplatz in Deutschland unverändert auf niedrigem Niveau stagniert. Dort wird unterschieden zwischen drei Typen. Engagierte Mitarbeiter sind loyal, sehr produktiv und beschreiben ihre Arbeit als befriedigend. Ihr Anteil macht jedoch dem Gallup Engagement Index zufolge über die Jahre hinweg weitgehend unverändert nur 15 % der befragten Stichproben aus. Etwa 70 % sind den Unengagierten zuzuordnen, sie machen „Dienst nach Vorschrift" und fühlen sich ihrem Unternehmen gegenüber nicht wirklich verpflichtet. Die verbleibenden 15 % sind aktiv unengagiert, sie zeigen ihre negative Einstellung zu ihrer Arbeit und ihrem Arbeitgeber oftmals sehr deutlich. Der geschätzte gesamtwirtschaftliche Schaden durch innere Kündigungen wird auf Grundlage der Studie von 2016 auf ca. 105 Milliarden Euro jährlich taxiert (Gallup, 2017).

Als wichtigster Grund für das fehlende Engagement derart vieler Mitarbeiter wird schlechtes Management genannt. Die befragten Arbeitnehmer geben unter anderem an, dass sie nicht wissen, was von ihnen erwartet wird, dass ihre Vorgesetzten sich nicht für sie als Menschen interessieren, dass sie eine Position ausfüllen, die ihnen nicht liegt, und, dass ihre Meinungen und Ansichten kaum Gewicht haben. Noch gravierender ist, dass Mitarbeiter offensichtlich immer unengagierter werden, je länger sie bei ihrem Unternehmen bleiben.

Menschen sind nicht prinzipiell faul und arbeitsscheu. Vielmehr möchten die allermeisten aktiv gestalten und etwas erreichen. Es kommt also darauf an, ein Umfeld zu bieten, in dem sie ihre Leistung zeigen wollen und können. Die Gestaltung motivationsförderlicher Arbeitsumgebungen ist eine zentrale Führungsaufgabe. Ob ein Mitarbeiter motiviert ist oder nicht hängt von verschiedenen Einflussfaktoren ab. Um die Motivation eines Mitarbeiters beeinflussen zu können, benötigt die Führungskraft daher Informationen über eine Reihe von Aspekten:

- Was sind die Bedürfnisse des Mitarbeiters? Was sind seine Fähigkeiten? Welche Dinge sind ihm wichtig? Und wie ist seine Arbeitsleistung generell?
- Wie ist die familiäre Situation? Welche Wertschätzung bringt die Familie dem Arbeitseinsatz, der Firma und dem Beruf des Mitarbeiters entgegen?
- Wie ist das gesellschaftliche Umfeld? Welche Werte und Ziele spielen aktuell eine Rolle in der Gesellschaft bzw. in der Generation und „Subkultur" des Mitarbeiters (z. B. Selbstverwirklichung, materieller Wohlstand, ökologische Werte etc.)?

Nur wenn man als Führungskraft zumindest grobe Informationen zu diesen Fragen hat, kann es gelingen, beim Mitarbeiter die richtigen Anreize zu setzen.

Um es mit einem Beispiel zu verdeutlichen: Mitarbeiter, die aufgrund einer Erbschaft materiell abgesichert sind, werden über Bonuszahlungen weit weniger zu motivieren sein als Mitarbeiter, die sich gerade ein Haus gebaut und sich dafür hoch verschuldet haben. Ebenso werden Mitarbeiter, die gerne Verantwortung und Handlungsspielräume am Arbeitsplatz wahrnehmen, mit der Übertragung einer Projektleitung eher angesprochen werden können als Mitarbeiter, die einen geregelten vorhersagbaren Arbeitstag vorziehen oder schlicht noch nicht über ausreichend Erfahrung für eine so komplexe Aufgabe verfügen. Bei der konkreten Realisierung von Motivatoren sind natürlich nicht zuletzt die Ziele der Organisation, der übliche Führungsstil und der Handlungsspielraum vorhandener Be- und Entlohnungssysteme zu berücksichtigen. Motivation ist in jedem Fall ein individuelles Phänomen, das auch einer individuellen „Betreuung" bedarf.

Nicht nur die Gallup-Untersuchungen, auch zahlreiche andere Studien haben immer wieder bestätigt, dass Führen vor allem das Vermeiden von Demotivation bedeutet (Sprenger, 2007). Mit anderen Worten: Bei aller Vielfalt von Einflussvariablen übt der Vorgesetzte den größten motivierenden oder eben auch demotivierenden Effekt auf den Mitarbeiter aus. So machten in einer Untersuchung von Sprenger (2007) die Befragten in 56 % aller Fälle von Demotivation die Beziehung zum direkten Vorgesetzten hierfür verantwortlich. Führungskräfte müssen sich also nicht nur fragen: „Was muss ich tun, um meine Mitarbeiter zu motivieren?", sondern auch und viel stärker: „Wie kann ich durch mein Verhalten Demotivation vermeiden?" Im Folgenden soll kurz auf die häufigsten „Demotivatoren", wie sie in der Führungsforschung festgestellt werden konnten, eingegangen werden. Demnach demotivieren Führungskräfte ihre Mitarbeiter vor allem durch

- *Einengung*. Den Mitarbeitern werden keine Handlungsspielräume gelassen, man traut ihnen nichts zu und lässt sie nichts selbst entscheiden.
- *Blockierung*. Manche Vorgesetzte kontrollieren ihre Mitarbeiter nicht nur, sie legen ihnen sogar bewusst Steine in den Weg. Die Gründe hierfür können vielfältig sein. Mancher Vorgesetzte fürchtet das Know-how seines Mitarbeiters, er möchte nicht „rechts überholt" werden. Andere Führungskräfte wiederum agieren auf diesem Wege persönliche Antipathien aus.
- *Ungerechtigkeit*. Nichts wird von den Mitarbeiterinnen und Mitarbeitern in einem Unternehmen so sehr beachtet wie die Frage, ob ein Chef die Mitarbeiter gleichermaßen fair und gerecht behandelt. Sollte der Eindruck entstehen, dass bestimmte Mitarbeiterinnen oder Mitarbeiter sich mehr herausnehmen können oder bevorzugt behandelt werden, dann wird dieser Eindruck – und zwar unabhängig davon, ob er auf Tatsachen beruht oder nicht – zu sinkender Motivation und Missmut bei allen anderen führen.

- *Bestrafung.* Die Verhaltensforschung hat es immer und immer wieder bestätigt, dass Strafen kein gutes Mittel sind, um menschliches Verhalten stabil zu verändern. Gelobt wird zu selten und zu wenig.
- *Unterforderung.* Viele Vorgesetzte trauen ihren Mitarbeiterinnen und Mitarbeitern zu wenig zu. Der Satz von der Förderung durch Forderung ist oftmals nur ein Lippenbekenntnis. Dabei sind gerade die Mitarbeiter, die das Gefühl haben, ihre Fähigkeiten und Qualifikationen nicht zeigen zu können, besonders gefährdet, in ein Motivationsloch zu fallen. Vorgesetzte sollten deshalb besonderes Augenmerk darauf richten, ihre Mitarbeiter entsprechend ihrer Fähigkeiten und Fertigkeiten, aber auch ihrer Bedürfnisse und Interessen einzusetzen.
- *Fehlendes Feedback* und *fehlende Information.* Es wurde schon darauf hingewiesen, dass Führungskräfte es oft versäumen, ihren Mitarbeitern Rückmeldungen über die Qualität ihrer Arbeit zu geben. Ein besonders häufig vorzufindender Demotivator ist die gezielte (Des-)Informationspolitik vieler Führungskräfte. Nach dem Motto „Wissen ist Macht" werden auch wichtige Informationen nur „scheibchenweise", verfälscht oder gar nicht an die Mitarbeiter weitergeben. Stattdessen sollten sie durch eine offene Informationspolitik dafür Sorge tragen, dass ihre Mitarbeiterinnen und Mitarbeiter immer über alle relevanten, aber auch die vermeintlich nicht so wichtigen Informationen verfügen. So wird es nicht nur möglich, aktiv mitzudenken und mitzuarbeiten, sondern über eine solche Maßnahme wird den Mitarbeitern gegenüber auch Respekt und Wertschätzung zum Ausdruck gebracht, und dies wiederum motiviert ungemein.
- *Mangelnde Partizipation.* Die immer wieder als moderner Führungsstil dargestellte mitarbeiterorientierte Führung stößt im Alltag häufig an ihre Grenzen. Zwar geben die meisten Vorgesetzten an, ihre Mitarbeiter in wichtige Entscheidungsprozesse einzubinden und zu beteiligen, aber so sehen es häufig eben nur die Führungskräfte. Die Mitarbeiter hingegen beklagen einen Mangel an Mitbestimmungsmöglichkeiten und wünschen sich für ihre Arbeit mehr Befugnisse und Gestaltungsspielraum. Auch hier gilt es für viele Vorgesetzte, das unzweifelhaft motivationsfördernde Potenzial der Partizipation zielgerichteter als bisher einzusetzen.
- *Die Erzeugung falscher Erwartungen.* Versprechungen sind leicht gemacht, insbesondere wenn der Vorgesetzte seinen Mitarbeiter kurzfristig zu einer besonderen Anstrengung bewegen möchte. Fatal ist es jedoch, wenn ein Vorgesetzter sich nach der Erledigung der Arbeit nicht mehr an seine Zusagen erinnern kann. Ein Vorgesetzter, der seinen Mitarbeiter mit Zusagen lockt, die er gar nicht erfüllen kann oder will, begeht motivationspsychologisch einen schwerwiegenden Fehler. Ein einmal enttäuschter Mitarbeiter wird sich kaum ein zweites Mal auf Zusagen seines Vorgesetzten verlassen.

3.3.2 Motivierend führen und kommunizieren

Was also ist stattdessen ratsam? Motivationspsychologisch bedeutsam sind vor allem folgende Führungsgrundsätze (Poppelreuter, 2003):

- *Vorbild sein.* Um andere motivieren zu können, muss der Vorgesetzte selbst motiviert sein. Glaubwürdigkeit, Authentizität und Überzeugungskraft sind die Qualitäten, über die ein Vorgesetzter verfügen muss. Eine Führungskraft, die von ihren Mitarbeitern höchste Einsatzbereitschaft fordert, kann nicht selbst täglich um 16:30 Uhr Feierabend machen.
- *Individuelle Anreize setzen.* Wenn ein Mitarbeiter über Anreize zu mehr Engagement und Leistungsbereitschaft geführt werden soll, müssen sich diese Anreize an den Bedürfnissen des Mitarbeiters orientieren. Pauschale Lösungen („Wenn wir das Produktionsziel erreichen, kriegen alle eine Sonderzahlung von € 500,–!") ignorieren das individuelle Wertesystem des Mitarbeiters. Den einen mag der Bonus locken, andere motiviert die Aussicht auf mehr Verantwortung, ein eigenes Projekt oder Möglichkeiten zur kreativen Mitgestaltung künftiger Vorhaben.
- *Konkrete Ziele.* Pauschale Ansagen wie: „Strengen Sie sich ein bisschen an, dann schaffen Sie das schon!", sind viel zu unklar, um Motivation zu wecken. „Wir müssen bis Ende der Woche den ersten Entwurf im neuen Design präsentieren können. Dafür brauchen wir die Daten aus der XY-Befragung, um daraus je vier Beispiele für Tabellen und Grafiken zu erstellen, außerdem muss das interaktive Formular getestet werden", ist eine viel präzisiere und daher auch überprüfbare Zielmarke. Wenn unklar bleibt, was genau getan werden muss, um das Ziel zu erreichen, löst die Führungskraft keine Motivation aus, sondern allenfalls Aktionismus. Klare Ziele erfordern natürlich, dass man auch selbst in der Materie ist.
- *Erfolge sichtbar machen.* Nichts ist so motivierend wie Erfolg. Daher ist es besonders wichtig, dass Vorgesetzte die Zielerreichung nutzen, Erfolge sind hervorzuheben und öffentlich zu machen. Dabei geht es nicht nur darum, am Ende eines Projektes die Zielerreichung zu loben. Viele Führungskräfte leben nach der Devise: „Wenn ich nichts sage, dann wissen meine Mitarbeiter, dass alles in Ordnung ist." Menschen möchten mit ihren Kompetenzen aktiv wahrgenommen werden, am besten täglich.
- *Konstruktive Fehlerkultur.* Misserfolge und Fehler lassen sich nicht vermeiden. Aber ihr Auftreten sollte nicht als etwas Negatives gesehen werden, sondern als eine Chance, Dinge zu verändern, zu optimieren, um Misserfolg in Erfolg und Fehler in verbesserte Arbeitsabläufe zu überführen. Die Führungskraft hat dabei die Aufgabe, eine Atmosphäre zu schaffen, in der Fehler nicht zu kaschieren versucht, sondern offen angesprochen werden. Es geht nicht um Schuldzuweisungen, sondern um gemeinsame Analyse und Optimierung.

Erkennen Sie an, dass jemand sich angestrengt und viel investiert hat, selbst wenn dabei das gewünschte Ziel (noch) nicht erreicht wurde.

– *Rückmeldung* ist also unverzichtbar, im positiven wie im negativen Sinne. Lob wie Kritik sollten sich gleichermaßen auf konkretes Verhalten beziehen. Dass pauschale Kritik nicht hilfreich ist, leuchtet unmittelbar ein, aber auch ein pauschales Lob („Gut gemacht") ist weniger motivierend als ein ganz konkretes („Toll, wie Sie da eben den schwierigen Kunden mit Ihrer sachlichen Art beruhigt haben."). Rückmeldung sollte kurz und prägnant formuliert werden und möglichst zeitnah zu dem Ereignis, auf das sie sich bezieht. Natürlich ist dennoch auch ein pauschales und verspätetes Lob immer besser als gar keines!

Mitarbeiter zu motivieren, das zeigt sich hier ganz deutlich, ist eine permanente Aufgabe. Motivation erzielt man nicht nur durch große, außergewöhnliche Maßnahmen – Sonderzuwendungen, Firmenfeste, Betriebsausflug –, sondern auch und gerade durch die vielen kleinen und alltäglichen Dinge: ein kurzes Gespräch, ein aufmunterndes Wort, eine Teamsitzung zur Analyse eines Problems. Diese Verhaltensweisen in ein authentisches Alltagshandeln als Führungskraft zu integrieren, ist Gegenstand zahlreicher bewährter Personalentwicklungsmaßnahmen und Führungskräftetrainings und nachweislich eine hoch effektive Methode, motivierte Mitarbeiter zu fördern und ans Unternehmen zu binden.

In den letzten Jahrzehnten hat man sich in der Managementliteratur sehr intensiv mit der Frage des Einflusses von (finanziellen) Anreizen auf die Arbeitsmotivation beschäftigt. Viele Unternehmen bemühen sich schrittweise um die Umsetzung der vermeintlich wissenschaftlichen Erkenntnisse in die Betriebspraxis und versuchen, über Anreizsysteme die Motivation der Mitarbeiterinnen und Mitarbeiter zu beeinflussen. Das eigentliche Ziel aber wird dabei häufig nicht erreicht, denn wenn das Klima nicht stimmt, macht Geld eben auch nicht glücklich. Stattdessen „explodieren" die Personalzusatzkosten. Insofern sollten sich jedes Unternehmen und jede Führungskraft sehr genau überlegen, ob und in welchem Umfang materielle Anreize zur Motivationsförderung eingesetzt werden sollen.

Viel sinnvoller ist es meist, die intrinsische Motivation der Mitarbeiterinnen und Mitarbeiter anzusprechen. Dies geschieht z. B. über Sinnstiftung in der Arbeit, die Gewährung von Handlungsspielräumen und Verantwortungsbereichen und anderes mehr. Dass über Sinnstiftung massive positive Auswirkungen auf die Motivation erzielt werden können, zeigt das Engagement zahlreicher Mitarbeiterinnen und Mitarbeiter in so genannten Non-Profit-Unternehmen wie Greenpeace, Amnesty International und dem Roten Kreuz. Hier wird auch ohne extrinsische Anreizsysteme sehr gute Arbeit geleistet, weil die Mitarbeiterinnen und Mitarbeiter einen Sinn darin sehen, sich einzusetzen. Führungskräfte tun gut daran, mit ihren Mitarbeiterinnen und Mitarbeitern über den Sinn und Wert der eigenen Tätigkeit intensiver zu sprechen, anstatt zu überlegen, mit welchen materiellen Anreizen man sie für eine Zeit „ködern" kann.

Das Erleben von Sinnhaftigkeit und die intrinsische Freude an einer konkreten Aufgabe werden entscheidend dadurch beeinflusst, wie diese Aufgabe übertragen und wie im Nachhinein oder auch prozessbegleitend die erbrachte Leistung rückgemeldet wird. Information über übergeordnete Ziele und Gesamtzusammenhänge spielen hierbei eine große Rolle. Dass ganzheitliche Kommunikation ein offenes Klima des wechselseitigen Vertrauens und der Transparenz schaffen und erhalten und so psychischen Belastungen am Arbeitsplatz vorbeugen kann, ist bereits mehrfach betont worden.

Was dabei zu beachten ist und wie man Gespräche zu bestimmen konkreten Anlässen (Feedback, Delegation, Rückkehr- oder Trennungsgespräch) gut führen kann, sprengt den Rahmen dieses Buches, ist aber ein wichtiger und bewährter Gegenstand von Personalentwicklungsmaßnahmen. Im Rahmen von ein- oder mehrtägigen Schulungen können Führungskräfte sich auf diese Gesprächsanlässe professionell vorbereiten, verschiedene Ansätze üben, und vertiefend z. B. auch ihre Kompetenzen im Umgang mit kritischen Situationen oder Einwänden verbessern.

Zusammengefasst lässt sich festhalten: Führungskräfte nehmen mittelbar und unmittelbar Einfluss auf die Belastungssituation ihrer Mitarbeiter. Sie schaffen einerseits die betrieblichen Rahmenbedingungen und können andererseits durch ihr spezifisches Motivations- und Kommunikationsverhalten auf Mitarbeiter einwirken. Sie können dadurch Belastungen bei Mitarbeitern reduzieren oder verstärken. Viele Führungskräfte scheinen diese Einflussmöglichkeiten noch immer zu unterschätzen. Daher ist es wesentliches Ziel einschlägiger Trainings und sonstiger Maßnahmen wie Coaching oder anderen Formen der Führungskräfteentwicklung in Organisationen, hier zu sensibilisieren, günstige Verhaltensweisen herauszuarbeiten und praktisch zu üben. Die Kosten dafür wie auch die zeitliche Investition der Führungskräfte selbst rechnen sich schnell, wenn man sich vor Augen führt, was ein demotivierter Mitarbeiter kostet, welchen (finanziellen und zeitlichen) Aufwand eine Kündigung samt Neubesetzung und Einarbeitung bedeutet, und wie nicht zuletzt die Arbeitszufriedenheit und Produktivität der Führungskraft selbst profitieren, wenn sie ein motiviertes und zufriedenes Team um sich weiß.

Nicht vernachlässigt werden darf insgesamt, dass dies alle Ebenen innerhalb einer Organisation betrifft. Die allermeisten Führungskräfte haben wiederum selbst Vorgesetzte, von denen sie gegebenenfalls ebenso hohen Druck, unklare Ziele, und zu wenig Anerkennung vermittelt bekommen, was sich dann „nach unten“ fortsetzt. Insofern soll bei allen Betrachtungen über Belastungen am Arbeitsplatz die Ebene der Führungskräfte als Betroffene keineswegs vergessen werden. Trainings- und Entwicklungsmaßnahmen zur Förderung der Motivations- und Kommunikationskompetenz müssen entsprechend sinnvollerweise auf allen Ebenen ansetzen, wenn sie auf allen Ebenen wirken sollen.

Selbstverständlich sind Maßnahmen zum Training wertschätzender und erfolgreicher Kommunikation, transparenter und sinnstiftender Zielsetzung oder einer konstruktiven Fehlerkultur kein Allheilmittel. Im Umgang mit einzelnen Mitarbeitern, deren Führung besondere Herausforderungen birgt, darf und sollte sich jede Führungskraft ihrer Grenzen bewusst sein. Hierzu gehören nach unserem Verständnis Themen wie Sucht, Umgang mit psychischen Erkrankungen und anderen Krisen, in denen Mitarbeiter professionelle Hilfe benötigen. Diese leisten zu wollen sprengt in aller Regel nicht nur die fachlichen Kompetenzen der jeweiligen Führungskraft, sondern auch schlicht ihre zeitlichen Kapazitäten und den Verantwortungsrahmen ihrer Rolle (siehe hierzu auch Abschnitt 4.1).

Professionell ist es in solchen Fällen, den Mitarbeiter dadurch zu unterstützen, dass man ihn – mit der gebotenen Wertschätzung, aber gegebenenfalls auch mit dem erforderlichen Nachdruck – an kompetente Ansprechpartner und Institutionen verweist. Dies können professionelle Hilfesysteme im Unternehmen sein, wie z. B. der medizinische oder psychologische Dienst und andere, ggf. auch externe psychosoziale Unterstützungsangebote wie Beratungshotlines kooperierender Krankenkassen oder externer Coachinganbieter, Selbsthilfegruppen oder Therapie- und Versorgungszentren sowie Kliniken. Je nach Sachlage kann es dabei angemessen sein, Personal- oder Betriebsrat einzubeziehen.

3.4 Prävention und Intervention auf individueller Ebene

Selbstverständlich können aber nicht nur die Führungskräfte, sondern auch jeder einzelne Mitarbeiter etwas dazu beitragen, psychischen Belastungen vorzubeugen bzw. dort wo sie unvermeidbar sind, gut mit ihnen umzugehen. Wie bereits im ersten Kapitel dargestellt, stehen Menschen generell unterschiedliche Strategien zur Verfügung, Stress zu bewältigen: Solche die eher bei der Regulation der eigenen Emotionen ansetzen (beispielsweise, belastende Situationen zu verdrängen oder mit Humor zu nehmen) und solche, die eher bei der Situation selbst ansetzen (verbesserte Planung, Inanspruchnahme von Unterstützung, etc.).

3.4.1 Resilienz

Wir wissen aus der Gesundheitspsychologie auch, dass Menschen sich generell darin unterscheiden, wie widerstandsfähig sie gegenüber Belastungen sind. Studien haben ergeben, dass einige Menschen selbst aus sehr fordernden oder sogar traumatisierenden Erlebnissen relativ unbeschadet hervorgehen, sich also im Umgang mit Krisen als „resilient“ erweisen (Bonnano, 2004; Bonnano, Moscowitz, Papa & Folkman, 2005). Wer resilient ist, zeigt eine geringe Verwundbarkeit angesichts von Krisen und anderen bedrohlichen Ereignissen, diese prallen gewissermaßen von ihm ab, und können sogar darüber hinaus sogar konstruktiv zur Entwicklung genutzt werden. Ähnlich wie der Stressbegriff stammt auch der Begriff Resilienz aus der Werkstoffphysik und bezieht sich darauf, dass ein Material in seinen Ausgangszustand zurückkehrt, nachdem es unter extreme Spannung gesetzt oder stark verformt wurde. Insofern erfordert Resilienz auch Beweglichkeit bzw. Flexibilität im wahrsten Sinne des Wortes. Damit ist nicht gemeint, beugsam zu sein, indem man sich dauerhaft unterordnet, sondern Anpassungsfähigkeit und eine geschmeidige Form der Stabilität zu beweisen, die es ermöglicht an unveränderlichen Schicksalsschlägen eben nicht zu zerbrechen, sondern neue Wege zu finden.

Das Konzept der Resilienz umfasst dabei ein Bündel an Persönlichkeitseigenschaften bzw. kognitiven Einstellungen gegenüber sich selbst und der Umwelt, die offenbar Schutzfaktoren darstellen und helfen, mit Belastungen umzugehen und diese als weniger bedrohlich zu erleben, idealerweise sogar als Chance für Wachstum und Entwicklung nutzen zu können. Hierzu zählen

- Optimismus
- Akzeptanz
- positive Emotionalität
- eine positive Selbstwahrnehmung
- eine hohe interne Kontrollüberzeugung
- eine hohe Selbstwirksamkeitserwartung und
- ein gutes soziales Netzwerk.

In frühen Arbeiten hat man zunächst beobachtet, dass Menschen sehr unterschiedlich auf potenziell traumatisierende Erlebnisse reagieren. So fiel Emmi Werner in ihren Studien an hawaiianischen Kindern in den fünfziger Jahren auf, dass etwa 30 % dieser Kinder relativ unbeschadet aus Naturkatastrophen und oft schwer zerrütteten familiären Verhältnissen hervorgingen und auch als Erwachsene ein relativ glückliches Leben führten (Werner, 2011). Mittlerweile wissen wir aus der Forschung zu Glück und subjektivem Wohlbefinden, dass einige der protektiven Faktoren tatsächlich zu einem gewissen Anteil Veranlagung sind, also eine genetische Komponente haben (Diener, Kanazawa, Suh &

Oishi, 2015; Stubbe, Posthuma, Boomsma, & DeGeus, 2005). Menschen unterscheiden sich dauerhaft in ihrer Neigung, die Dinge positiv zu sehen, optimistisch oder dankbar zu sein.

Einen weiteren wichtigen Faktor stellt die interne Kontrollüberzeugung nach Rotter (1966) dar, also die Überzeugung, im Großen und Ganzen aktiv über die eigene Lebensgestaltung bestimmen zu können, anstatt sich schicksalsgläubig als Spielball höherer Mächte zu erleben, oder als hilfloses Opfer mächtiger Anderer oder des Systems. Damit verwandt und auch empirisch in Zusammenhang stehend ist die Überzeugung, in schwierigen Situationen selbst Handeln und durch dieses eigene Handeln etwas bewirken zu können (Selbstwirksamkeitserwartung nach Bandura, 1977). Auch wenn Selbstwirksamkeits- und Kontrollüberzeugungen das Ergebnis früher Lernerfahrungen sind und im Erwachsenenalter typischerweise eher überdauernde Haltungen darstellen, so sind diese doch trainierbar.

Viele Unternehmen bieten ihren Mitarbeitern und Führungskräften gerade in hochbelastenden Situationen wie beispielsweise bei organisationalen Umstrukturierungen proaktive Unterstützung durch Beratung und Coaching an. In diesem Rahmen kann daran gearbeitet werden, Überzeugungen zu entwickeln, die einen veränderten Blick auf die Ereignisse ermöglichen und langfristig resilienzförderlich sind. Hierbei geht es nicht darum, die Leute „einzuschwören“ oder „auf Kurs zu bringen“, damit sie schwer Erträgliches plötzlich akzeptabel finden. Ziel ist vielmehr, angesichts großer Ereignisse den realen eigenen Handlungsspielraum wieder sichtbar zu machen und zur aktiven Mitgestaltung z. B. von Veränderungsprozessen zu ermutigen (siehe Abschnitte 2.3.4 und 3.2.5).

Für Teams können Workshopmaßnahmen oder Supervision hilfreich sein, um auch in schwierigen Zeiten ein gutes Miteinander und eine starke Gruppenidentität zu entwickeln, die Resilienz auf kollektiver Ebene steigern. Wird so beispielsweise die Grundhaltung gestärkt, aus den gegebenen Herausforderungen gemeinsam das Beste zu machen und sich dabei auch aufeinander verlassen zu können, leisten Teamentwicklung und Supervision auch einen nachhaltigen Beitrag zum Erleben sozialer Unterstützung im Team. Soziale Unterstützung gilt in der Gesundheitspsychologie (Schwarzer, 1997) als einer der bedeutsamsten Stresspuffer überhaupt. Interessanterweise ist es dabei nicht nur hilfreich, selbst Unterstützung durch andere zu erhalten, sondern es wirkt sich ebenso gesundheitsförderlich und stressmildernd aus, für andere da sein zu können (Brown, Nesse, Vinokur & Smith, 2003). Soziale Unterstützung zu leisten und anzunehmen und so die eigene Resilienz zu fördern, liegt in der Hand des Individuums. Im Arbeitskontext bedeutet dies faktisch, sich trotz gestiegener Anforderungen und oft gravierender Veränderungen der Gesamtsituation weiterhin als kompetent und als wertvolles Mitglied der Gemeinschaft erleben zu dürfen. Dieses Gefühl zu stärken ist selbstverständlich ein weiteres wichtiges Ziel entsprechender Teamtrainings im Kontext von Change-Management.

In der Verantwortung des Einzelnen liegt es nach unserem Verständnis, angesichts potenziell belastender Herausforderungen solche flankierenden Maßnahmen auch einzufordern. In dieser Weise kann der einzelne Arbeitnehmer deutlich machen, dass er bereit ist, sich den Herausforderungen zu stellen, aber Unterstützung benötigt, damit dies auch erfolgreich gelingen kann (vgl. Mierke & van Amern, 2018). Ob diese Unterstützung dann in Form von Einzelcoaching, Team-Coaching, Workshops oder anderen Maßnahmen der Teamentwicklung erfolgt, wird vom Einzelfall abhängen und sicherlich auch davon, wie hoch die Bereitschaft des Unternehmens ausfällt, hier nachhaltig zu investieren.

Ähnliches gilt für das Einfordern von Weiterbildung. Häufig werden neue Verfahren eingeführt, Techniken, Software, und andere Tools modernisiert. Sich hier neben dem Tagesgeschäft einzuarbeiten, kann durchaus als sehr belastend erlebt werden. Auch in anderen Fällen, in denen der Mitarbeiter Grenzen seiner ursprünglichen Ausbildung und seines Erfahrungswissens erlebt, ist Weiterbildung eine wichtige Möglichkeit, auf individueller Ebene zu intervenieren, indem Kompetenzen angepasst werden. Allerdings ist ein solcher Weiterbildungsbedarf je nach Situation selbst für die direkten Vorgesetzten nicht immer unmittelbar erkennbar. Auch hier liegt eine Verantwortung bei den betroffenen Mitarbeitern, Schulung und Weiterbildung überall da einzufordern, wo diese helfen können, psychische Belastungen zu reduzieren oder gar zu beseitigen.

3.4.2 Zeitgestaltung und Zeitmanagement

Weiterhin ist der Einzelne nach unserem Verständnis selbst mit dafür verantwortlich, vorgeschriebene Pausen und Erholungszeiten auch tatsächlich wahrzunehmen. Hierzu gehört nicht nur die Einhaltung der gesetzlichen Vorschrift, dass der Urlaub zu Erholungszwecken genutzt werden muss, sondern hierzu gehört auch, beispielsweise nicht uneingeschränkt abends oder am Wochenende auf „Stand-by" verfügbar zu sein. Sich solchermaßen abzugrenzen wird, wie wir bereits oben gesehen haben, besonders kritisch, wenn die Personaldecke dünn ist oder der Konkurrenzdruck unter den Kollegen hoch. Hier braucht es ein buchstäblich gesundes Zeitmanagement, in dem eine ausgleichende und erholsame Freizeitgestaltung aktiv einplant und von allen Beteiligten als wichtig und wertvoll respektiert ist. Insofern sind Maßnahmen des Zeit- und Selbstmanagements vor dem Hintergrund zunehmender psychischen Belastungen am Arbeitsplatz als sinnvolle Instrumente der Vermeidung oder zumindest der Verringerung von Schädigungspotenzialen zu betrachten. Auch hier kann der Einzelne einen Beitrag leisten kann, indem er bei Bedarf Schulungen und Trainings einfordert, und Grenzen aufzeigt, wo Grenzen erreicht sind.

Ein wichtiger Schritt in Richtung eines guten Zeitmanagements besteht in der Festlegung von Zielen. Diese Zielsetzungen helfen dabei, in der Hektik des Alltags den Überblick zu behalten und sämtliche Tätigkeiten in eine bestimmte, sinnvolle Richtung zu lenken. Gratzfeld (2007) unterscheidet hier drei Schritte:

- Zielanalyse: „Was will ich erreichen?“
- Situationsanalyse: „Was sind meine Rahmenbedingungen? Was kann ich?“ (Ziel-Mittel-Analyse)
- Klare Ausformulierung des Ziels.

Visionäre Ziele aktivieren die Energie die notwendig ist, unter Berücksichtigung der gegebenen Rahmenbedingungen ausformulierte nächste Schritte und Zwischenziele in Angriff zu nehmen. Nachweislich ist das sinnesnahe innere sich-Vorstellen eines angestrebten Zustands ein sehr effektives Mittel, nicht nur die Motivation zu fördern, sondern auch angemessene Verhaltensmuster anzubahnen, die helfen, dieses Ziel zu erreichen (für einen Überblick über die umfassende entsprechende Grundlagenforschung s. z. B. Pezzulo & Castelfranchi, 2009; für eine konkrete praktische Anleitung siehe Mierke & van Amern, 2018, Kapitel 4).

Eine grundsätzliche Voraussetzung für das Erreichen von Zielen ist eine Zeitplanung, die dem eigenen Handeln Struktur gibt. Planung kann dabei als Vorbereitung zur Realisierung von Zielen verstanden werden, wobei die für die Planung aufgewandte Zeit durch die Optimierung in den folgenden Arbeitsprozessen wieder herausgeholt wird. Bei der Planung von Zeit ist grundsätzlich die Tatsache zu berücksichtigen, dass Arbeitszeit nicht zu 100 % verplant werden kann, weil eben nun einmal nicht alle Tätigkeiten bzw. Ereignisse planbar sind. Dabei gewinnt man gleichzeitig einen Überblick über sämtliche Aufgaben und Tätigkeiten, was Hektik und Stress reduziert sowie kleine Erfolgserlebnisse beim Erreichen von Zwischenzielen ermöglicht. Der wichtigste Aspekt besteht allerdings im Erreichen einer Balance zwischen allen Lebensbereichen, die sowohl Privat- als auch Arbeitsleben einschließen.

Bevor Zeit überhaupt verplant werden kann, ist es wichtig, eigene Aufgaben und Tätigkeiten zu identifizieren und ihnen Zeitvorgaben sowie Fertigstellungszeitpunkte zuzuweisen. Außerdem umfasst Zeitplanung das Setzen von Prioritäten, die Identifikation von störarmen bzw. störintensiven Zeiten sowie das Einplanen von Reservezeiten und die Abstimmung des eigenen Zeitplans mit denen anderer. Idealerweise erfolgt die Zeitplanung immer schriftlich. Zur

Planung der Zeit eignet sich beispielsweise die ALPEN-Methode (Seiwert, 2006) die lediglich ungefähr acht Minuten Zeit am Tag in Anspruch nimmt und in Infobox 3.4.2.1 vorgestellt wird.

Infobox 3.4.2.1:
Zeitplanung mit der ALPEN-Methode

Die ALPEN-Methode umfasst fünf Schritte zur systematischen Zeitplanung:

- **A**ufgaben und Aktivitäten: Sämtliche Aufgaben werden in einem Tagesplan übersichtlich festgehalten. Dazu gehören unter anderem das Tagesgeschäft, unerledigte Aufgaben vom Vortag sowie neu hinzukommende Tätigkeiten.
- **L**änge der Tätigkeiten: Jeder Aufgabe wird ein konkreter Zeitbedarf zugewiesen. Dies hat den Vorteil, dass klar umgrenzte Zeitvorgaben zu konzentrierterem Arbeiten führen, die Unterbindung von Störungen fördern sowie einer Überschätzung des Zeitbudgets vorbeugen.
- **P**ufferzeiten: Da im Tagesablauf häufig unerwartete Ereignisse auftreten, sollte man in der Regel nie mehr als 60 % der verfügbaren Zeit verplanen, um mit den übrig bleibenden 40 % flexibel auf Unvorhergesehenes reagieren zu können.
- **E**ntscheidungen: Mittels einer ABC-Analyse (siehe nachfolgend) werden Entscheidungen unter Berücksichtigung von Prioritäten getroffen und die Menge von Aufgaben auf einen realistischen, schaffbaren Umfang reduziert.
- **N**achkontrolle: Falls eine Aufgabe schon mehrfach unerledigt verschoben oder übertragen wurde, ist dafür Sorge zu tragen, dass sie entweder erledigt, delegiert oder komplett gestrichen wird.

Anhand einer ABC-Analyse lässt sich überprüfen, welchen „Wert“, welche Dringlichkeit, welche Priorität die Aufgaben haben, die innerhalb einer Zeiteinheit bearbeitet/erledigt werden. Aufgaben werden je nach ihrer Wichtigkeit in A-, B- und C-Aufgaben unterteilt. Entscheidend ist, dass ein Großteil der Zeit nicht für nebensächliche C-Aufgaben verwendet, sondern die Zeitaufwendung an der Wichtigkeit der Aufgabe orientiert wird. Dies bedeutet nicht, dass ab sofort nur noch A-Aufgaben erledigt werden sollen. Aber es sollte darauf geachtet werden, die Zeit für die „richtigen“ Aufgaben aufzuwenden und eventuell C-Aufgaben zu delegieren oder in den Papierkorb zu werfen.

Das Eisenhower-Prinzip (siehe Tabelle 3.4.2.1) baut auf einer ganz ähnlichen Idee auf und hilft dabei zu entscheiden, welcher Aufgabe der Vorzug zu gewähren ist. Nach diesem Prinzip werden Aufgaben gemäß ihrer Wichtigkeit und ihrer Dringlichkeit klassifiziert.

Tabelle 3.4.2.1 *Das Eisenhower-Prinzip – Klassifikation von Aufgaben nach den Dimensionen Wichtigkeit und Dringlichkeit*

		Dringlichkeit	
		hoch	niedrig
Wichtigkeit	hoch	A-Aufgaben (sofort selbst)	B-Aufgaben (terminieren)
	niedrig	C-Aufgaben (delegieren)	Wiedervorlage oder Papierkorb

Daraus ergeben sich vier Möglichkeiten: Ist eine Aufgabe wichtig und dringlich (A-Aufgabe), muss sie sofort erledigt werden. Sind Aufgaben hingegen weder wichtig noch dringlich, können sie erst einmal unberücksichtigt bleiben, wenn nicht sogar direkt in den Papierkorb wandern. Sollten Aufgaben jedoch wichtig, aber nicht dringlich sein (B-Aufgaben), so können sie noch warten bzw. delegiert werden. Aufgaben, die dringlich, aber nicht wichtig sind (C-Aufgaben), sollten nach Möglichkeit delegiert werden. Delegation ist generell ein sehr wichtiges Werkzeug für sinnvolles Zeitmanagement.

Eine regelmäßige Kontrolle, ob die Prioritätensetzung noch aktuell ist, ob Aufgaben in ausreichendem Maße delegiert wurden oder ob die angestrebten Zwischenziele erreicht sind hilft, die weitere Zeitplanung zu optimieren.

Viele Arbeitnehmer und insbesondere Führungskräfte werden mit einer buchstäblichen Flut an Informationen konfrontiert, weil jeder jeden bei jeder E-Mail in Kopie setzen möchte oder muss. Um Überforderung oder Fehlentscheidungen vorzubeugen, ist auch hier Zielorientierung der entscheidende Faktor. Nur durch Zielmaßstäbe gefilterte Informationen können anschließend zweckmäßig an andere kommuniziert werden oder sinnvoll strukturiert abgelegt werden und letztlich zu einem befriedigenden Arbeitsergebnis führen. Daher bildet der strukturierte Umgang sowohl mit eingehenden Informationen als auch mit deren effizienter Weitergabe in der Kommunikation einen wichtigen Grundstein eines funktionierenden Zeitmanagements.

Um Meetings effektiv zu gestalten, sollte schon im Vorhinein klar sein, was die Ziele der Besprechung sind, wie die Tagesordnung aussieht, wie lange die Besprechung dauern wird und wie die Zusammensetzung bzw. Anzahl der Teilnehmer bestimmt ist. Ein pünktlicher gemeinsamer Start sowie das Einhalten bestimmter Diskussionsregeln sind Grundvoraussetzungen für den Erfolg von Besprechungen. Außerdem ist es wichtig, die Ergebnisse zum Ende kurz zusammen zu fassen, Vereinbarungen (wer macht was bis wann) schriftlich festzuhalten und deren Umsetzung nach einem gesetzten Zeitrahmen zu überprüfen. Vertiefende praktische Hinweise zur effizienten Gestaltung von Meetings wurden bereits in Abschnitt 2.3.2 gegeben. Generell können Checklisten und Formulare auch bei jeglicher Art von Telefonkonferenz oder schriftlicher

Korrespondenz die Zielorientierung und somit ein effektives Zeitmanagement fördern.

Gröpel und Kuhl (2006) untersuchten, inwiefern Zeitmanagement zum Wohlbefinden eines Menschen beitragen kann, indem sie in zwei Studien die Lebensbalance, Zeitmanagementverhalten sowie die Selbstbestimmung von Studenten analysierten. Es zeigte sich, dass die Lebensbalance (definiert als Angemessenheit der Zeitverteilung über die wichtigsten Lebensbereiche hinweg) ein wichtiger Prädiktor des Wohlbefindens und der Gesundheit ist. Es besteht allerdings nur ein indirekter Zusammenhang zwischen Zeitmanagement und Lebensbalance, denn nur wenn das Zeitmanagement-Verhalten die subjektive Kontrolle über die Zeit erhöht, resultiert eine erhöhte Lebensbalance. Einen weiteren wichtigen Faktor zur Verbesserung der Lebensbalance stellt die Selbstbestimmung dar, d. h. die Fähigkeit, sich selbst Ziele zu setzen und entsprechend Aktivitäten zu initiieren, und in Stresssituationen negative Empfindungen zu regulieren.

Auch ein Review von Claessens, Eerde, Rutte und Roe (2007) legt dar, dass die Anwendung von Zeit-Management-Techniken positiv mit der wahrgenommenen Kontrolle über die Zeit, der Zufriedenheit mit dem Job sowie der Zufriedenheit mit der Gesundheit zusammenhängt. Gleichzeitig wird ein negativer Zusammenhang mit Stress deutlich, das heißt, umso besser Zeit-Management-Techniken angewandt werden, umso niedriger ist der subjektiv wahrgenommene persönliche Stresslevel.

Kernpunkt ist, dass sich der Einzelne stets bewusst sein sollte, dass seine individuelle Lebenszeit begrenzt ist, und damit auch die Zeit, die für das Erreichen persönlicher Ziele zur Verfügung steht. Zeitmanagement ist damit ein zentraler Beitrag zur Reduktion und Prävention psychischer Belastungen, insofern es die wahrgenommene Kontrolle über die Erreichung persönlicher Ziele im Rahmen der Arbeitstätigkeit und darüber hinaus ermöglicht.

3.5 Neue Lern- und Vermittlungsformen

In Zeiten von Kostendruck und Optimierungszwang werden auch die Themen Aus-, Fort- und Weiterbildung revolutionär verändert. Durch den technologischen Wandel werden Wissenserwerb und Wissensaustausch nicht nur räumlich unabhängig, sondern auch methodisch-didaktisch modifiziert. Die Lernmedien verändern sich massiv, individuelle Lernprogramme, die sich auf die Stärken und Schwächen des Lerners einstellen und adaptiv Lerninhalte vermitteln, sind technisch problemlos herzustellen und stark gefragt. Web Based Trainings gehören heute zum absoluten Standardprogramm der betrieblichen Aus-, Fort- und Weiterbildung. Der Lernende kann oftmals selbst bestimmen, wann, wo und wieviel er lernt. Weder wird er frustriert von „Überfliegern“ im

Lernprozess, noch gebremst von denjenigen, die sich mit der geistigen Durchdringung eines Stoffes schwerer tun. Digitale Lernmedien nutzen auch den Lehrenden. Die didaktischen Möglichkeiten sind durch die technischen Entwicklungen sehr viel breiter geworden. Bildmaterial, akustische Unterstützung, Videos und vieles mehr machen das Lernen im wahrsten Sinne des Wortes anschaulicher. Die Möglichkeiten zur Lernstandkontrolle haben sich deutlich erweitert. Die Kontaktaufnahme zu Schülerinnen und Schülern, die mitunter tausende von Kilometern entfernt sind, ist kein Problem mehr. Nervige und teure Reisezeiten werden gespart, die Umwelt geschont.

Also alles gut? Im Sinne der psychischen Belastung und Beanspruchung mitnichten. Was für psychische Belastungen am Arbeitsplatz durch digitale Medien allgemein gilt (siehe dazu die Ausführungen in Kapitel 2), gilt natürlich auch für digitale Lehr- und Lernmedien, sie können durchaus selbst als psychischer Belastungsfaktor wahrgenommen werden. Technische Probleme, aber auch Hemmungen vor neuen Technologien, können hier als psychische Stressoren genannt werden. Ähnlich wie beim mobilen Arbeiten besteht zudem beim mobilen Lernen die Gefahr, dass man ja eigentlich *immer* lernen kann. So positiv es sich auswirken mag, wenn man nur dann zu lernen versucht, wenn man auch wirklich hierfür geeignete Rahmenbedingungen hat, so belastend kann das Gefühl sein, auch in der freien Zeit ja noch etwas lernen zu können. Manche Unternehmen gehen inzwischen sogar so weit, dass sie von ihren Mitarbeiterinnen und Mitarbeitern erwarten, die persönliche Aus- und Weiterbildung auch – zumindest in Teilen – in der Freizeit stattfinden zu lassen.

Durch den technologischen Wandel können Neuerungen und Veränderungen, beispielsweise bei der Erstellung von Produkten oder der Erbringung von Dienstleistungen schneller vermittelt, mithin auch schneller gelernt werden, theoretisch zumindest. Aufgrund der beschränkten Kanalkapazitäten des Menschen führt ein (zu) hoher Lern- und Veränderungsdruck jedoch dazu, dass gar nichts mehr gelernt wird und man Veränderungen skeptisch gegenübersteht. Weitere mögliche negative Konsequenzen digitaler Lernmedien können sein, dass sie unerwünschte Wirkungen auf andere Kompetenzen wie zum Beispiel Schreib- oder Rechenfertigkeiten haben können. Sie können zu einer reduzierten Kommunikation zwischen den Lernenden führen. Digitale Medien, die sich Simulationen bedienen, können das konzeptuelle Verständnis im Vergleich zum Lernen mit realen Objekten behindern.

Ein wesentliches Momentum eines nachhaltigen Lernprozesses kann auch der soziale Austausch sein. Zahlreiche, in der heutigen Arbeitswelt dringend erforderliche Kompetenzen und Fähigkeiten speziell im überfachlichen Bereich, lassen sich *nur* in Situationen mit einem unmittelbaren und persönlichen Austausch zwischen Menschen entwickeln. Selbst Videokonferenzen, Skype-

Sitzungen und Chatrooms stoßen hier an ihre Grenzen, da es nicht ausreicht, wenn Menschen sich sehen und hören können. Lernen, speziell soziales Lernen, erfordert auch, dass man sich riechen und fühlen kann und subtile Signale wie feine Veränderungen in Körperhaltung, Stimmlage oder Mimik mitbekommt, ohne die echte Resonanz im Kontakt nicht möglich ist (vgl. Fredrickson, 2013). Fallen diese Sinneskanäle weg, kann das Lernen nur bruchstückhaft sein. Lernkonzepte, die auf digitale Unterstützung von Lernprozessen in Präsenzmaßnahmen setzen, sind eindeutig zu bevorzugen. Sitzt man als Lerngruppe nicht in einem Raum zusammen, fällt zudem das Beobachtungslernen, aber auch das Lernen aus Fehlern viel schwerer. Räumliche Nähe und Kontakt sind hier auch als hilfreiche Rahmenbedingungen einer persönlichen Beziehung und zum Aufbau eines Vertrauens zwischen Menschen zu sehen.

Vielleicht erklärt dies auch, warum trotz aller Euphorie über neue, digitale Lern- und Vermittlungsformen die digitale Weiterbildung in den Unternehmen (noch) nicht angekommen ist. So berichten Kirchgeorg, Pfeil, Georgi, Horndasch und Wisbauer (2018), dass der Anteil von E-Learning an der betrieblichen Weiterbildung bei immerhin 11 % der befragten Unternehmen bei null liegt. Diese Unternehmen setzen keinerlei digitale Weiterbildungsformen ein. Bei 48 % sind es weniger als 10 % E-Learning-Anteil. Ermittelt wurden diese Zahlen in einer Online-Befragung von Mai 2016 bis Januar 2017. Ausgewertet wurden die Antworten von 157 Befragten, darunter zu ungefähr gleichen Teilen kleine, mittlere und große Unternehmen.

Burchert und Grobe (2017) benennen Voraussetzungen für die Implementierung digitaler Lehr- und Lernmedien in die berufliche Aus-, Fort- und Weiterbildung. Die Herausforderung liegt insbesondere in der Verbreitung der neuen Technologien, ihrer organisatorischen Adaptation durch Weiterbildungseinrichtungen, ihrer Einbettung in den beruflichen Alltag, ihrer kompetenten Nutzung durch die Lehrenden und in ihrer didaktischen Reflexion. Daraus resultiert, dass für die digitale Weiterbildung ein Konzept von Medienkompetenz zu entwickeln ist, das die Komponente des selbstorganisierten Lernens einschließt, sowie eine erweiterte Didaktik zu gestalten, die kompetentes pädagogisches Handeln mit dem besonderen Setting des Lernens mit digitalen Medien verbindet.

Schließlich gilt es auch, das Lernen mithilfe digitaler Medien zu lernen. Die Lernenden müssen die Technologien, die für das digitale Lernen eingesetzt werden, kennenlernen und beherrschen können. Ähnlich wie bei der Einführung des PCs in die Arbeitswelt in den 70er und 80er Jahren, müssen Kompetenzen speziell in den Bereichen Anwendung und Bedienung von Medien, aber auch in der damit verbundenen veränderten Art zu kommunizieren erworben werden. Wie notwendig, aber auch herausfordernd dieser Kompetenzerwerb ist, belegt die PIAAC-Studie (Programme for the International Assessment of Adult Competencies), die 2013 veröffentlicht wurde. So bewegen sich ca. 27 % aller Erwachsenen in den an der Studie teilnehmenden 17 EU-Mitgliedsstaaten auf den beiden niedrigsten Kompetenzniveaus, wenn es um die Fähigkeit geht, Probleme in technologisch geprägten Umgebungen zu lösen. 14 % davon können nur sehr einfache technische Aufgaben im Umgang mit digitalen Geräten lösen, 13 % haben keinerlei Erfahrung mit digitalen Geräten. Deutschland liegt bei diesem Vergleich mit 26 % etwas unter dem EU Durchschnitt. Auch der Anteil der 16- bis 65-Jährigen mit hohen digitalen Kompetenzen ist in Deutschland mit 21 % durchaus noch zu steigern. Vorzeigeländer bei digitalen Fähigkeiten sind vor allem Dänemark, die Niederlande, Finnland sowie Schweden, wo nur 10 % der erwachsenen Bevölkerung keinerlei Kenntnisse im Umgang mit digitalen Medien haben und mehr als 40 % sehr hohe Kompetenzen aufweisen.

Fischer (2013) weist darauf hin, dass neue digitale Technologien bislang ungeahnte Möglichkeiten bieten, um Lernen zielgruppenorientierter und damit effektiver sowie inklusiver zu gestalten. So können Lernangebote auf digitaler Basis zu geringen Kosten auf großer Ebene skaliert werden. Eine Vielzahl von Lernern erhält damit Zugang zu exzellenten Angeboten, während sich das Lehrpersonal stärker als bisher auf die individuelle Betreuung der Lerner fokussieren kann. Durch digitale Technologien – so die Hoffnung – sollen auch lernbezogene Zusammenarbeit, sowie der Zugang zu Lernressourcen in Zukunft vereinfacht werden. Gleichzeitig setzt der Zugang zu digitaler Weiterbildung eine hoch ausgeprägte Kompetenz im Umgang mit digitalen Medien voraus. Erst wenn diese Medienkompetenz vorhanden ist, wird effektives und inklusives Lernen im digitalen Raum Realität.

Zudem besteht ein enger Zusammenhang zwischen der Nutzung digitaler Medien und der Literalität (Fischer, 2013): Unabhängig von Alter, Bildungsniveau und Geschlecht weisen Personen, die digitale Medien in Arbeit und Alltag häufig nutzen, einen bis zu 14 Punkte besseren Wert im Bereich Literalität auf. Dies entspricht einem Wissens- und Könnensunterschied von zwei Schuljahren. Je mehr Personen also Informations- und Kommunikationstechnologien nutzen, desto höher sind ihre Literalitäts-Werte und vice versa. Ungeklärt bleibt allerdings die Frage in welche Richtung dieser Zusammenhang gedeutet werden muss. Eine gute Lese- und Schreibfähigkeit ist wohl die Voraussetzung für die effektive Nutzung von Kommunikationstechnologien. Gegebenenfalls trägt aber auch die häufige Nutzung digitaler Medien zum Erhalt oder sogar zur Verbesserung der Literalität bei. Bevor die digitale Revolution also Realität werden kann, müssen bei den Menschen die Voraussetzungen dafür geschaffen werden, dass diese digitale Medien in ihrem (Arbeits-) Alltag einsetzen können.

4 Grenzen und Ausblick

4.1 Psychische Belastungen am Arbeitsplatz: Verantwortung auf allen Ebenen

Wir haben in den bisherigen Ausführungen in verschiedener Hinsicht verdeutlicht, dass die Verantwortung für eine gelungene Prävention und Reduktion von psychischen Belastungen am Arbeitsplatz und insbesondere durch Arbeit 4.0 nicht einseitig verortet werden kann. Betrieb, Führungskräfte und Arbeitnehmer sind hier aktiv in der Pflicht, wenn auch in unterschiedlicher Art und Weise und in unterschiedlichem Ausmaß.

Es sollte deutlich geworden sein, dass im Sinne der gesetzlichen Arbeitgeberfürsorgepflicht in erster Linie Organisationen und Unternehmen angemessene Rahmenbedingungen herstellen müssen. Diese umfassen neben der räumlichen Arbeitsumgebung, den Arbeitszeiten und belastungs- sowie gefährdungsarmen Arbeitsmitteln auch die sozialen Rahmenbedingungen, beispielsweise in Form von motivierender gesunder Führung und einem guten Gesamtklima. Dabei sollten neben der Wahrung von Sicherheit (also körperlicher und psychischer Unversehrtheit) weitere zentrale Grundbedürfnisse, wie der Wunsch nach sozialer Anerkennung, nach Kompetenzerleben und Mitgestaltung sowie nach wahrgenommener Transparenz und Sinnhaftigkeit des eigenen Arbeitsbeitrags zu einem übergeordneten Ganzen berücksichtigt sein.

Spätestens hier kommen die Führungskräfte ins Spiel. Gesunde Führung bedeutet unter anderem, dafür zu sorgen, dass jeder Mitarbeiter diese Grundbedürfnisse im Rahmen seiner Arbeitstätigkeit befriedigen kann, also sich sicher fühlen kann, soziale Akzeptanz erfährt, Gelegenheit bekommt seine Fähigkeiten einzubringen und weiterzuentwickeln, sowie das warum und wozu seines Arbeitshandelns nachzuvollziehen. Dies setzt die Zuweisung von Aufgaben oder Projekten voraus, die im Anforderungsniveau dem Fachwissen und den Fertigkeiten des Mitarbeiters angemessen sind. Hier sehen wir die Führungskraft deutlich in der Verantwortung. Idealerweise erfüllen die so übertragenen Aufgaben und Projekte auf Seiten des Geführten dann die Kriterien der Verstehbarkeit, Handhabbarkeit und Bedeutsamkeit, Aaron Antonovsky (1979) zufolge drei Kernmerkmale salutogener, also gesundheitsförderlicher Situationen, da diese als kohärent erlebt werden. Weiterhin sehen wir eine Verantwortung der Führungskraft was ihr Vorbildverhalten angeht, beispielsweise bezogen auf schädliche Verhaltensmuster wie Arbeitssucht oder auch Präsentismus. Auch die Prävention und schnelles Einschreiten bei zwischenmenschlichen

Belastungsfaktoren wie Konflikten, Mobbing oder sexueller Belästigung am Arbeitsplatz sind wichtige Führungsaufgaben.

Dennoch hat selbstverständlich auch das betriebliche Handeln von Führungskräften strukturelle und persönliche Grenzen. Gerade Führungskräfte, die aus einer Rolle als Mentor oder Coach heraus agieren, sollten diese Grenzen für sich besonders gründlich reflektieren und hierzu idealerweise begleitend kollegiale Beratung oder professionelle Supervision in Anspruch nehmen. Denn in der Regel sind sie bei aller denkbaren Erfahrung und allem denkbaren Engagement fachlich nicht kompetent, sämtliche auftretenden Belastungsursachen oder -folgen zu handhaben. Dies gilt insbesondere für den Umgang mit psychisch kranken Mitarbeitern, im Fall von Alkohol-, Medikamenten- oder Drogenmissbrauch oder sonstigen schwerer wiegenden Problemen in der Belegschaft.

In solchen Fällen ist es dringend geboten, auf professionelle Unterstützungsangebote zu verweisen bzw. entsprechende Stellen hinzuzuziehen, die solche Unterstützung gewährleisten oder vermitteln können. Eine vertrauliche Handhabung sollte absolut selbstverständlich sein. Zu nennen sind hier

- Beratungsstellen oder Ambulanzen für psychische oder Suchterkrankungen sowie
- Selbsthilfegruppen (sofern sich z. B. die Belastungssituation aus einem Angehörigenverhältnis ergibt), sowie natürlich
- der psychosoziale Dienst oder
- Betriebsarzt bzw. Betriebspsychologe, sofern vorhanden.

Wesentlich erscheint uns, dass die Verantwortung der Führungskräfte keineswegs isoliert von der des Unternehmens oder der Organisation betrachtet werden kann. Gesunde Führung und adäquate Unterstützung bereits belasteter Mitarbeiter erfordert Zeit und Raum. Dies ist nur möglich in einer nachhaltig auf Salutogenese ausgerichteten Unternehmenskultur, die entsprechendes Führungsverhalten fördert und die Führungskräfte entsprechend auch partiell vom operativen Geschäft entlastet sowie durch adäquate Schulungen und Weiterbildungen unterstützt. Andernfalls handelt es sich nicht um echte Verhältnisprävention, sondern lediglich um eine Verschiebung der Verantwortung auf die Personen der Führungskräfte.

Schließlich möchten wir betonen, dass auch jeder Einzelne letztlich eine klare Mitverantwortung für sich und seine Arbeitsverhältnisse trägt – „einfache“ Arbeitnehmer ebenso wie Führungskräfte verschiedener Ebenen. Dies betrifft zunächst die Wahl des Arbeitgebers und den dabei erzielten Grad an Passung zu dem, was man selbst kann und was einem wichtig ist. Nach Nerdinger (2011) greifen im Zuge der Entstehung und Veränderung von organisationalen

Normen und Organisationskultur letztlich zwei übergeordnete Prozesse: Gravitation und Sozialisation. Gravitation bezeichnet dabei die Tatsache, dass Unternehmen durch ihr Arbeitgeberimage, sowie natürlich auch die jeweilige Branche, Unternehmensgröße etc. eine gewisse Anziehungskraft auf bestimmte Typen von Arbeitnehmern ausüben. Insofern handelt es sich hier aus Sicht des Unternehmens um eine Vorauswahl von Individuen, die sich – hoffentlich – gut mit den vorherrschenden Werten und der üblichen Arbeitsweise identifizieren können. Im zweiten Schritt, der Sozialisation, wird diese grundsätzliche kulturelle Vereinbarkeit idealerweise verfeinert. Das Individuum wird zunehmend mit den verschiedenen Facetten der spezifischen Organisationskultur vertraut und kann sein (Arbeits-)Verhalten entsprechend den wahrgenommenen Regeln und Normen anpassen.

So ist sichergestellt, dass ein gewisser Grad an Passung zwischen Person und Organisation entsteht. Um ein extremes Beispiel zu wählen: ein überzeugter Veganer wird kaum Marketing für die fleischverarbeitende Industrie machen wollen, und sich entsprechend gar nicht erst auf eine solche Stelle bewerben. Alternativ: Wer gern in kleinen Teams mit flachen Hierarchien und flexiblen Rollen und Aufgabenbereichen arbeitet, sollte sich nicht bei einem traditionellen Großkonzern bewerben. In aller Regel gelingt es Arbeitgebern gut, unter anderem über gezielte Maßnahmen der Unternehmenskommunikation und des Employer Branding ein entsprechendes Image zu kreieren bzw. ihre Kultur so zu kommunizieren, dass sich dazu passende Arbeitnehmer angesprochen fühlen. Und selbstverständlich nehmen auch die einzelnen Arbeitnehmer Einfluss auf die Gestaltung und das tägliche Ausgestalten einer Organisationskultur im kollegialen Miteinander, in der Führung, in formellen wie informellen Situationen. So kommt immer wieder „frischer Wind“ in implizite wie explizite Normen, diese bleiben lebendig und passen sich gegebenenfalls veränderten Rahmenbedingungen an.

Damit geht aber nach unserem Verständnis auch einher, dass jeder Einzelne eine Mitverantwortung dafür trägt, wie das Klima am Arbeitsplatz ist, wie miteinander umgegangen wird, in welcher Art und Weise und welchen Volumina Aufgabenpakete geschnürt und übernommen werden, und so fort. Eine Kultur hoher Hilfsbereitschaft und hohen Engagements kann beispielsweise überdecken, dass gesamte Teams oder Abteilungen im Grunde dauerhaft überlastet sind und eigentlich zusätzliches Personal nötig wäre, um alle Aufgaben gut zu bewältigen und dabei langfristig gesund zu bleiben. Wer sich hier nie abgrenzt, bzw. weder Weiterbildung noch zusätzliche Arbeitsmittel oder andere Formen der Unterstützung einfordert, trägt zum Fortbestehen psychischer Belastungen bei. Oft liegt hier ein Selbstbild der uneingeschränkten Leistungsfähigkeit und Belastbarkeit zugrunde. Wer seine Grenzen nicht erkennt und/oder nicht kommuniziert, sondern scheinbar aufopferungsvoll gesunde Selbstfürsorge vernachlässigt, tut jedoch langfristig weder sich selbst noch den Kollegen oder dem System insgesamt einen Gefallen: Aus Überlastung resultierendes Fehlverhalten (von Reizbarkeit und Konfliktanfälligkeit über suboptimale Entscheidungen bis hin zu Arbeitsunfällen) und Langzeit-Ausfälle sind für die Kollegen und das gesamte Unternehmen meist viel gravierender als eine punktuelle und nachvollziehbar erklärte Abgrenzung (Mierke & van Amern, 2018). Der Workaholic als vermeintlicher Leistungsträger der Organisation hat ausgedient. Diese Erkenntnis ist nicht neu (Poppelreuter, 2013, 2016b), wird immer wieder auch propagiert, allerdings nach wie vor nicht immer umgesetzt. Dabei sind nicht nur Führungskräfte „Modelle", auch jeder „einfache" Arbeitnehmer ist in seinem Verhalten – beabsichtigt oder nicht – Vorbild für andere und prägt den Fortbestand bzw. Wandel von Organisationskultur im Sinne deskriptiver Normen mit.

Umgekehrt ist ein solches Verhalten auf individueller Ebene ebenso wie verantwortungsvolles Führungsverhalten nur möglich, wenn die Organisation als Ganzes die Verhältnisse entsprechend gestaltet. Wir sehen Verantwortung bei den Führungskräften aller Ebenen und wir sehen Verantwortung beim Einzelnen, aber beides kann nur gelebt werden, wenn die Verhältnisse, die von Unternehmen oder Organisation gestalteten Rahmenbedingungen dies tragen und fördern. Insofern greifen die drei Ebenen von Verantwortung hier untrennbar ineinander (vgl. auch das Modell Drei Ebenen gesunder Klarheit, Mierke & van Amern, 2018). Viele Unternehmen haben sich bereits Gesundheitsförderung, Arbeitssicherheit und Nachhaltigkeit in die Kultur geschrieben. Viele Unternehmen bieten auch umfassende Schulungen, Maßnahmen und Unterstützung durch Ansprechpartner an, so dass diese Werte auch erkennbar implementiert sind und nicht nur als wünschenswerte Worthülsen in Hochglanzbroschüren stehen. Allerdings beobachten wir auch, dass diese Angebote häufig nicht oder nur wenig genutzt und teils von der Belegschaft mit Skepsis betrachtet werden. Wir möchten ein klares Plädoyer für eine deutliche Aufwertung von Verhältnisprävention über Verhaltensprävention aussprechen. Es liegt in der Verantwortung der Unternehmen, für gesunde Verhältnisse am Arbeitsplatz zu sorgen. Es liegt in der Verantwortung der Führungskräfte und der einzelnen Arbeitnehmer, die damit einhergehenden Werte im Alltag auch wirklich mit Leben zu füllen, bestehende Angebote zu nutzen und ggf. weitere Maßnahmen anzuregen und mitzugestalten. Sofern die ergriffenen Maßnahmen und Programme von der Belegschaft nur zögerlich angenommen werden, ist es wiederum in der Verantwortung des Unternehmens, Ursachenforschung zu betreiben und Abhilfe zu schaffen – nicht zuletzt, um die eingesetzten finanziellen Mittel nicht verpuffen, sondern ggf. in zielführendere Angebote fließen zu lassen. Hierbei hilft eine professionelle Wirksamkeitsevaluation.

4.2 Wirksamkeitsevaluation von Maßnahmen in der Arbeitswelt 4.0

Es wurde bereits mehrfach betont, dass in Zeiten von „Perma-Change" (siehe Abschnitt 2.3.4) auch betriebliches Gesundheitsmanagement und ganzheitliche Prävention bzw. Intervention ein hohes Maß an Flexibilität und Prozesscharakter aufweisen müssen. Entsprechend können solche Maßnahmen nicht einer klassischen abschließenden Wirksamkeitsbewertung unterzogen werden, da sie kaum je zu einem Zeitpunkt 1 beginnen und zu einem Zeitpunkt 2 beendet sind. Vielmehr ist es erforderlich, kontinuierlich prozessbegleitende oder „formative" Evaluation durchzuführen.

Formative Evaluation ermöglicht es, Anforderungen an und Nutzung von belastungsreduzierenden Maßnahmen im Arbeitskontext kontinuierlich zu erfassen und so während auch laufende Programme bedarfs- und zielgruppengerecht anzupassen (Rossi, Lipsey & Freeman, 2004). Ähnlich wie bei den für schnelllebige Märkte empfohlenen „minimal viable products" nach dem Vorbild von typischen Silicon-Valley-Projekten (Keese, 2016) wird so zunächst schmal und eben minimalistisch begonnen und iterativ verfeinert und weiterentwickelt. Erste simple, aber in sich funktionierende Schritte werden direkt umgesetzt und dabei in permanenten Feedbackprozessen begleitend geprüft, was gut funktioniert und was weniger, und welche weiteren Features aus Anwender- oder eben Zielgruppensicht hilfreich wären. So können schnell kleine Anpassungen vorgenommen und Produkte und Dienstleistungen kontinuierlich optimiert werden.

Grundvoraussetzung für eine gelungene Maßnahme zur Vorbeugung, Handhabung oder Reduktion psychischer Belastungen am Arbeitsplatz ist zunächst eine saubere Zielgruppen- und Bedarfsanalyse. Hierbei wird idealerweise anhand empirischer Daten ermittelt,

1. seit wann oder mit welcher Wahrscheinlichkeit
2. was konkret
3. in welchem Umfang
4. wessen Problem ist oder werden könnte.

Darauf aufbauend werden entsprechend geeignet erscheinende erste Maßnahmen abgeleitet. Ziel und Zweck der Maßnahmen sollten plausibel sein, weiterhin muss es möglich sein, Daten über den Grad der Zielerreichung zu erheben (Rossi et al., 2004). Infobox 4.2.1 beinhaltet ein entsprechendes Fallbeispiel, anhand dessen die Schritte einer Wirksamkeitsevaluation beschrieben werden.

Infobox 4.2.1:
Fallbeispiel

Man hat in einem größeren mittelständischen Unternehmen festgestellt, dass ein nennenswerter Anteil der Belegschaft des Betriebs unter hohem Stress bezüglich der Vereinbarkeit von Beruf und Familie leidet, da immer wieder ältere Angehörige zu pflegen oder erkrankte Kinder zu versorgen sind. Die Problematik betrifft insbesondere die Mitarbeiter in der Altersgruppe zwischen 30 und 45 und führt dort zu häufigen Krankschreibungen sowie eingeschränkter Leistungsfähigkeit am Arbeitsplatz. Weitere Befragungen im Rahmen der Bedarfsanalyse ergeben, dass gerade Vollzeitbeschäftigte kaum Gelegenheit finden, sich über Möglichkeiten einer qualitativ hochwertigen Betreuung zu informieren. Es wird beschlossen, eine entsprechende Beratungsstelle im Betrieb zu installieren, die täglich für 3 Stunden geöffnet ist und während der Arbeitszeit aufgesucht oder telefonisch und per E-Mail kontaktiert werden kann. Die Beratungsstelle informiert über gute ortsnahe Tagespflegeeinrichtungen für Pflegebedürftige und vermittelt zertifizierte Kinderbetreuung zu Hause. Auf Antrag soll es mittelfristig die Möglichkeit geben, dass die Kosten vom Unternehmen bezuschusst werden, sofern genügend Beschäftigte die Leistungen in Anspruch nehmen und damit günstige Rahmenverträge ausgehandelt werden können. Selbstverständlich möchte die Geschäftsführung aber wissen, ob diese Ansätze tatsächlich geeignet sind, die Leistungsfähigkeit der betroffenen Mitarbeiter voll wiederherzustellen und den hohen Krankenstand nachhaltig zu reduzieren.

Die in Infobox 4.2.1 beschriebene Maßnahme soll begleitend evaluiert werden. Im Rahmen von Prozessevaluation kann sowohl ein Prozessmonitoring als auch ein Ergebnismonitoring erfolgen (vgl. Rossi et al., 2004). Unter Prozessmonitoring versteht man dabei die systematische und kontinuierliche Dokumentation der Umsetzung einer Maßnahme. Hier geht es zunächst also darum zu prüfen, ob überhaupt alles „soweit klappt". Im Zuge dieser Überprüfung würde man einerseits die Nutzung eines Angebots, hier der Beratungsstelle betrachten. Dabei werden Daten dazu gesammelt, ob das Angebot überhaupt in Anspruch genommen wird, und wenn ja, in welchem Umfang, sowie von wem genau. Möglich wäre ja, dass nur ein Teil der Zielgruppe überhaupt über das Beratungsangebot informiert ist, und andere, beispielsweise aus bestimmten Abteilungen oder anderen Niederlassungen, gar nichts davon wissen. Weiterhin wäre es denkbar, dass auch solche Personen das Angebot nutzen und damit Ressourcen binden, die gar nicht zur Zielgruppe gehören (z. B. weil sie sich für betroffene Freunde erkundigen, die aber gar nicht in diesem Unternehmen arbeiten). Dies würde für die eigentliche Zielgruppe lange Wartezeiten und Terminknappheit verursachen. In diesem Fall spricht man von Fehldeckung, da das Angebot zwar genutzt wird, aber die Zielgruppe verfehlt. Möglich wäre schließlich, dass das Angebot gut genutzt wird und auch ausschließlich von Personen, die zur Zielgruppe gehören, aber dass eine Unterdeckung vorliegt. Dies wäre der Fall, wenn die personellen Ressourcen (also in diesem Fall die Anzahl geschulter Berater bzw. die verfügbaren Termine pro Woche) für den vorhandenen Bedarf nicht ausreichen. Ebenso wird, je nach Kontext und Fragestellung, natürlich auch betrachtet, ob räumliche und materielle Ressourcen ausreichen oder diesbezüglich eine Unterdeckung vorliegt (z. B. Impfstoffe oder Schutzkleidung). Weiterhin kann man die Zufriedenheit der Nutzer erfassen, und im laufenden Programm Verbesserungsvorschläge erfragen.

Prozessmonitoring umfasst also insgesamt alle Fragen einer gelungenen organisatorischen Umsetzung. Die häufigsten Schwierigkeiten, die dabei auftreten können, sind, dass die Zielgruppe nicht ausreichend über die Maßnahme informiert ist oder die Dienstleistungen falsch spezifiziert bzw. schlecht zugänglich sind (z. B. ungünstige Öffnungszeiten, weite Wege). Auch kann es vorkommen, dass zwar ein Pilotprojekt erfolgreich war, die Herangehensweise jedoch nicht für den Einsatz im großen Stil geeignet ist. Insofern ist auch nach einer erfolgreichen ersten Testphase ein begleitendes Prozessmonitoring empfehlenswert, wenn eine Maßnahme ausgeweitet oder über einen längeren Zeitraum hinweg umgesetzt wird.

Es ist schließlich auch zu berücksichtigen, dass manche Maßnahme zunächst gut funktioniert, weil sie einen Neuheitswert hat, sich aber im Laufe der Zeit abnutzt. Die erforderlichen finanziellen und personellen Mittel bringen also nicht unbedingt einen linearen Nutzen und könnten ggf. sinnvoller anderweitig eingesetzt werden. Dies wird erst sichtbar, wenn man neben der Organisation und dem Ablauf auch den „Ertrag“ der Maßnahme erfasst. Insofern sollte ein Prozessmonitoring stets von Ergebnismonitoring begleitet werden. Im Rahmen von Ergebnismonitoring wird kontinuierlich überwacht, ob die Maßnahme bereits die gewünschten Effekte erzielt. Im Falle unseres Beispiels wäre dies eine Reduktion des Krankenstandes der betroffenen Beschäftigtengruppe bzw. gegebenenfalls aufgrund der Stressreduktion eine Verbesserung der Entscheidungs- und Servicequalität auf Basis des Urteils von Vorgesetzten, Kollegen oder Kunden.

Geht man methodisch besonders sauber vor, sollte dabei berücksichtigt werden, dass selbstverständlich nicht der gesamte Effekt auf die Maßnahme zurückzuführen sein muss. In der Praxis kommt es über die Zeit häufig „von selbst“ zu Veränderungen in den fraglichen Kennzahlen, hier z. B. im Krankenstand. So könnte es sein, dass man das Angebot in einer Phase gestartet hat, in der der Krankenstand durch erkrankte Kleinkinder besonders hoch war. Wenn die Erkältungszeit dann vorbei ist und es Frühjahr wird, geht dieser Wert von selbst zurück, ohne dass dies als Erfolg der Maßnahme verbucht werden muss. Für andere Bereiche kann man sich ebenfalls vorstellen, dass saisonale Schwankungen oder auch zwischenzeitliche Ereignisse zu einer Verbesserung oder auch Verschlechterung der Situation beitragen. Beispiele sind Urlaubs- oder Weihnachtszeit, Jahresabschluss oder Hochsaison, weiterhin allgemeine Veränderungen am Arbeitsmarkt, Gesetzesänderungen, politische oder gesellschaftliche Ereignisse, und natürlich kritische Vorkommnisse im Betrieb, wie eine Abteilungsfusion, schwere Unfälle, Kündigungen, oder auch die Einführung von Bonuszahlungen oder eine Beförderungswelle. Ideal ist es, wenn im Sinne eines Quasiexperiments eine Kontrollgruppe (z. B. bei mehreren Standorten) oder zumindest Daten aus den Vorjahren als Vergleichswert zur Verfügung stehen, damit abgeschätzt werden kann, in welchem Ausmaß die Veränderungen natürliche Effekte widerspiegeln und in welchem sie tatsächlich auf die Maßnahme zurückzuführen sind. Andernfalls ist eine Bestimmung der Effizienz, also des Verhältnisses der Kosten zum erzielten Nutzen der Maßnahme kaum möglich.

4.3 Arbeitswelt 4.0 – Wie geht es weiter?

Wir lesen es quasi tagtäglich: Alles ist im Wandel – die Weltwirtschaft, die Gesellschaft, die Arbeitswelt. Belastungen und Beanspruchungen in Arbeit und Beruf nehmen zu – von den Mitarbeitenden wird mehr verlangt, und die Mitarbeitenden verlangen mehr. Die Grenze zwischen Arbeits- und Privatleben verschwimmt zunehmend. Die Folge: Die Arbeitsbedingungen müssen sich zukünftig stärker nach den privaten Lebensverhältnissen und den Bedürfnissen der Mitarbeiter richten. Dies ist nicht etwa nur ein Anliegen von Arbeitnehmern, sondern auch erklärtes Ziel vieler Arbeitgeber, die längst erkannt haben, dass motivierte Mitarbeiter zu mehr Produktivität beitragen. Der ausgerufene Zielzustand aller Agilität bleibt die „Work-Life-Balance“.

Viel wird also diskutiert und geschrieben darüber, wie die „neue Arbeitswelt“ denn wohl aussehen wird. Oder besser noch: Wie sie aussehen soll. Dass durch Technologie und Globalisierung große Veränderungen eingetreten sind und auch weiterhin eintreten werden, gilt als unbestritten. Das White Book des Bundesministeriums für Arbeit und Soziales (BMAS, 2017) nennt mögliche Entwicklungen und Innovationen am Arbeitsmarkt und in der Beziehung der Gesellschaft zur Arbeit. Dabei spielt das Thema „Ausgewogenheit zwischen Arbeit und sonstigen Lebensbereichen“ eine große Rolle.

Es gibt weitere, sehr revolutionäre Ansätzen zu der Frage, wie die Arbeit und unser Verhältnis dazu sich weiter entwickeln werden. Eine neue Denkrichtung wird symbolisiert durch das New Work Movement (Bergmann, 1977, 2004). Bergmann (1977, 2004) formuliert dabei vier Grundideen, die zu einer Neubetrachtung, aber auch Neuverteilung der Arbeit im Leben des einzelnen Individuums, aber auch ganzer Gesellschaften führen sollen:

- Freiheit ist nicht Wahlfreiheit, sondern Handlungsfreiheit
- Neue Arbeit bietet Freiräume für Kreativität und Persönlichkeitsentfaltung
- Zentrale Werte sind: Selbstständigkeit, Freiheit, Teilhabe an Gemeinschaft
- Die künftige Verteilung der Arbeit, die der Einzelne leistet, ist: 1/3 Erwerbsarbeit, 1/3 High-Tech-Self-Providing und Smart Consumption, 1/3 „Arbeit, die man wirklich will".

Bergmann kritisiert zunächst den amerikanischen Freiheitsbegriff. Es gehe, so Bergmann (1977, 2004), nicht darum, zwischen zwei (mehr oder weniger schlechten) Alternativen wählen zu können (Wahlfreiheit). Freiheit bedeute vielmehr, die Möglichkeit zu haben, etwas wirklich Wichtiges zu tun (Handlungsfreiheit). Seine Vision ist es nun, durch „neue Arbeit" Freiräume für Kreativität und Entfaltung der eigenen Persönlichkeit zu schaffen. Letztlich betrachtet er Lohnarbeit als etwas, das den Menschen unfrei macht. Durch die „neue Arbeit", die aufgrund technologischer Fortschritte, aber auch gesellschaftlicher Wandlungsprozesse möglich wird, kann sich die Menschheit nunmehr aus der Lohnarbeit befreien. Letztlich ist Bergmanns Ansatz ein humanistischer.

Wie kommt nun die „Drittelung" der zukünftigen Arbeit der Menschen zustande? Da Erwerbsarbeit nach dem Verständnis der Industriegesellschaft durch fortschreitende technologische Entwicklungen und Automatisierungsprozesse in sämtlichen Wirtschaftsbereichen nicht mehr in vollem Umfang zur Verfügung stehen wird, schlagen die Verfechter der New Work-Idee eine gekürzte Erwerbsarbeit für jeden vor. Die gekürzte Erwerbsarbeit schafft eine finanzielle Basis für Dinge, die weder in Eigenarbeit, noch durch nachbarschaftliche Netzwerke produziert werden können.

Neben der gekürzten Erwerbsarbeit spielt die Selbstversorgung der Menschen auf höchstem technischem Niveau (High Tech Self Providing) eine immense Rolle. In naher Zukunft könnten nach Bergmann (1977, 2004) kooperativ betriebene „Fabber" – automatische Alleskönner – die Eigenproduktion von Gütern übernehmen.

Der Gedanke der Smart Consumption (schlauer Konsum) soll schließlich – so Bergmann (1977, 2004) – dazu führen, dass die Menschen sich Gedanken darüber machen, was sie eigentlich brauchen. Nach seiner Auffassung sind viele Produkte wenig sinnvoll, da sie im Gebrauch eher mehr Arbeit machen als sie einsparen. Als Beispiel nennt er die Knoblauchpresse, deren zeitsparender

Nutzen im Verhältnis zum Aufwand der Reinigung verschwindend gering sei. Schließlich vertritt Bergmann die These, dass man durch Selbstversorgung und schlauen Konsum trotz geringerem Einkommen (nur noch 1/3 Erwerbsarbeit) einen guten Lebensstandard erreichen könne.

Letztlich macht Bergmann (1977, 2004) deutlich, dass es eine Arbeit weit jenseits des Lohnarbeitssystems gibt, die bei weitem erfüllender, befriedigender und auch sinnvoller ist als die klassische Erwerbsarbeit. Es geht darum, dass jeder Mensch eine Arbeit finden kann und sollte in Übereinstimmung mit seinen eigenen Wünschen, Hoffnungen, Träumen und Begabungen. Bergmann ist jedoch kein Revolutionär. Er glaubt, dass die Veränderung nur nach und nach erfolgen kann durch Menschen, die sich an dem orientieren, was sie wirklich wollen und sich durch Selbstversorgung allmählich unabhängiger machen vom Lohnarbeitssystem durch Selbstversorgung. Er schlägt vor, dass die Menschen in so genannten Zentren für Neue Arbeit gemeinsam mit Mentoren herausfinden, welche Arbeit sie wirklich tun wollen. Dieser Prozess ist nicht trivial, da die Menschen zur „Selbstunkenntnis" (Bergmann, 2004) neigen. Mit der Frage nach der Arbeit, die man wirklich tun will, soll eine Suchbewegung eröffnet werden, die schließlich das eigene Leben so verändern kann, dass ein Mensch sich lebendig(er) fühlt.

Auch im New Work Movement geht es darum, dass der Mensch – neben der Arbeit – weitere Lebensbereiche für sich erschließen und ausbauen soll. Genau diese Maßnahmen werden ja immer wieder, neben anderen, empfohlen, um psychische Belastungen am Arbeitsplatz zu reduzieren oder gänzlich zu vermeiden. Das geflügelte Wort von der Work-Life-Balance benötigt inzwischen keine weitere Erläuterung mehr, jeder weiß, was gemeint ist. Es wäre allerdings noch zu überprüfen, ob so ein wie von Bergmann (1977, 2004) vorgeschlagenes Modell oder auch ein bedingungsloses Grundeinkommen, was im Zuge des New Work Movements ja auch diskutiert wird, die psychischen Belastungen und Gefährdungen von Menschen reduziert. Dass dies auf den Arbeitsplatz bezogen gilt, ist logisch, denn wer ein bedingungsloses Grundeinkommen bezieht, muss nicht mehr arbeiten gehen, es sei denn, er will. Insofern kann ihn die Arbeit auch nicht (mehr) psychisch beanspruchen. Angesichts der vielfältigen weiteren positiven Effekte, die die Arbeit für den Menschen hat (neben der Existenzsicherung), ist allerdings nicht zu erwarten, dass ein Wegfall der Arbeit automatisch zu einer besseren Gesundheit des Einzelnen oder gar der Gesamtbevölkerung führt.

Dass durch den Verlust der Arbeit bzw. das Verlassen des Arbeitslebens erhebliche psychische Belastungen auf die Betroffenen zukommen können, ist vielfach belegt. Ob und wie sich Arbeit und unterschiedliche Arbeitsbedingungen auf die Psyche auswirken, ist interindividuell, ja mitunter selbst intraindividuell höchst unterschiedlich. Für den einen ist ein Mehr, für den anderen ein Weniger an Arbeit psychisch gesund. In bestimmten Lebensphasen spielt Arbeit eine größere Rolle als in anderen. Die Bedeutung von Arbeit verändert sich nicht nur über die Lebensspanne, sondern auch in Abhängigkeit von sozialen und gesellschaftlichen Rahmenbedingungen. Die Prävention von psychischen Gefährdungen am Arbeitsplatz kann daher nicht nur kollektiv, sie muss auch individuell abgestimmt und angemessen erfolgen. In einer auf permanente Optimierung ausgerichteten Gesellschaft wie der unsrigen, in der von Smart Working, Work-Life-Balance und Sabbaticals die Rede ist, ist die Zahl der Stimmen groß, die uns sagt, *wie* wir zu arbeiten haben, um gesund zu bleiben.

Dass das ständige Vorsagen von vermeintlich guten Tipps und Ratschlägen zu einem ausgewogenen und gesunden Lebensstil selbst zu einer psychischen Belastung werden kann, wird dabei häufig übersehen. Die Diskussion um psychische Gefährdungen am Arbeitsplatz ist mitunter von Beiträgen geprägt, die sich unschwer als Gesinnungsterror ausmachen lassen. Es ist die Aufgabe eines jeden Einzelnen, für sich selbst eine gesunde Haltung und Einstellung zur Arbeit zu finden. Dabei stehen beispielsweise folgende Fragen im Mittelpunkt: Was ist das überhaupt, ein Leben in Balance? Womit füllen wir unser Leben und welchen Dingen räumen wir welchen Platz ein? Was ist wichtig? Was nicht? Worauf kommt es wirklich an? Um aufzuzeigen, wie so eine Auseinandersetzung aussehen kann, soll zum Abschluss dieses Buches eine Anekdote zum Nachdenken anregen (Infobox 4.3.1).

Infobox 4.3.1:
Eine Anekdote – Work-Life-Balance auf rheinische Art (Überlieferung)

Ein Philosophieprofessor stand vor seinen Studenten und hatte ein paar Dinge vor sich liegen. Als der Unterricht begann, nahm er ein großes leeres Glas und füllte es bis zum Rand mit großen Steinen. Anschließend fragte er seine Studenten, ob das Glas voll sei. Sie stimmten ihm zu. Der Professor nahm eine Schachtel mit Kieselsteinen, schüttete sie in das Glas und schüttelte es leicht. Die Kieselsteine rollten natürlich in die Zwischenräume der größeren Steine. Dann fragte er seine Studenten erneut, ob das Glas jetzt voll sei. Sie stimmten wieder zu und lachten. Der Professor seinerseits nahm eine Schachtel mit Sand und schüttete ihn in das Glas. Natürlich füllte der Sand die letzten Zwischenräume im Glas aus.

„Nun", sagte der Professor zu seinen Studenten, „Ich möchte, dass Sie erkennen, dass dieses Glas wie Ihr Leben ist! Die Steine sind die wichtigen Dinge im Leben: Ihre Familie, Ihr Partner, Ihre Gesundheit, Ihre Kinder – Dinge, die – wenn alles andere wegfiele und nur sie übrig blieben – Ihr Leben immer noch erfüllen würden. Die Kieselsteine sind andere, weniger

wichtige Dinge, wie z.B. Ihre Arbeit, Ihre Wohnung, Ihr Haus oder Ihr Auto. Der Sand symbolisiert die ganz kleinen Dinge im Leben.
Würden Sie den Sand zuerst in das Glas füllen, bleibt kein Raum für die Kieselsteine oder die großen Steine. So ist es auch in Ihrem Leben: Wenn Sie all Ihre Energie für die kleinen Dinge in Ihrem Leben aufwenden, haben Sie für die großen keine Zeit und keine Kraft mehr. Achten Sie daher auf die wichtigen Dinge, nehmen Sie sich Zeit für Ihre Familie, Ihre Freunde oder Ihren Glauben, achten Sie auf Ihre Gesundheit. Es wird noch genug Zeit geben für Arbeit, Haushalt, Partys, usw. Achten Sie zuerst auf die großen Steine – sie sind es, die wirklich zählen. Der Rest ist nur Sand."
Nach dem Unterricht nahm einer der Studenten das Glas mit den großen Steinen, den Kieseln und dem Sand – bei dem mittlerweile sogar der Professor zustimmte, dass es voll war. Der Student ergriff ein Glas Kölsch, schüttete es langsam in das Glas und meinte: „Aber egal wie voll das Leben auch ist. Platz für ein Kölsch ist immer."

Literaturverzeichnis

Absenger, N., Ahlers, E., Bispinck, R., Kleinknecht, A., Klenner, C., Lott, Y. & Seifert, H. (2014). Arbeitszeiten in Deutschland. Entwicklungstendenzen und Herausforderungen für eine moderne Arbeitszeitpolitik. WSI-Report, 19. [www-Dokument]. Verfügbar unter: https://www.boeckler.de/pdf/p_wsi_report_19_2014.pdf [abgerufen am 08. 06. 2018].

Allen, T. J. & Gerstberger, P. G. (1973). A field experiment to improve communications in a product engineering department: The non-territorial office. Paper provided by Massachusetts Institute of Technology (MIT), Sloan School of Management in its series Working papers, 653–673.

Amstutz, S., Kündig, S. & Monn, C. (2010). SBiB-Studie – Schweizerische Befragung in Büros. Luzern: Hochschule Luzern. [www-Dokument]. Verfügbar unter: http://www.news.admin.ch/NSBSubscriber/message/attachments/18922.pdf [abgerufen am 08. 06. 2018].

Andreassen, C. S. (2013). Workaholism: An overview and current status of the research. Journal of Behavioral Addictions, 3, 1–11.

Anger, S. (2006): Zur Vergütung von Überstunden in Deutschland: Unbezahlte Mehrarbeit auf dem Vormarsch. DIW Wochenbericht Nr. 15, Berlin: DIW.

Antonovsky, A. (1979). Health, Stress and Coping. San Francisco: Jossey Bass.

APA (2015). Diagnostische Kriterien DSM-5. Deutsche Ausgabe herausgegeben von P. Falkai und H.-U. Wittchen. Göttingen: Hogrefe.

Aronsson, G., Gustafsson K. & Dallner M. (2000). Sick but yet at work. An empirical study of sickness presenteeism. Journal of Epidemiology and Community Health, 54, 502–509.

Ärzteblatt (2017). Japan: Tod durch Überarbeitung. [www-Dokument]. Verfügbar unter: https://www.aerzteblatt.de/nachrichten/81727/Japan-Tod-durch-Ueberarbeitung [abgerufen am 08. 06. 2018].

Bach, A. C. & Mierke, K. (2018). Entwicklung und Validierung einer Skala zur Erfassung von Motiven für Präsentismus am Arbeitsplatz (SEMPA). Wirtschaftspsychologie, 18 (2), 89–101.

Badura, B., Schröder, H. & Vetter, C. (2009). AOK-Fehlzeiten-Report 2008, Schwerpunktthema: Betriebliches Gesundheitsmanagement. Wiesbaden: Vieweg & Teubner.

Ballach, S. (2013). Arbeitskreis Gesundheit und Gesundheitszirkel. [www-Dokument]. Verfügbar unter: http://betriebliche-gesundheitsfoerderung24.de/arbeitskreis-gesundheit-und-gesundheitszirkel/ [abgerufen am 08. 06. 2018].

Bamberg, E., & Vahle-Hinz, T. (2014). Belastungen und Ressourcen. In H. Schuler & U.-P. Kanning (Hrsg.), Lehrbuch der Personalpsychologie (S. 1031–1077). Göttingen: Hogrefe.

Bandura, A. (1977). Self-efficacy: toward a unifying theory of behavioral change. Psychological Review, 84, 191–215.

Bathmann, N., Cornelißen, W., & Müller, D. (2013). Gemeinsam zum Erfolg? Berufliche Karrieren von Frauen in Paarbeziehungen. Wiesbaden: Springer.

Bergmann, F. (1977). On Being Free. Notre Dame: University of Notre Dame.

Bergmann, F. (2004). Neue Arbeit, Neue Kultur. Freiburg: Arbor.

Berkel, K. (1984). Konfliktforschung und Konfliktbewältigung: ein organisationspsychologischer Ansatz (Vol. 9). München: Duncker & Humblot GmbH.

Berkel, K. (2017). Konflikttraining: Konflikte verstehen, analysieren, bewältigen. In N. Crisand & N. Raab (Hrsg.), Arbeitshefte Führungspsychologie, Bd. 15. Hamburg: Windmühle.

Berufsgenossenschaft Holz und Metall (2015). Beurteilen von Gefährdungen und Belastung. Anleitungshilfe zur systematischen Vorgehensweise, sichere Schritte zum Ziel (BGHM-Information 102). Mainz: BGHM.

Berufsverband Deutscher Psychologinnen und Psychologen (BDP) (2016). Gesunde Arbeit (Teile 12, 13). [www-Dokument]. Verfügbar unter http://www.bdp-verband.de/bdp/archiv/gesunde-arbeit/ [abgerufen am 11. 06. 2018].

Biron, C., Brun, J., Ivers, H. & Cooper C. L. (2006). At work but ill. Psychosocial work environment and well-being determinants of presenteeism propensity. Journal of Public Mental Health, 5, 26–37.

Bohmeyer, A. (2002). Arbeitssucht als soziale Pathologie der Erwerbsarbeitsgesellschaft. <Frankfurter Arbeitspapiere zur gesellschaftlichen und sozialwissenschaftlichen Forschung, Nr. 34. Frankfurt: Nell-Breuning-Institut.

Bonanno, G. A. (2004). Loss, trauma, and human resilience: have we underestimated the human capacity to thrive after extremely aversive events? American Psychologist, 59, 20–28.

Bonanno, G. A., Moskowitz, J. T., Papa, A. & Folkman, S. (2005). Resilience to loss in bereaved spouses, bereaved parents, and bereaved gay men. Journal of Personality and Social Psychology, 88, 827–843.

Breitsameter, J. & Reiners-Kröncke, W. (1997). Arbeitssucht – ein umstrittenes Phänomen. Ursachen – Formen – Folgen – Hilfen. St. Augustin: Asgard.

Brown, S. L., Nesse, R. M., Vinokur, A. D. & Smith, D. M. (2003). Providing social support may be more beneficial than receiving it: Results from a prospective study of mortality. Psychological Science, 14, 320–327.

Bundesanstalt für Arbeitsschutz und Arbeitsmedizin (BAuA) (2010). Psychische Belastung und Beanspruchung im Berufsleben: Erkennen – Gestalten. [www-Dokument]. Verfügbar unter: http://www.baua.de/cae/servlet/contentblob/673898/publicationFile/9 [abgerufen am 08. 06. 2018].

Bundesanstalt für Arbeitsschutz und Arbeitsmedizin (BAuA) (2014). Gefährdungsbeurteilung psychischer Belastung: Erfahrungen und Empfehlungen. Berlin: Erich Schmidt Verlag.

Bundesmann-Jansen, J., Groß, H. & Munz, E. (2000). Arbeitszeit 99: Ergebnisse einer repräsentativen Beschäftigtenbefragung zu traditionellen und neuen Arbeitszeitformen in der Bundesrepublik Deutschland. Köln: Bundesministerium für Arbeit, Soziales und Stadtentwicklung, Kultur und Sport des Landes Nordrhein Westfalen.

Bundesministerium für Arbeit und Soziales (Hrsg.) (2017). Weißbuch Arbeiten 4.0. [www-Dokument]. Verfügbar unter http://www.bmas.de/SharedDocs/Downloads/DE/PDF-Publikationen/a883-weissbuch.pdf?__blob=publicationFile [abgerufen am 11. 06. 2018].

Bundespsychotherapeutenkammer (2012). Studie zur Arbeitsunfähigkeit. Psychische Erkrankungen und Burnout. [www-Dokument]. Verfügbar unter: http://www.bptk.de/fileadmin/user_upload/Publikationen/BPtK-Studien/Arbeitsunf%C3%A4higkeit_aufgrund_psychischer_Belastungen/20120606_BPtK-Studie_Arbeitsunfaehigkeit_2012.pdf [abgerufen am 08. 06. 2018].

Bundesrat (2013). Entwurf einer Verordnung zum Schutz vor Gefährdungen durch psychische Belastung bei der Arbeit. [www-Dokument]. Verfügbar unter: http://www.arbrb.de/media/VO_31513.pdf [abgerufen am 11. 06. 2018].

Burchert, J. & Grobe, R. (2017). Herausforderungen bei der Implementierung digital gestützter beruflicher Weiterbildung. Magazin erwachsenenbildung.at, 11, 1–9.

Burisch, M. (2010). Das Burnout-Syndrom (4. Auflage). Berlin: Springer.

Burke, R.J. (1999). Workaholism in organizations: measurement validation and replication. International Journal of Stress Management, 6, 45–56.

Burnes, B. (2004). Kurt Lewin and the planned approach to change: a re-appraisal. Journal of Management Studies, 41, 977–1002.

Busch, W. (1959). Gesammelte Werke. München: Braun & Schneider.

Caverley, N., Cunningham, J. B. & MacGregor, J. N. (2007). Sickness presenteeism, sickness absenteeism, and health following restructuring in a public service organization. Journal of Management Studies, 44, 304–319.

Cherrington, D.J. (1980). The Work Ethic: Working Values that Work. New York: Amacom.

Claessens, B. J. C., van Eerde, W., Rutte, C. G. & Roe, R. A. (2007). A review of the time management literature. Personnel Review, 36, 255–276.

Csef, H. (2016). Narzissmus und Derailment – wenn Führungskräfte entgleisen. Organisationsberatung, Supervision, Coaching, 23, 163–171.

Csíkszentmihályi, M. (2000). Beyond boredom and anxiety. San Francisco: Jossey-Bass.

DAK Gesundheitsreport 2015 (2015). [www-Dokument]. Verfügbar unter: https://www.dak.de/dak/download/Vollstaendiger_bundesweiter_Gesundheitsreport_2015-1585948.pdf [abgerufen am 07. 06. 2018].

ddb (2018). Fristlose Kündigung wegen Mobbings. [www-Dokument] Verfügbar unter https://www.dbb.de/der-dbb/frauen/urteile/mobbing/fristlose-kuendigung-wegen-mobbings-lag-thueringen.html [abgerufen am 24. 06. 2018]

Demerouti, E., Le Blanc, P. M., Bakker, A. B., Schaufeli, W. B. & Hox, J. (2009). Present but sick. A three wave study on job demands, presenteeism and burnout. Career Development International, 14, 50–68.

Deutschlandfunk (2017). EU-Digitalgipfel. Digitalisierung ist das heißeste Schlagwort zurzeit. Interview mit Christoph Keese anlässlich des EU-Digitalgipfels in Tallinn. [www-Dokument]. Verfügbar unter https://www.deutschlandfunk.de/eu-digitalgipfel-digitalisierung-ist-das-heisseste.694.de.html?dram:article_id=397073 [abgerufen am 07. 06. 2018].

DGB-Index Gute Arbeit (2012). Arbeitshetze – Arbeitsintensivierung – Entgrenzung. Berlin: DGB.

DGB-Index Gute Arbeit (2016). DGB-Index Gute Arbeit – Der Report 2016. Berlin: DGB-Institut Index Gute Arbeit.

DGB-Index Gute Arbeit Kompakt (2016). Arbeiten trotz Krankheit. Wie verbreitet ist Präsentismus in Deutschland? [www-Dokument]. http://index-gute-arbeit.dgb.de/++co++b124ac3a-eb5c-11e5-9482-52540023ef1a [abgerufen am 08. 06. 2018].

DGBJ (2000). Sexuelle Belästigung am Ausbildungsplatz – Ergebnisse einer Umfrage unter weiblichen Lehrlingen. München: dgb-jugend.

Diener, E., Kanazawa, S., Suh, E. M. & Oishi, S. (2015). Why people are in a generally good mood. Personality and Social Psychology Review, 19, 235–256.

Dilling, H., Mombour, W. & Schmidt, M. H. (2015) (Hrsg.). Internationale Klassifikation psychischer Störungen. ICD-10 Kap. V (F). Göttingen: Hogrefe.

Doerfler, M. C. & Kammer, P. P. (1986). Workaholism: sex and sex role stereotyping among female professionals. Sex Roles, 14, 551–560.

Dorsch Lexikon (2016). Eustress. In M. A. Wirtz (Hrsg.), Dorsch – Lexikon der Psychologie. [www-Dokument]. Verfügbar unter: https://portal.hogrefe.com/dorsch/eustress/ [abgerufen am 07. 06. 2018].

Drucker, P.F. (1954). The Practice of Management. New York: Harper & Row.

Eliasberg, W. (1926). Richtungen und Entwicklungstendenzen in der Arbeitswissenschaft. Archiv für Sozialwissenschaft und Sozialpolitik, 56, 78–87, 99–101, 687, 691–700, 727–732.

Europäische Kommission (1998). Sexual Harrassment in the workplace in the European Union. [www-Dokument]. Verfügbar unter http://www.un.org/womenwatch/osagi/pdf/shworkpl.pdf [abgerufen am 08. 06. 2018].

Famira-Mühlberger, U. & Fuchs, S. (2013). Unbezahlte Überstunden in Österreich. WIFO Monatsberichte, 86, 897–908.

Fassel, D. (1991). Wir arbeiten uns noch zu Tode. München: Kösel.

Ferenczi, S. (1919). Sonntagsneurosen. In M. Balint (Hrsg.) (1970). Sandor Ferenczi – Schriften zur Psychoanalyse (Band 1, S. 260–265). Frankfurt: Fischer.

Fietze, S., Matiaske, W., Schult, M. & Tobsch, V. (2014). Flexibilität durch Verfügbarkeit: Abrufarbeit in Deutschland. Berichte der Werkstatt für Organisations- und Personalforschung e. V., No. 2. [www-Dokument]. Verfügbar unter https://www.econstor.eu/bitstream/10419/95981/1/77648141X.pdf [abgerufen am 11. 06. 2018].

Fischer, M. (2013). PIAAC: 27 % aller Erwachsenen in der EU auf den niedrigsten Medien-Kompetenzniveaus. [www-Dokument]. Verfügbar unter: https://www.digitalisierung-bildung.de/2013/12/04/piaac-27-aller-erwachsenen-der-eu-auf-den-niedrigsten-medien-kompetenzniveaus/ [abgerufen am 08. 06. 2018].

Fisher, R., Ury, W. & Patton, B. (2013). Das Harvard-Konzept: Der Klassiker der Verhandlungstechnik. Frankfurt/Main: Campus.

Flaubert, G. (1852). Briefe an Zeit- und Zunftgenossen. In E.W. Fischer (Hrsg.) (1907). Flauberts gesammelte Werke (Band 9). München: Bruns.

Fleischer, J. & Poppelreuter, S. (2009). Das Burnout-Syndrom – erschöpft, verbittert, ausgebrannt. In H.J. Thomann & J. Stockhard (Hrsg.), Qualitätsmanagement im Gesundheitswesen [Loseblattsammlung, 20. Aktualisierungslieferung Oktober 2009, Kapitel 10720, Seite 1–29]. Köln: TÜV Media.

Fredrickson, B. L. (2013). Love 2.0. New York: Hudson Street Press.

Frohn, D. (2014). Die Arbeitssituation von LSBT*-Beschäftigten: Reanalyse einer Online-Befragung unter differenzieller Perspektive. Zeitschrift für Sexualforschung, 27, 328–351.

Furnham, A. (2010). The elephant in the boardroom. The causes of leadership derailment. Houndmills, New York: Palgrave Macmillan.

Gallup (2017). Engagement Index Deutschland 2016. [www-Dokument]. Verfügbar unter http://www.gallup.de/183104/engagement-index-deutschland.aspx [abgerufen am 08. 06. 2018].

Gebsattel, V. E. Frhr. v. (1954). Prolegomena einer medizinischen Anthropologie. Berlin: Springer.

Gemeinsame Deutsche Arbeitsschutzstrategie (GDA) (Hrsg.) (2016). Arbeitsschutz in der Praxis: Empfehlungen zur Umsetzung der Gefährdungsbeurteilung psychischer Belastung (3., überarb. Auflage). Berlin: GDA. [www-Dokument]. Verfügbar unter: https://www.gda-psyche.de/SharedDocs/Publikationen/DE/broschuere-empfehlung-gefaehrdungsbeurteilung.pdf?__blob=publicationFile [abgerufen am 08. 06. 2018].

GEO (2010). Medialer Overkill. [www-Dokument]. Verfügbar unter: https://www.presseportal.de/pm/7861/1544182 [abgerufen am 11. 06. 2018].

Giesert, M. & Wendt-Danigel, C. (2011). Handlungsleitfaden für ein Betriebliches Eingliederungsmanagement. In Hans-Böckler-Stiftung (Hrsg.), Gesundheit und Qualität der Arbeit. Arbeitspapier 199. [www-Dokument]. Verfügbar unter: http://www.betriebliche-eingliederung.de/global/show_document.asp?id=aaaaaaaaaaahsjv [abgerufen am 11. 06. 2018].

Grannemann, U. & Seele, H. (2016). Führungsaufgabe Change: Eine Roadmap für Führungskräfte in Veränderungsprozessen. Heidelberg, Berlin: Springer.

Gratzfeld, K.-W. (2007). Zeitmanagement. In A. Weber & G. Hörmann (Hrsg.), Psychosoziale Gesundheit im Beruf (S. 523–530). Stuttgart: Gentner Verlag.

Greenglass, E. R., Pantony, K. L. & Burke, R. J. (1988). A gender-role perspective on role conflict, work stress and social support. Journal of Social Behavior & Personality, 3, 317–328.

Greenglass, E. R. & Fiksenbaum, L. (2009). Proactive coping, positive affect, and well-being: Testing for mediation using path analysis. European Psychologist, 14, 29–39.

Gregory, A. & Milner, S. (2009). Work-life balance: A matter of choice? Gender, Work & Organization, 16, 1–13.

Gröpel, P. & Kuhl, J. (2006). Having time for life activities – Life balance and self-regulation. Zeitschrift für Gesundheitspsychologie, 14, 54–63.

Gross, W. (2003). Sucht ohne Drogen – Arbeiten, Spielen, Essen, Lieben ... (überarb. Neuausgabe). Frankfurt: Fischer.

Grüsser, S. M. & Thalemann, C. N. (2006). Verhaltenssucht. Bern: Huber.

Gustafsson, K. & Marklund, S. (2011). Consequences of sickness presence and sickness absence on health and work ability. A swedish prospective cohort study. International Journal of Occupational Medicine and Environmental Health, 24, 153–165.

Gutek, B. A. & Koss, M. P. (1993). Changed women and changed organizations: Consequences of and coping with sexual harassment. Journal of Vocational Behavior, 42, 28–48.

Hägerbäumer, M. (2011). Ursachen und Folgen des Arbeitens trotz Krankheit. Implikationen des Präsentismus für das betriebliche Fehlzeiten- und Gesundheitsmanagement. [www-Dokument]. Verfügbar unter: https://repositorium.ub.uni-osnabrueck.de/handle/urn:nbn:de:gbv:700-201112158616 [abgerufen am 11. 06. 2018].

Hank, R. (1995). Arbeit – die Religion des 20. Jahrhunderts. Frankfurt: Eichborn.

Hansen, C. D. & Andersen, J. H. (2008). Going ill to work. What personal circumstances, attitudes and work related factors are associated with sickness presenteeism? Social Science & Medicine, 67, 956–964.

Heide, H. (2000). Arbeitssucht – individuelle und sozialökonomische Dimensionen. Vortrag gehalten auf der Fachtagung „Sucht 2000“ der Deutschen Hauptstelle gegen Suchtgefahren, Karlsruhe, 13.–15. 11. 2000.

Heide H. (2002). Arbeitsgesellschaft und Arbeitssucht – Die Abschaffung der Muße und ihre Wiederaneignung. In H. Heide (Hrsg), Massenphänomen Arbeitssucht (S. 19–54) (2. Aufl.). Bremen: Atlantik Verlag.

Hermann, T., Hirschle, S., Kowol, D., Rapp, J., Resch, U. & Rothmann, J. (2017). Auswirkungen von Industrie 4.0 auf das Anforderungsprofil der Arbeitnehmer und die Folgen im Rahmen der Aus-und Weiterbildung. In V. P. Andelfinger & T. Hänisch (Hrsg.), Industrie 4.0 (S. 239–253). Wiesbaden: Springer Fachmedien.

Hobi, V. (1982). Gibt es eine spezielle Suchtpersönlichkeit? Therapeutische Umschau, 8, 579–585.

Hoffmann, J. & Voß, H.-G.W. (Hrsg.) (2006). Psychologie des Stalking: Grundlagen – Forschung – Anwendung. Frankfurt/Main: Verlag für Polizeiwissenschaft.

Hoffmann, J., Roshdi, K. & von Rohr, H. R. (Hrsg.) (2013). Bedrohungsmanagement. Projekte und Erfahrungen aus der Schweiz. Frankfurt/Main: Verlag für Polizeiwissenschaft.

Hofmann, M. (2014). Gefährdungsbeurteilung durch den Arbeitgeber bezüglich psychischer Belastungen am Arbeitsplatz – Ein innereuropäischer Vergleich. [www-Dokument]. Verfügbar unter: https://www.dgppn.de/_Resources/Persistent/e3b006f945c8194e35063227ad1e2280bcc0346d/2014-07-2014-Studie_LANG_Gefährdungsbeurteilung.pdf [abgerufen am 08.06.2018].

Hofstetter, H. (1987). Die Leiden der Leitenden. Köln: Datakontext.

Holtgrewe, U., Riesenecker-Caba, T. & Flecker, J. (2015). Industrie 4.0. eine arbeitssoziologische Einschätzung. Endbericht für die Arbeiterkammer Wien. [www-Dokument]. Verfügbar unter: https://media.arbeiterkammer.at/wien/PDF/studien/digitalerwandel/Industrie_4.0.pdf [abgerufen am 11.06.2018].

Holzbecher, M. & Meschkutat, B. (1998). Mobbing am Arbeitsplatz – Informationen, Handlungsstrategien, Schulungsmaterialien. Bremerhaven: Wirtschaftsverlag NW.

Holzbecher, M., Braszeit, A., Müller, U. & Plogstedt, S. (1990). Sexuelle Belästigung am Arbeitsplatz. [Schriftenreihe des Bundesministers für Jugend, Familie, Frauen und Gesundheit. Band 260]. Stuttgart: Kohlhammer.

Holzhauer, C. (1972). „Die stille Revolution – 100 Jahre Technischer Überwachungsverein Rheinland". Köln: Verlag TÜV Rheinland.

Iller, C., Berger, K., George, J., Hauser-Ditz, A. & Wiß, T. (2015). Unterstützung der Interessenvertretung in der betrieblichen Weiterbildung in Deutschland und Österreich (No. 322). Studie der Hans-Böckler-Stiftung. [www-Dokument]. Verfügbar unter: https://www.boeckler.de/pdf/p_study_hbs_322.pdf [abgerufen am 08.06.2018].

Illich, I. (1976). Limits to Medicine. London: Marion Boyars.

Institut für Arbeitsmarkt- und Berufsforschung IAB (2017). Höhere Erwerbstätigenzahl ließ Arbeitsvolumen 2016 um 500 Millionen Stunden steigen. Presseinformation vom 07.03.2017. [www-Dokument]. Verfügbar unter http://www.iab.de/de/informationsservice/presse/presseinformationen/az16.aspx [abgerufen am 08.06.2018].

Janetzke, H. & Ertel, M. (2017). Psychosoziale Belastungen im Fokus. Neue Perspektiven der Gefährdungsbeurteilung im europäischen Vergleich. Wiesbaden: Springer VS.

Janssen, S. & Leber, U. (2015). Weiterbildung in Deutschland: Engagement der Betriebe steigt weiter. IAB-Kurzbericht (No. 13/2015). [www-Dokument]. Verfügbar unter http://hdl.handle.net/10419/158464 [abgerufen am 08.06.2018].

Johansen, V., Aronsson, G. & Marklund, S. (2014). Positive and negative reasons for sickness presenteeism in Norway and Sweden: a cross-sectional survey. BMJ Open, 4(2). e004123. [www-Dokument]. Verfügbar unter http://bmjopen.bmj.com/content/4/2/e004123.full [abgerufen am 08. 06. 2018].

Johns, G. (2011). Attendance Dynamics at Work. The Antecedents and Correlates of Presenteeism, Absenteeism and Productivity Loss. Journal of Occupational Health Psychology, 16, 483–500.

Joiko, K., Schmauder, M. & Wolff, G. (2010). Psychische Belastungen und Beanspruchungen im Berufsleben. Erkennen – Gestalten (5. Auflage). Dortmund: Bundesanstalt für Arbeitsschutz und Arbeitsmedizin.

Kahneman, D. & Miller, D. (1986). Norm theory: Comparing reality to its alternatives. Psychological Review, 93, 136–153.

Kaluza, G. (2015). Gelassen und sicher im Stress: Das Stresskompetenz-Buch: Stress erkennen, verstehen, bewältigen. Berlin, Heidelberg: Springer.

Kanai, A., Wakabayashi, M. & Fling, S. (1996). Workaholism among employees in Japanese corporations: An examination based on the Japanese version of the Workaholism scales. Japanese Psychological Research, 38, 192–203.

Kastner, M. (2010) Work-Life-Balance oder Burnout? Vortrag gehalten auf dem BGF-Symposium „Wenn die Psyche streikt“ (25. 11. 2010, Oberbergischer Kreis).

Kauffeld, S. (2014). Arbeits-, Organisations- und Personalpsychologie für Bachelor. Berlin, Heidelberg: Springer.

Keese, C. (2016). Silicon Valley. München: Albrecht Knaus.

Kielholz, P. (1973). Addictive behavior in man. In L. Goldberg & F. Hoffmeister (Eds.), Psychic Dependence (pp. 8–12). Berlin, Heidelberg: Springer.

Kiesche, E. (2013). Betriebliches Gesundheitsmanagement. Betriebs- und Dienstvereinbarungen Analyse und Handlungsempfehlungen. Frankfurt/Main: Bund-Verlag.

Kirchgeorg, M., Pfeil, S., Georgi, T., Horndasch, S. & Wisbauer, S. (2018). Trendmonitor Weiterbildung 2018. [www-Dokument]. Verfügbar unter https://www.stifterverband.org/trendmonitor-weiterbildung-2018 [abgerufen am 11. 06. 2018].

Kivimäki, M., Head, J., Ferrie, J.E., Hemingway, H., Shipley, M.J., Vahtera, J. & Marmot, M.G. (2005). Working while ill as a risk factor for serious coronary events. The Whitehall II study. American Journal of Public Health, 95, 98–102.

Knieps, F. & Pfaff, H. (Hrsg.) (2016). Gesundheit und Arbeit – Zahlen, Daten, Fakten (BKK Gesundheitsreport 2016). Berlin: Medizinisch Wissenschaftliche Verlagsgesellschaft.

Knoll, N., Scholz, U. & Rieckmann, N. (2017). Einführung Gesundheitspsychologie. München, Basel: UTB.

Kotter, J. (1996). Leading Change. Harvard: Harvard Business Press.

Kotter, J. P. & Rathgeber, H. (2017). Das Pinguin-Prinzip: Wie Veränderung zum Erfolg führt. München: Droemer.

Krauthan, G. (2004). Psychologisches Grundwissen für die Polizei. Weinheim: Psychologie Verlags Union.

Kreiszeitung (2015). „Das ist für Gastwirte völlig realitätsfremd." [www-Dokument]. Verfügbar unter: https://www.kreiszeitung.de/lokales/diepholz/bassum-ort51127/martin-freye-kritisiert-zunehmende-dokumentationspflicht-4980729.html [abgerufen am 08. 06. 2018].

Kroll, L. E., Müters, S., Rattay, P. & Lampert, T. (2016). Erwerbsarbeit, Familie und Gesundheit bei Männern im erwerbsfähigen Alter in Deutschland. Bundesgesundheitsblatt-Gesundheitsforschung-Gesundheitsschutz, 59, 932–941.

Kruger, J. & Dunning, D. (1999). Unskilled and unaware of it: how difficulties in recognizing one's own incompetence lead to inflated self-assessments. Journal of Personality and Social Psychology, 77, 1121–1134.

Kubis, A. & Müller, A. (2014). Belastungen am Arbeitsplatz: Welche Faktoren gehen mit Schwierigkeiten bei der Stellenbesetzung einher? Kurzbericht Nr. 10/2014. [www-Dokument]. Verfügbar unter http://doku.iab.de/kurzber/2014/kb1014.pdf [abgerufen am 11. 06. 2018].

Kuhl, J. & Kazén, M. (1997). Persönlichkeits-Stil- und Störungs-Inventar (PSSI) – Handanweisung. Hogrefe: Göttingen.

Kuhn, T. & Weibler, J. (2016). Management-Derailment und System-Derailment. Zum Konnex zweier Probleme. Organisationsberatung, Supervision, Coaching, 23, 133–146.

Kypta, G. (2011). Burnout erkennen – überwinden – vermeiden (3. Auflage). Heidelberg: Carl-Auer-Systeme.

Laubenthal, F. (1964). Allgemeine Probleme um Mißbrauch, Süchtigkeit und Sucht In F. Laubenthal (Hrsg.), Sucht und Mißbrauch (S. 1–32). Stuttgart: Thieme.

Lazarus, R. (1999). Stress and Emotion. A new Synthesis. London: Free Association Books.

Lazarus, R. S. (1991). Progress on a cognitive-motivational-relational theory of emotion. American Psychologist, 46, 819–834.

Lazarus, R. S. & Folkman, S. (1984). Stress, appraisal, and coping. New York: Springer.

Leymann, H. (1993). Mobbing – Psychoterror am Arbeitsplatz und wie man sich dagegen wehren kann. München: Rowohlt.

Leymann, H. (1996). The content and development of mobbing at work. European Journal of Work and Organizational Psychology, 5, 165–184.

Leymann, H. & Gustafsson, A. (1996). Mobbing at work and the development of post-traumatic stress disorders. European Journal of Work and Organizational Psycnology, 5, 251–275.

Lott, Y. (2014). Working-time flexibility and autonomy: A European perspective on time adequacy. European Journal of Industrial Relations, 21, 259–274.

Maar, C. & Fricker, R. (2011). Vorteil Vorsorge. Die Rolle der betrieblichen Gesundheitsvorsorge für die Zukunftsfähigkeit des Wirtschaftsstandortes Deutschlands. [www-Dokument]. Verfügbar unter: http://www.felix-burda-stiftung.de/sites/default/files/documents/Studie_FBS_Booz_Vorteil_Vorsorge_2011.pdf [abgerufen am 11. 06. 2018].

Machlowitz, M. (1978). Determining the effects of workaholism. Unveröffentl. Dissertation, Yale University, New Haven.

Machlowitz, M. (1980). Workaholics: Living with Them, Working with Them. Reading, MA: Addison-Wesley.

Machlowitz, M. (1981). Arbeiten auch Sie zuviel? Arbeitssucht und wie man damit leben kann. Landsberg: mvg-Verlag.

Mann, T. (2001). Buddenbrooks. (50. Auflage). Frankfurt: Fischer.

Marx, K. & Engels, F. (1845/46). Die deutsche Ideologie. Kritik der neuesten deutschen Philosophie in ihren Repräsentanten Feuerbach, B. Sauer und Stirner, und des deutschen Sozialismus in seinen verschiedenen Propheten, 1845/46 (Erstveröffentlichung 1932), enthalten in Marx-Engels-Werke, Bd. 3, Berlin (Ost), 1962, S. 9–580.

Maslach, C. & Leiter, M. P. (2001) Die Wahrheit über Burnout: Stress am Arbeitsplatz und was Sie dagegen tun können. Wien, New York: Springer.

Matud, M. P. (2004). Gender differences in stress and coping styles. Personality and Individual Differences, 37, 1401–1415.

McCall, M. W. & Lombardo, M. M. (1983). Off the track: Why and how successful executives get derailed. Technical Report, 21, 1–3.

Meißner, U. E. (2005). Die „Droge“ Arbeit – Unternehmen als „Dealer“ und als Risikoträger – Personalwirtschaftliche Risiken der Arbeitssucht. Frankfurt: Peter Lang GmbH Europäischer Verlag der Wissenschaften.

Mentzel, G. (1979). Über die Arbeitssucht. Zeitschrift für Psychosomatische Medizin und Psychoanalyse, 25, 115–127.

Mentzel, G. (1987). Politisch Tätige als arbeitssüchtige Patienten. Die Neue Gesellschaft – Frankfurter Hefte, 34, 261–264.

Meschkutat, B., Stackelbeck, M. & Langenhoff, G. (2002). Der Mobbing-Report. Eine Repräsentativstudie für die Bundesrepublik Deutschland. Dortmund, Berlin: Schriftenreihe der Bundesanstalt für Arbeitsschutz und Arbeitsmedizin.

Meyers Lexikon (1894). Bürokratie. In Meyers Konversationslexikon (5. Auflage). Leipzig/Wien: Bibliographisches Institut.

Mierke, K. & van Amern, E. (2018). Klare Ziele, klare Grenzen. Teamorientiert Nein sagen und delegieren in der Arbeitswelt 4.0. Berlin, Heidelberg: Springer.

Miraglia, M. & Johns, G. (2015). Going to Work Ill. A Meta-Analysis of the Correlates of Presenteeism and Dual-Path Model. Journal of Occupational Health Psychology, 15, 1–23.

Mollenkopf, C. (2010). Ganzheitliches Betriebliches Gesundheitsmanagement (GABEGS) – Handlungsleitfaden. Bayerisches Staatsministerium für Arbeit und Sozialordnung, Familie und Frauen. [www-Dokument]. Verfügbar unter: http://www.stmas.bayern.de/imperia/md/content/stmas/stmas_internet/arbeitsschutz/bgm-leitfaden.pdf [abgerufen am 11. 06. 2018].

Moser, K., Soucek, R. & Hassel, A. (2014). Berufliche Entwicklung und organisationale Sozialisation. In H. Schuler & U.-P. Kanning (Hrsg.), Lehrbuch der Personalpsychologie (S. 449–500). Göttingen: Hogrefe.

Mosing, M. A., Magnusson, P. K., Pedersen, N. L., Nakamura, J., Madison, G. & Ullén, F. (2012). Heritability of proneness for psychological flow experiences. Personality and Individual Differences, 53, 699–704.

Müller, K. & Blum, U. (2003). Krankenhausärzte: Enormer Dokumentationsaufwand. Deutsches Ärzteblatt, 100, A-1581.

Naughton, T. J. (1987). A conceptual view of workaholism and implications for career counseling and research. Career Development Quarterly, 35, 180–187.

Nerdinger, F. (2011). Gravitation und organisationale Sozialisation. In F. Nerdinger, G. Blickle & N Schaper (Hrsg.), Arbeits- und Organisationspsychologie (S. 69–80). Berlin, Heidelberg: Springer.

Netzwerk bgf (2017). Gesundheitszirkel. [www-Dokument]. Verfügbar unter: http://www.netzwerk-bgf.at/portal27/bgfportal/contentPrint?contentid=10007.701080&viewmode=content&portal:componentId=gtn9019f720-6b3b-4c82-b139-2d7d1ebdab34 [abgerufen am 08. 06. 2018].

Nowotny, S. & Poppelreuter, S. (2017). Betriebliches Gesundheitsmanagement als Teil eines ganzheitlichen Arbeitsschutzes. In F. Ecker & S. Köchling (Hrsg.), Arbeitsschutz besser managen [Loseblattsammlung, 7. Aktualisierungslieferung Juli 2017, Kapitel 05010, Seite 1–44]. Köln: TÜV Media.

Oates, W. (1971). Confessions of a Workaholic. New York: Abingdon.

Palo, S. & Pati, S. (2013). The Determinants of Sickness Presenteeism. The Indian Journal of Industrial Relations, 49, 256–269.

Patel, C., Budhwar, P. & Varma, A. (2012). Overall justice, work group identification and work outcomes. Test of moderated mediation process. Journal of World Business, 47, 213–222.

Paulhus, D. L. & Williams, K. M. (2002). The Dark Triad of personality: Narcissism, Machiavellism, and psychopathy. Journal of Research in Personality, 36, 556–563.

Peifer, C. (2012). Psychophysiological correlates of flow-experience. In S. Engeser (Ed.), Advances in flow research (pp. 139–164). New York: Springer.

Peifer, C., Schächinger, H., Engeser, S. & Antoni, C. H. (2015). Cortisol effects on flow-experience. Psychopharmacology, 232, 1165–1173.

Pezzulo, G. & Castelfranchi, C. (2009) Intentional action: from anticipation to goal-directed behavior. Psychological Research, 73, 437–440.

Philipp, E. & Rademacher, H. (2002). Konfliktmanagement im Kollegium: Arbeitsbuch mit Modellen und Methoden. Weinheim: Beltz.

PIAAC (2013). Program for the International Assessment of Adult Competencies [www-Dokument]. Verfügbar unter: http://www.oecd.org/skills/piaac/skills-matter-9789264258051-en.htm [abgerufen am 11. 06. 2018].

Poppelreuter, S. & Windholz, C. (2001). Arbeitssucht in Unternehmen – Formen, Folgen, Vorkehrungen. Wirtschaftspsychologie, 4, 62–69.

Poppelreuter, S. (1996). Arbeitssucht – Integrative Analyse bisheriger Forschungsansätze und Ergebnisse einer empirischen Untersuchung zur Symptomatik. Bonn/Witterschlick: Wehle.

Poppelreuter, S. (1997). Arbeitssucht. Weinheim: PVU.

Poppelreuter, S. (2003). Motivation: Ein Führungsinstrument zur Qualitätsverbesserung? In B. Hindringer, W. Rothballer & H. J. Thomann (Hrsg.), Qualitätsmanagement im Gesundheitswesen [Loseblattsammlung, 4. Aktualisierungslieferung Dezember 2003, Kapitel 10120, Seite 1–42]. Köln: TÜV Verlag.

Poppelreuter, S. (2006). Arbeitssucht – Diagnose, Prävention und Intervention. Arbeitsmedizin, Sozialmedizin, Umweltmedizin, 41, 328–334.

Poppelreuter, S. (2007). Arbeitssucht – Erholungsunfähigkeit – Pathologische Anwesenheit. In: A. Weber & G. Hörmann (Hrsg.), Psychosoziale Gesundheit im Beruf (S. 167–183). Stuttgart: Gentner Verlag.

Poppelreuter, S. (2013). „Arbeitssucht – (k)ein alter Hut“ – Alte Fundstellen und neue Fakten zur Arbeitssucht. Rausch – Wiener Zeitschrift für Suchttherapie, 2, 68–84.

Poppelreuter, S. (2014). Stoffungebundene Süchte in Arbeit und Beruf – Erkennen, Vermeiden, Vorbeugen. In D. Windemuth, D. Jung & O. Petermann (Hrsg.), Praxishandbuch psychische Belastungen im Beruf (2., erw. Aufl.) (S. 386–394). Wiesbaden: Universum.

Poppelreuter, S. (2016a). „Wer schneller arbeitet ist früher fertig“ – Möglichkeiten und Grenzen des Job Enlargements und Job Enrichments. In J. Pundt & V. Scherenberg (Hrsg.), Gesundheit in Unternehmen: Zwischen Kulturwandel und Profitkultur (S. 307–333). Bremen: Apollon University Press.

Poppelreuter, S. (2016b). Arbeitssucht und Persönlichkeit – Diagnostik und therapeutische Ansätze. Persönlichkeitsstörungen – Theorie und Therapie, 1, 29–42.

Poppelreuter, S. (2017). Change Management – Arbeitsschutz- und Arbeitssicherheitsprojekte erfolgreich umsetzen. In F. Ecker & S. Köchling (Hrsg.), Arbeitsschutz besser managen [Loseblattsammlung, 6. Aktualisierungslieferung April 2017, Kapitel 09100, Seite 1–38]. Köln: TÜV Media.

Possnigg, G. (2017). Burnout. [www-Dokument]. Verfügbar unter: http://www.possnigg.at/content/burnout.html [abgerufen am 08. 06. 2018].

Prager, A. (1998; 2005). Historische Entwicklung der Arbeitssicherheit. [www-Dokument]. Verfügbar unter: http://www.dlr.de/dlr-sicherheit/desktopdefault.aspx/tabid-5834/9512_read-20047/ [abgerufen am 25. 11. 2016]

Ptacek, J. T., Smith, R. E. & Dodge, K. L. (1994). Gender differences in coping with stress: When stressor and appraisals do not differ. Personality and Social Psychology Bulletin, 20, 421–430.

Puschmann, W. & Wegener, B. (1992). Arbeit: Die Sucht der Angepassten? Suchtreport, 4, 29–36.

Quittschau, A., Tabernig, C. & Pfister, D. (2017). Business-Knigge für Männer: Mehr Erfolg durch gute Manieren (2. Auflage). Freiburg: Haufe.

randstadkorrespondent (2016). Online Umfrage: „Mitarbeiter wollen mehr Sport, Chef!". [www-Dokument]. Verfügbar unter http://www.randstad-korrespondent.de/juli-2016/mitarbeiter-wollen-mehr-sport-chef.html [abgerufen am 11. 06. 2018].

Reuter, T. & Stadler, D. (2015). Das BEM-Verfahren und notwendige Strukturen im Betrieblichen Eingliederungsmanagement. In BEM-Netz (Hrsg.), Betriebliches Eingliederungsmanagement erfolgreich umsetzen. [www-Dokument]. Verfügbar unter http://www.arbeitsfaehig.com/uploads/content/pdf/sammelbaender/08_Reuter_Stadler_Strukturen_BEM_2015.pdf [abgerufen am 08. 06. 2018].

Richter, G. (2010). Toolbox Version 1.2 – Instrumente zur Erfassung psychischer Belastungen. Dortmund: Bundesanstalt für Arbeitsschutz und Arbeitsmedizin.

Robinson, B. E. (2000). Wenn der Job zur Droge wird. Düsseldorf: Patmos.

Roese, N. J. (1995). What might have been: The social psychology of counterfactual thinking. Mahwah, New Jersey: Lawrence Erlbaum.

Roland Berger Strategy Consultants (2016). THINK ACT CONTENT Betriebliches Gesundheitsmanagement. [www-Dokument]. Verfügbar unter https://www.rolandberger.com/publications/publication_pdf/tac_bgm_c_final.pdf [abgerufen am 11. 06. 2018].

Roller, K. & Vogl, G. (2013). Mobilität in der Arbeitswelt: steigende Anforderungen–sinkende Anerkennung? Sozialwissenschaften & Berufspraxis, 36, 214–226

Rosario, M., Shinn, M., Mørch, H. & Huckabee, C. B. (1988). Gender differences in coping and social supports: Testing socialization and role constraint theories. Journal of Community Psychology, 16, 55–69.

Rossi, P. H., Lipsey, M. W. & Freeman, H. E. (2004). Evaluation. A systematic approach (7. Aufl.). Thousand Oaks: Sage.

Rotter, J. B. (1966). Generalized expectancies for internal versus external control of reinforcement. Psychological Monographs: General and Applied, 80, 1–28.

Sachse, R. (2006). Persönlichkeitsstörungen verstehen – Zum Umgang mit schwierigen Klienten. Psychiatrie-Verlag: Bonn.

Sadrozinski, R. (1993). Grenzverletzungen. Sexuelle Belästigung im Arbeitsalltag. Frankfurt/Main: Fischer.

Sandjaja, Y. (2007). Wenn aus dem Job eine Sucht wird. Ein wissenschaftlicher Diskurs zum Thema Arbeitssucht. Saarbrücken: VDM.

Sapolsky, R. M. (1996). Why stress is bad for your brain. Science, 273, 749–751.

Saß, H., Wittchen, H.-U., Zaudig, M. & Houben, I. (2003). Diagnostische Kriterien DSM-IV-TR. Hogrefe: Göttingen.

Schadewaldt, H. (2006). Die Geschichte des Arbeitsschutzes. [www-Dokument]. Verfügbar unter: http://www.bsafb.de/fileadmin/downloads/pa_5_10_2006/pa5_10_2006_geschichte_des_arbeitsschutzes.pdf [abgerufen am 11. 06. 2018].

Schaper, N. (2011). Arbeitsgestaltung in Produktion und Verwaltung. In F. W. Nerdinger, G. Blickle & N. Schaper (Hrsg.). Arbeits- und Organisationspsychologie (2. Aufl.) (S. 349–367). Berlin, Heidelberg: Springer.

Schaufeli, W. B. & Enzmann, D. (1998). The Burnout Companion to Study and Practice: A Critical Analysis. London: Taylor & Francis.

Scheuch, K. (1997). Psychomentale Belastung und Beanspruchung im Wandel von Arbeitswelt und Umwelt. Arbeitsmedizin, Sozialmedizin, Umweltmedizin, 32, 289–296.

Schier, M. (2009). Räumliche Entgrenzung von Arbeit und Familie. Die Herstellung von Familie unter Bedingungen von Multilokalität. Informationen zur Raumentwicklung, 1, 55–66.

Schier, M. (2010). Multilokaler Alltag beruflich mobiler Eltern–(K) ein Handlungsfeld für die betriebliche Gestaltung? In C. Brandt (Hrsg.), Mobile Arbeit – Gute Arbeit? (S. 101–116). Berlin: ver.di. [www-Dokument]. Verfügbar unter: http://www.dguv.de/medien/ifa/de/pub/grl/pdf/2010_104.pdf#page=103 [abgerufen am 08. 06. 2018].

Schneider, C. (2001) Skala für Arbeitssucht. Dissertation, Bayerische Julius-Maximilians-Universität, Würzburg.

Schröder, J.-P. (2006). Wege aus dem Burnout: Möglichkeit der nachhaltigen Veränderung. Berlin: Cornelsen Verlag Scriptor.

Schult, M. & Tobsch, V. (2012). Freizeitstress: wenn die Arbeit ständig ruft (No. 485). SOEPpapers on Multidisciplinary Panel Data Research. [www-Dokument]. Verfügbar unter: https://www.econstor.eu/bitstream/10419/65648/1/727568914.pdf [abgerufen am 11. 06. 2018].

Schultz, A. B., Chen, C. Y. & Edington, D. W. (2009). The cost and impact of health conditions on presenteeism to employers. A review of the literature. Pharmacoeconomics, 27, 365–378.

Schwarzenthal, M. & Poppelreuter, S. (2014). Mitarbeiter- und Zielvereinbarungsgespräche richtig führen. In M. Myska (Hrsg.), Der TÜV-Umweltmanagement-Berater [Loseblattsammlung, 76. Aktualisierungslieferung August 2014, Kapitel 05202, Seite 1–36]. Köln: TÜV Media.

Schwarzer, R. (Ed.). (1997). Gesundheitspsychologie: Ein Lehrbuch. Göttingen: Hogrefe.

Seiwert, L. (2006). Noch mehr Zeit für das Wesentliche. Kreuzlingen: Hugendubel.

Selye, H. (1936). A syndrome produced by diverse nocuous agents. Nature, 138(3479), 32.

Selye, H. (1973). The Evolution of the Stress Concept: The originator of the concept traces its development from the discovery in 1936 of the alarm reaction to modern therapeutic applications of syntoxic and catatoxic hormones. American Scientist, 61, 692–699.

Selye, H. (1976). Forty years of stress research: principal remaining problems and misconceptions. Canadian Medical Association Journal, 115, 53–56.

Smith, R. (2002). In the search of „non-disease". British Medical Journal, 324, 883–885.

Sozialgesetzbuch, SGB IX (2016). Neuntes Buch: Rehabilitation und Teilhabe behinderter Menschen. [www-Dokument]. Verfügbar unter http://www.sozialgesetzbuch-sgb.de/sgbix/84.html [abgerufen am 11.06.2018].

Sprenger, R. (2007). Mythos Motivation – Wege aus einer Sackgasse. Frankfurt: Campus.

Städele, M. (2008). Die zwanghafte/anankastische Persönlichkeitsstörung und ihr Zusammenhang mit der Arbeitssucht. Unveröffentlichte Diplomarbeit. Rheinische Friedrich-Wilhelms-Universität, Bonn.

Stegmaier, R. (2016). Management von Veränderungsprozessen. Göttingen: Hogrefe

Steinmann, H., Richter, B. & Großmann, S. (1984). Arbeitssucht im Unternehmen. Diskussionsbeiträge des Lehrstuhls für Allgemeine BWL und Unternehmensführung an der Universität Erlangen-Nürnberg. Erlangen-Nürnberg: Universität Erlangen-Nürnberg.

Streich (2016). Fit for Leadership (2. Aufl.). Wiesbaden: Springer Gabler.

Stubbe, J. H., Posthuma, D., Boomsma, D. I. & De Geus, E. J. (2005). Heritability of life satisfaction in adults: A twin-family study. Psychological medicine, 35, 1581–1588.

Sussman, S. (2012). Workaholism: A review. Journal of Addiction Research and Therapy 2012; S6:001. doi: 10.4172/2155-6105/S6-001. [www-Dokument]. Verfügbar unter: https://www.ncbi.nlm.nih.gov/pmc/articles/PMC3835604 [abgerufen am 11.06.2018].

Taylor, H. (1984). Workaholism. Canadian Manager, 9, 19–20.

Taylor, S. E., Klein, L. C., Lewis, B. P., Gruenewald, T. L., Gurung, R. A. & Updegraff, J. A. (2000). Biobehavioral responses to stress in females tend-and-befriend, not fight-or-flight. Psychological Review, 107, 411–429.

Tieste, O. (2003). Der Tod durch Überarbeitung. Arbeits- und sozialversicherungsrechtliche Hintergründe, materiellrechtliche, epidemiologische und betriebliche Rahmenbedingungen des Karoshi-Phänomens in Japan und Deutschland. Frankfurt am Main: Lang.

TÜV Rheinland (2017). Arbeitsschutz gestern und heute – Die Geschichte des Arbeitsschutzes in Deutschland. [www-Dokument]. Verfügbar unter: https://www.tuv.com/de/deutschland/aktuelles/arbeitsschutzgesetz/geschichte_des_arbeitsschutzes_in_deutschland/diegeschichtedesarbeitsschutzesindeutschland.html [abgerufen am 08.06.2018].

Uhle, T. & Treier, M. (2011). Betriebliches Gesundheitsmanagement. Berlin: Springer.

Unternehmensberatung für Betriebliches Gesundheitsmanagement (UGBM) (2016). Praxisleitfaden Betriebliches Gesundheitsmanagement. [www-Dokument]. Verfügbar unter http://www.gesundheitsmanagement24.de/praxisleitfaeden-checklisten/praxisleitfaden-betriebliches-gesundheitsmanagement/ [abgerufen am 11.06.2018].

Van Velsor, E. & Lesliem, J. B. (1995). Why executives derail: Perspectives across time and culture. Academy of Management Executive, 9, 62–71.

Van Wijhe, C., Peeters, M. C. W. & Schaufeli, W. B. (2010). Understanding and treating workaholism: Setting the stage for successful interventions. In C. Cooper & R. Burke (Eds.), Psychological and behavioural risks at work (pp. 107–134). Farnham: Ashgate.

Vanselow, N., Bohner, G., Becher, M. & Siebler, F. (2010). Die NSB-Skala: Vorstellung und Validierung eines deutschsprachigen Instruments zur Erfassung der Neigung zu sexueller Belästigung. Diagnostica, 56, 158–177.

Vereinigung der bayrischen Wirtschaft (vbw) (2016). Bürokratische Belastungen aus Sicht der Unternehmen. München: vbw. [www-Dokument]. Verfügbar unter: https://www.vbw-bayern.de/Redaktion/Frei-zugaengliche-Medien/Abteilungen-GS/Recht/2016/Downloads/Positionspapiere_3/vbw-Position-B%C3%BCrokratische-Belastungen-aus-Sicht-der-Unternehmen-Mai-2016.pdf [abgerufen am 08. 06. 2018].

Vingerhoets, A. J. J. M., Huijgevoort, M. van & Heck, G. L. van (2002). Leisure Sickness: A pilot study on its Prevalence, Phenomenology, and Background. Psychotherapy and Psychosomatics, 71, 311–317.

Virtanen, M., Stansfeld, S. A., Fuhrer, R., Ferrie, J.E. & Kivimäki, M. (2012). Overtime Work as a Predictor of Major Depressive Episode: A 5-Year Follow-Up of the Whitehall II Study. PLoS ONE, 7 (1): e30719.

Volker, L. & Voordt, T. v. d. (2005). An integral tool for the diagnostic evaluation of non-territorial offices. In B. Martens, B. A. & Keul (Eds.), Designing social innovation: planning, building, evaluating, Göttingen: Hogrefe & Huber.

von Kittlitz, A. (2017). Das asoziale Dorf. Facebook baut eine Wohnsiedlung für Mitarbeiter. Zeit online. [www-Dokument]. Verfügbar unter: http://www.zeit.de/2017/30/facebook-dorf-angestellte-kleinstadt [abgerufen am 11. 06. 2018].

Wacker, A. (1987). Economic Animals – Zur Psychologie der Arbeitssucht. Störfaktor, 1, 49–64.

Wald, P. M. (2005). Von der Reorganisation zur Zukunft des Personalmanagements. In Neue Herausforderungen im Personalmanagement (pp. 309–337). Wiesbaden: Gabler.

Watzka, K. (2012). Zielvereinbarungen – Effizienzinstrument oder Folterwerkzeug? Personalführung, 10, 40–45.

Watzlawick, P., Beavin, J. H. & Jackson, D. D. (2016). Menschliche Kommunikation, Formen, Störungen, Paradoxien (13., unverändert. Aufl.). Göttingen: Hogrefe.

Weber, A., Weltle, D. & Lederer, P. (2004). Frühinvalidität im Lehrerberuf: Sozial- und arbeitsmedizinische Aspekte. [www-Dokument]. Verfügbar unter: https://www.aerzteblatt.de/archiv/41145/Fruehinvaliditaet-im-Lehrerberuf-Sozial-und-arbeitsmedizinische-Aspekte [abgerufen am 11. 06. 2018].

Weinert, A. B. (2004). Organisations- und Personalpsychologie (5., vollst. überarb. Aufl.). Weinheim: Beltz PVU.

Werner, E. E. (2011). Risiko und Resilienz im Leben von Kindern aus multiethnischen Familien. In M. Zander (Hrsg.), Handbuch Resilienzförderung (S. 32–46). Wiesbaden: VS Verlag für Sozialmedien.

Wienemann, E. (2008). Betriebliches Gesundheitsmanagement und die Rolle der Führungskraft. In M. Lauterbach (Hrsg.), Gesundheitscoaching. Strategien und Methoden für Fitness und Lebensbalance im Beruf (2. Auflage) (S. 238–246). Heidelberg: Carl-Auer-Systeme.

Windholz, C. (1997). Arbeitssucht – Theoretische Analyse und empirisch-psychologische Untersuchung unter besonderer Berücksichtigung von Selbstkonzept und Sozialer Erwünschtheit. Unveröffentlichte Diplomarbeit, Universität Tübingen.

Wissenschaftliches Institut der AOK (WIdO) (2011). Pressemitteilung. [www-Dokument]. Verfügbar unter: http://www.wido.de/fileadmin/wido/downloads/pdf_pressemitteilungen/wido_pra_pm_krstd_0411.pdf [abgerufen am 08. 06. 2018].

Wissenschaftliches Institut der AOK (WIdO) (2016). Unternehmenskultur und Gesundheit – Repräsentative Beschäftigtenbefragung 2016. Pressekonferenz vom 12. September 2016, Berlin.

Wulle, S. (2007). Der Zusammenhang von Person- und Umgebungsvariablen mit den Kommunikationsprozessen und sozialen Strukturen eines Arbeitsteams – eine empirische Analyse. Masterarbeit Institut für Kognition und Kommunikation Fachgebiet Sozialpsychologie – Kommunikation und Medien. Universität Duisburg/Essen.

Zapf, I. (2012). Flexibilität am Arbeitsmarkt durch Überstunden und Arbeitszeitkonten: Messkonzepte, Datenquellen und Ergebnisse im Kontext der IAB-Arbeitszeitrechnung. IAB-Forschungsbericht Nr. 3/2012. [www-Dokument]. Verfügbar unter: https://www.econstor.eu/handle/10419/84922 [abgerufen am 08. 06. 2018].

Zuschlag, B. (2001). Mobbing: Schikane am Arbeitsplatz. Göttingen: Hogrefe.

Stichwortverzeichnis

M

N

O

P

V

W

Z

Die Autoren

Dr. Stefan Poppelreuter (Diplom-Psychologe) war von 1991 bis 2001 als Wissenschaftlicher Mitarbeiter der Abteilung für Wirtschafts- und Organisationspsychologie des Psychologischen Instituts der Universität Bonn tätig. 1996 schloss er seine Promotion zum Thema „Arbeitssucht" ab. Seit 2001 arbeitet Dr. Poppelreuter bei TÜV Rheinland im Bereich der psychologischen Personal- und Managementberatung, mit den Schwerpunkten Personalentwicklung, Organisationsentwicklung, Arbeit & Gesundheit und Befragungen.

Prof. Dr. Katja Mierke (Diplom-Psychologin) war von 1998 bis 2002 als Wissenschaftliche Mitarbeiterin der Abteilung Sozial- und Persönlichkeitspsychologie des Psychologischen Instituts der Universität Bonn tätig. Nach ihrer Promotion 2002 sammelte sie vielseitige Erfahrungen in der wirtschafts- und gesundheitspsychologischen Praxis, bevor sie 2007 als Professorin an die Hochschule Fresenius Köln (Fachbereich Wirtschaft & Medien) berufen wurde. Dort lehrt sie in den wirtschaftspsychologischen Studiengängen und forscht neben ihrer praktischen Tätigkeit als Systemische Beraterin und Trainerin für das Institut IMAP u. a. zu Stress- und Selbstmanagement, sozialer Kognition, Kommunikation und Konflikten im Arbeitsleben.